2022

올바른 튜닝을 위한 모든 행정적 절차

자동차 이륜차 튜닝 업무 매뉴얼

[목차]

1. 사이버검사소 튜닝승인신청 사용매뉴얼 ------------ 1
　　튜닝 승인 수수료 구분 ---------------------------- 3
　　자동차 튜닝 ------------------------------------- 4

2. 튜닝승인신청서 등의 작성방법 ------------------ 63
　　튜닝승인 신청서 --------------------------------- 65
　　튜닝 전·후의 주요제원 대비표 작성요령 ------------ 67
　　튜닝 전·후의 자동차외관도 ----------------------- 72
　　튜닝하려는 구조·장치의 설계도 ------------------- 72
　　튜닝작업 전산입력 ------------------------------- 73
　　최대안전경사각도 측정신청서 --------------------- 76

3. 자동차 튜닝에 관한 규정 ---------------------- 81

4. 자동차의 안전기준 확인 방법 ------------------ 97

5. 자동차 및 자동차부품의 성능과 기준에 관한 규칙 ---- 189

※ [註] 사용자 편의를 위해 TS한국교통안전공단에서 편성한 내용을 재구성한 목차입니다.

TS 자동차 튜닝 업무 매뉴얼

1

사이버검사소
튜닝승인신청
사용매뉴얼

튜닝 승인 수수료 구분

【튜닝 승인 수수료 구분 기준】

① 구조 및 장치 변경 : 튜닝 하려는 자동차의 구조(길이·너비·높이·중량 등)가 변경되는 튜닝

② 장치변경 : 튜닝하려는 항목이 자동차의 구조(길이·너비·높이·중량 등) 변경 없이 장치(엔진, 연료장치, 연결장치 등)만 변경되는 튜닝

※ 여러개의 장치를 동시에 변경(원동기+소음기)하는 경우도 장치변경으로 처리

【튜닝 승인 수수료】

구 분	튜닝승인
구조 및 장치	60,000원
장 치	35,000원

【튜닝 검사 수수료】

구 분	차 종	수 수 료
튜닝 검사	소형	31,000원
	중형	36,000원
	대형	40,000원
튜닝 재검사 (배출가스검사병행)	소형	21,300원
	중형	25,100원
	대형	27,300원

TS 자동차 튜닝 업무 매뉴얼

1. 자동차 튜닝

○ 튜닝승인신청

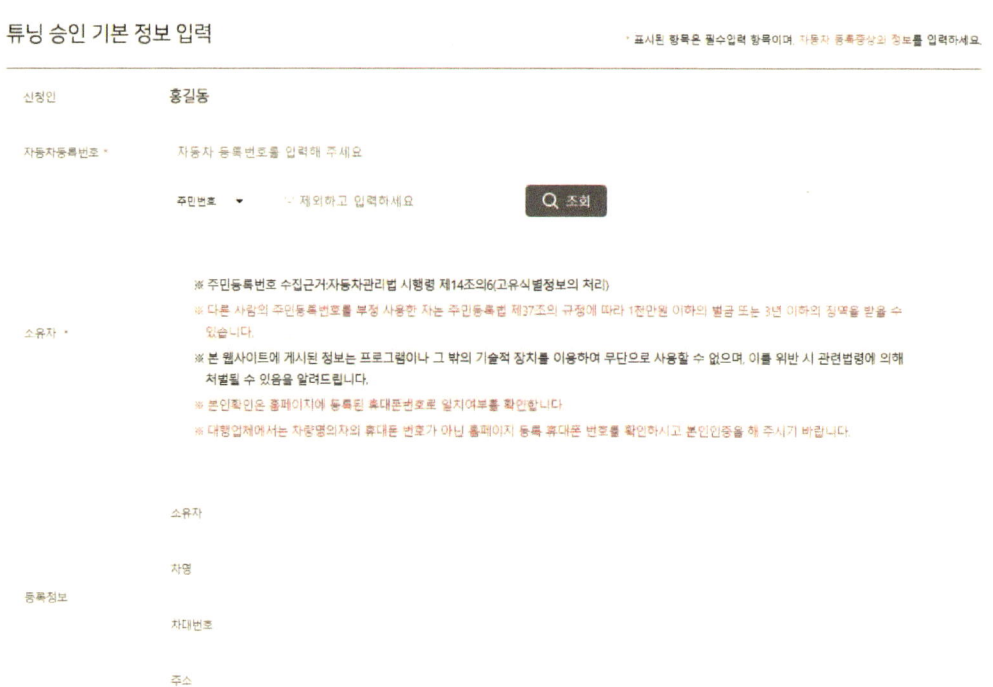

그림[1-1]

1. 사이버검사소 튜닝승인신청 사용매뉴얼

■ 튜닝승인신청 화면
- 튜닝서비스 → 튜닝승인신청을 클릭하면 그림[1-1] 튜닝승인신청 화면을 표출됩니다.
- 튜닝승인신청은 사용자의 신청 편의와 이해를 돕기 위해 단계별로 진행됩니다.
- 튜닝승인신청 단계는 등록정보 조회 → 구조장치구분 선택 → 튜닝항목 선택 → 제원변경 → 신청정보 확인 → 결제 단계를 거쳐 튜닝승인신청 완료됩니다.

A. 등록정보조회

- 등록정보조회는 튜닝 대상 자동차를 조회하는 기능입니다. 튜닝승인 신청을 하기 위해서는 한국교통안전공단 회원으로 가입하여야 합니다. 본인 소유 자동차 또는 타인의 자동차를 튜닝 신청할 수 있으나 타인 소유 자동차의 경우 회원가입 후 사이버검사소에서 대리인 등록 및 포인트 구매를 하여야 합니다. 그림[1-1]과 같이 신청인 정보에 회원가입 시 등록된 신청인 정보가 출력됩니다. 신청인 정보를 확인하고 튜닝 대상 자동차를 검색합니다.

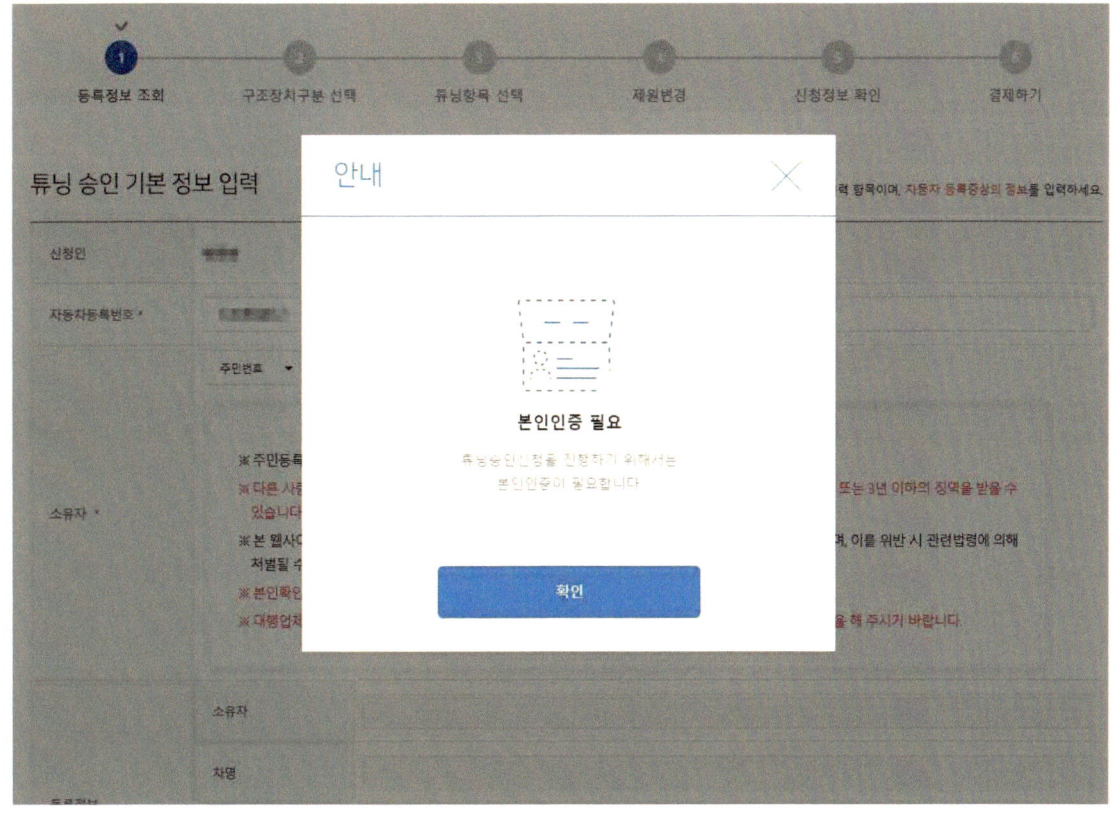

그림[1-2]

- 튜닝 대상 자동차를 검색하려면 본인인증을 진행해야 합니다. 본인인증을 진행하지 않은 경우 그림[1-2]와 같이 본인인증 필요 안내 팝업이 출력됩니다. 본인인증은 휴대폰인증을 통해서 진행됩니다.
    * 기업회원으로 등록된 사용자는 기업회원 가입시 입력한 담당자의 휴대폰인증을 진행하면 됩니다.
    * 대리인으로 튜닝승인 진행시 회원정보 상 대리인의 휴대폰인증을 진행하면 됩니다.
- 본인인증이 완료되면 본인인증 완료 화면이 그림[1-3]과 같이 출력됩니다.

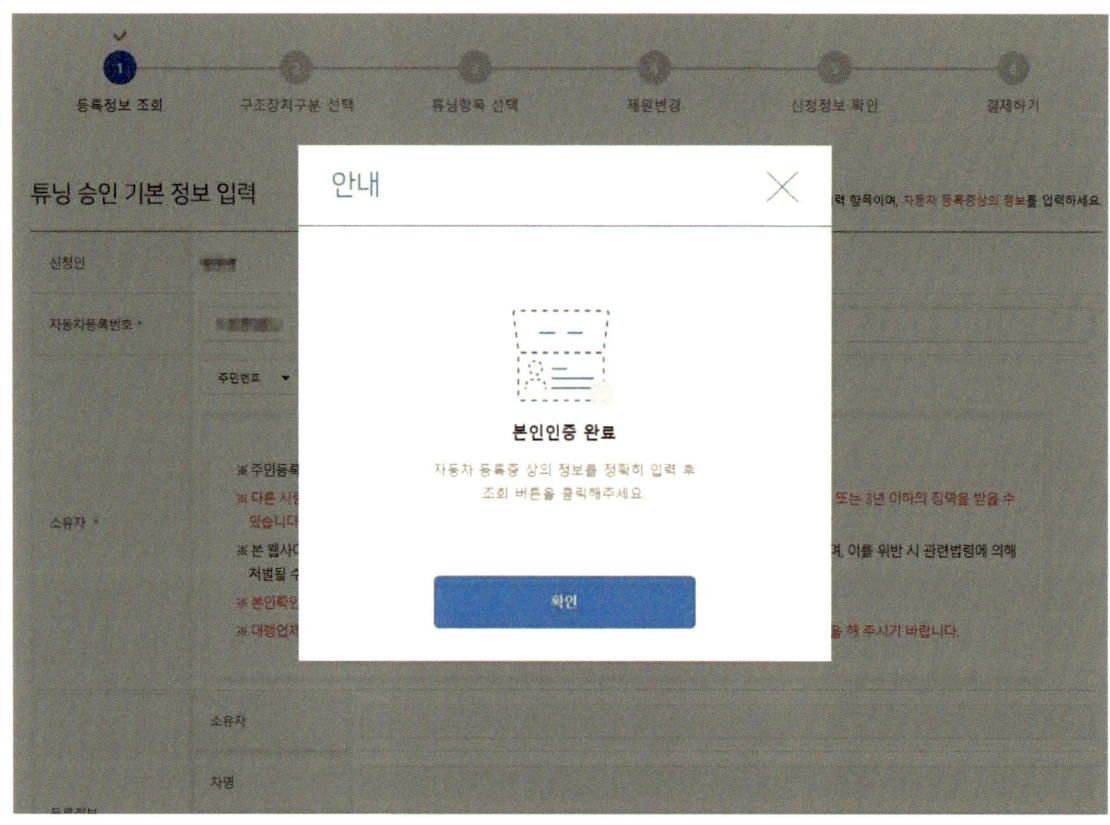

그림[1-3]

- 튜닝 대상 자동차 검색 시 입력 데이터는 튜닝할 자동차 등록증상의 등록번호와 소유자 주민등록번호 또는 법인, 사업자 등록번호를 입력하고 검색 버튼을 클릭하면 등록 정보가 조회됩니다. 조회된 데이터가 튜닝 대상 자동차와 맞으면 다음 버튼을 눌러 다음 단계로 진행합니다.

1. 사이버검사소 튜닝승인신청 사용매뉴얼

B. 구조 장치 구분 선택

그림[1-4]

- 자동차의 제원변경 여부에 따라 대분류를 선택 합니다.

TS 자동차 튜닝 업무 매뉴얼

C. 튜닝 항목 선택

그림[1-5]

- 튜닝항목 선택 화면은 소유 자동차에 변경하고자 하는 장치를 적용하여 정확한 튜닝 항목이 선택되도록 도와줍니다.
- 그림[1-5]와 같이 상단 튜닝 대상 자동차를 확인 후 좌측에 튜닝항목을 선택합니다.
- 튜닝항목은 1단계와 2단계를 선택하도록 되어 있습니다.

1. 사이버검사소 튜닝승인신청 사용매뉴얼

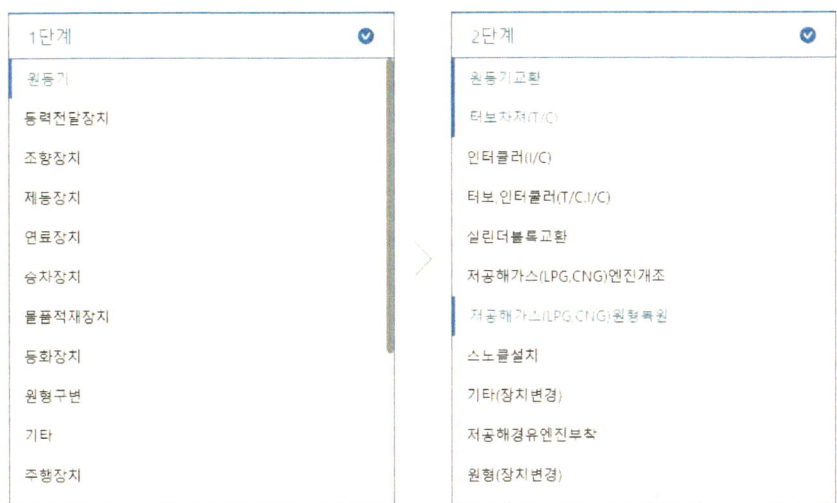

그림[1-6]

- 1단계에서 튜닝항목은 중복 선택을 할 수 없고 2단계에서는 그림[1-6]과 같이 튜닝항목을 3개까지 선택할 수 있습니다. 1단계를 다시 선택하면 2단계 선택한 튜닝항목이 모두 초기화 됩니다.

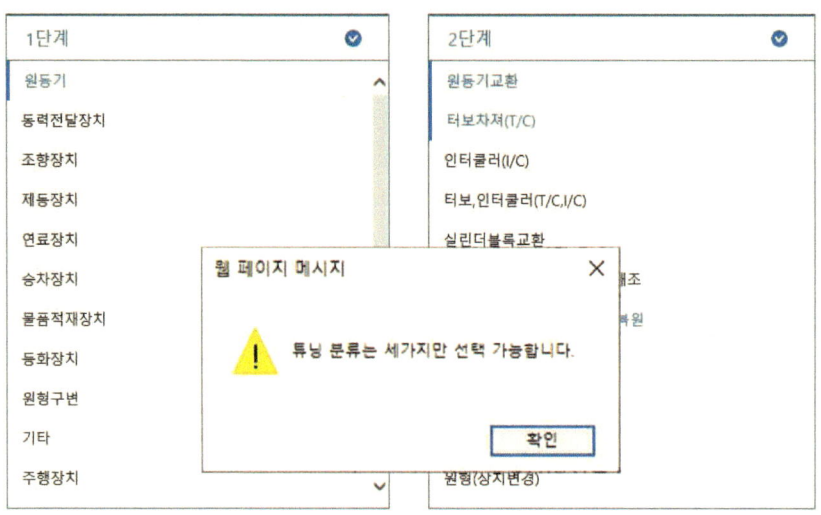

선택항목
- 원동기 > 원동기교환 ✕
- 원동기 > 터보차져(T/C) ✕
- 원동기 > 저공해가스(LPG,CNG)원형복원 ✕

그림[1-7]

- 2단계 튜닝항목을 3개까지 선택한 후 4번째 튜닝항목을 선택하면 그림[1-7]과 같이 메시지가 출력됩니다. 4번째 튜닝항목은 선택되지 않습니다.

1. 사이버검사소 튜닝승인신청 사용매뉴얼

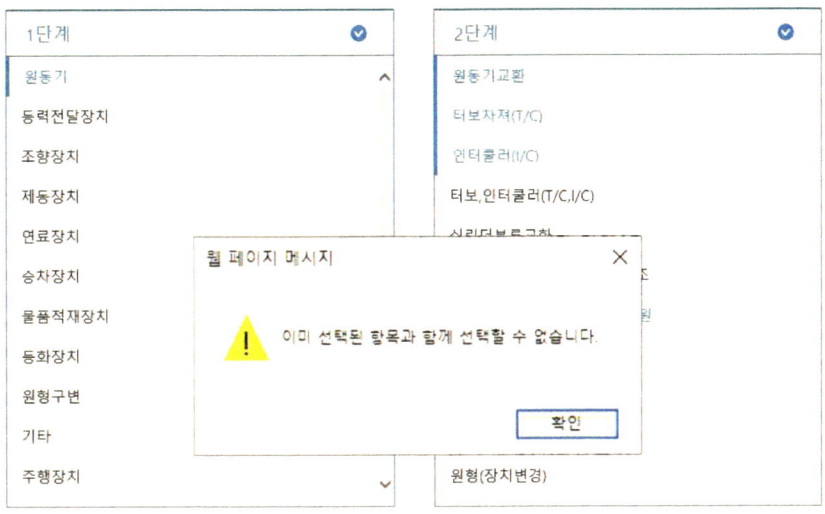

선택항목
원동기 > 원동기교환 ⊗
원동기 > 터보차져(T/C) ⊗
원동기 > 저공해가스(LPG,CNG)원형복원 ⊗

그림[1-8]

- 튜닝항목 중 이미 선택된 튜닝항목과 중복으로 선택할 수 없는 튜닝항목을 선택하면 그림 [1-8]과 같이 메시지가 표출됩니다.

그림[1-9]

- 모든 튜닝항목이 선택되었다면 그림[1-9] 다음 버튼을 클릭하여 다음 단계로 넘어갑니다.

1. 사이버검사소 튜닝승인신청 사용매뉴얼

D. 제원변경

- 2단계 튜닝항목 선택까지는 공통 진행 사항이므로 어떠한 튜닝승인을 신청하여도 동일하게 표출됩니다. 그러나 3단계 제원변경부터 하중분포계산이 필요한 튜닝(물품적재장치, 주행장치)과 하중분포계산이 필요 없는 튜닝(소음기 등)으로 나누어지므로, 본 매뉴얼에서는 하중분포 계산이 필요한 경우 등 각각의 튜닝을 대상으로 기술하도록 하겠습니다.

D-1. 장치 변경인 경우

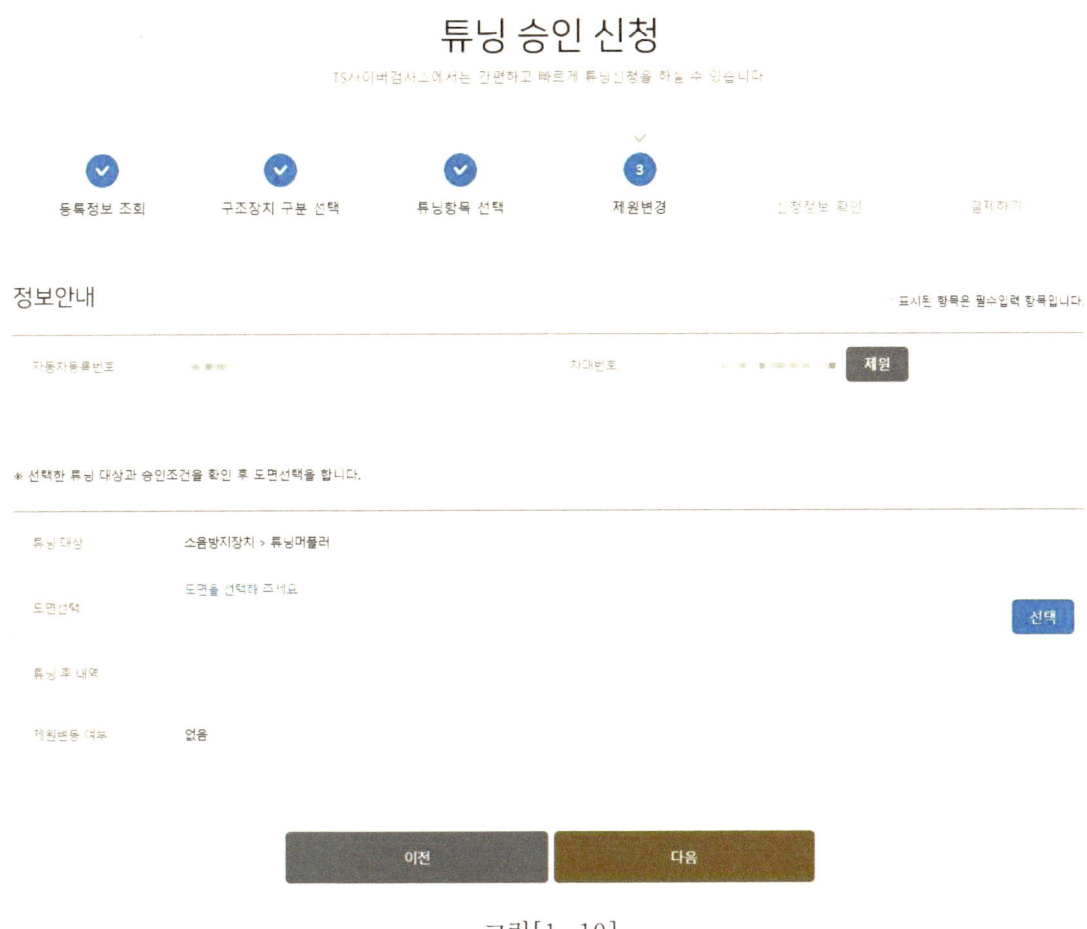

그림[1-10]

- 튜닝항목이 장치 변경인 경우 그림[1-10]과 같이 하중계산 없이 도면선택 버튼이 출력됩니다.

D-2. 도면선택 > 기본제공도면

그림[1-11]

- 도면선택 버튼을 클릭하면 그림[1-11]과 같이 도면선택 팝업이 출력됩니다.
- 팝업 내 기본제공도면 탭에서 변경전 조회조건, 항목(튜닝하기 전 상태)을 선택 및 입력합니다.
  (예 : 튜닝항목이 소음기인 경우 변경전 차량이 순정 차량일 경우 순정소음기 선택)
  ※ 기본제공도면 탭 변경전/후 조회조건, 항목은 선택한 튜닝항목에 따라 다르게 표시됩니다.

1. 사이버검사소 튜닝승인신청 사용매뉴얼

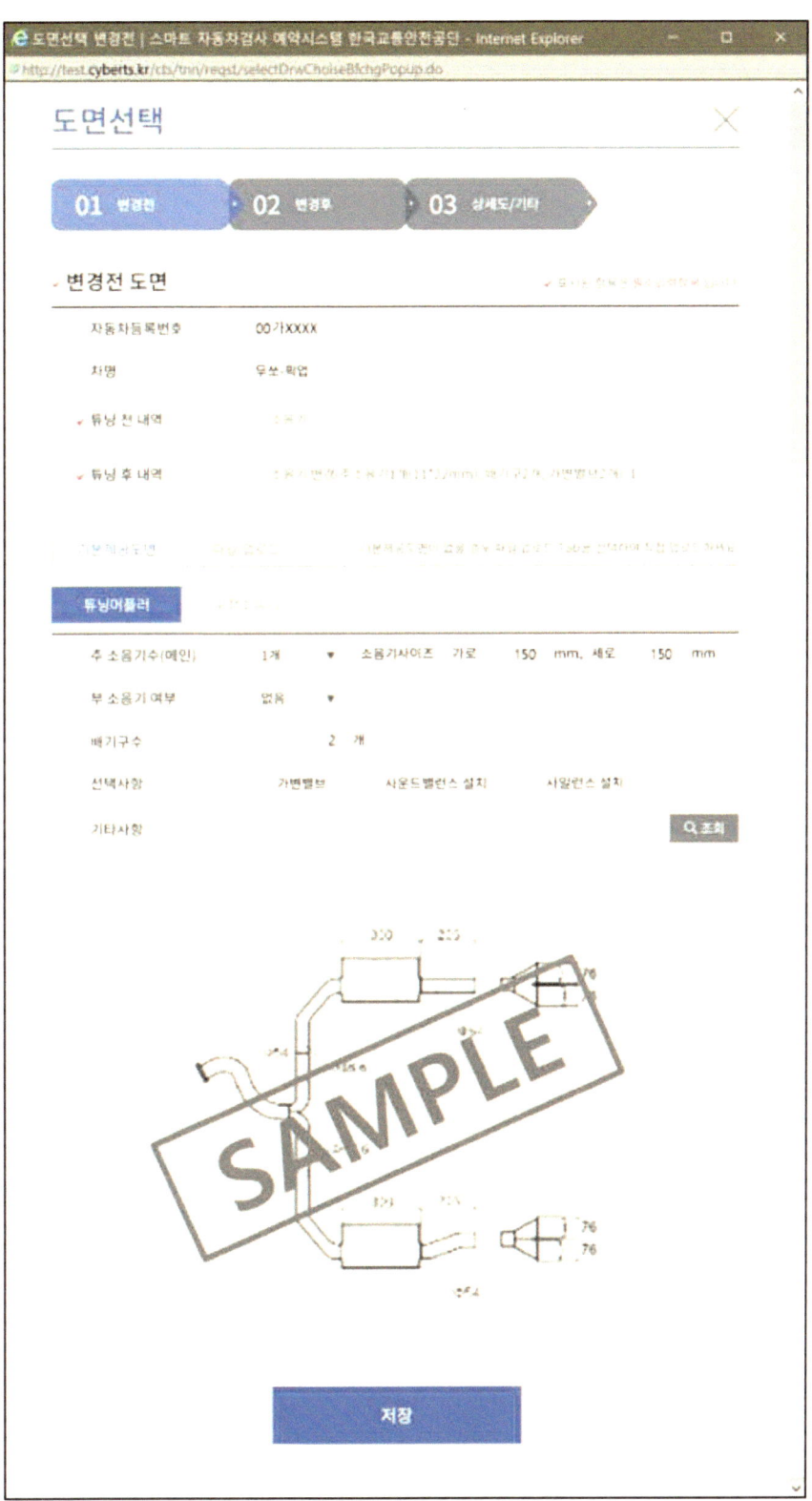

그림[1-12]

- 변경전 조회조건, 항목을 선택한 후 조회 버튼을 클릭하면 그림[1-12]와 같이 조회조건에 해당되는 시스템 내 도면이 있는 경우 표출됩니다.

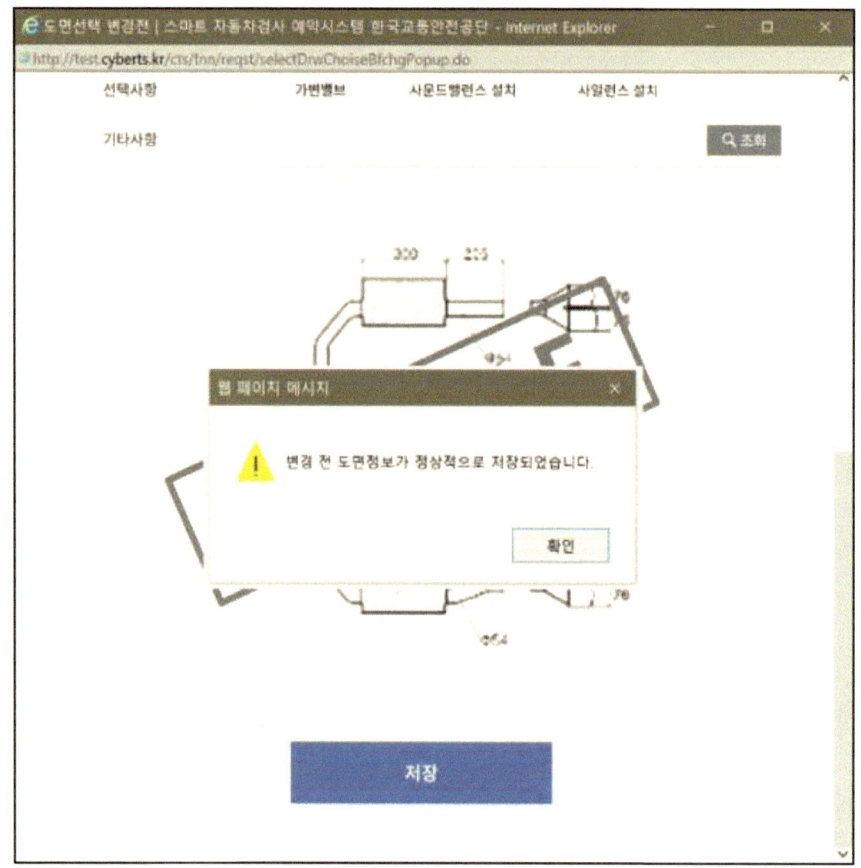

그림[1-13]

- 선택된 도면 확인하고 저장 버튼을 클릭하면 그림[1-13]과 같이 도면을 저장하고, 저장 메시지가 출력됩니다. 확인 버튼을 클릭하면 변경후 단계로 이동합니다.
- 변경후 도면도 동일한 형태로 진행합니다.(단, 상세도/기타 도면은 파일 업로드만 가능합니다.)
- 상세도/기타의 경우 필요한 경우에만 업로드 합니다.

1. 사이버검사소 튜닝승인신청 사용매뉴얼

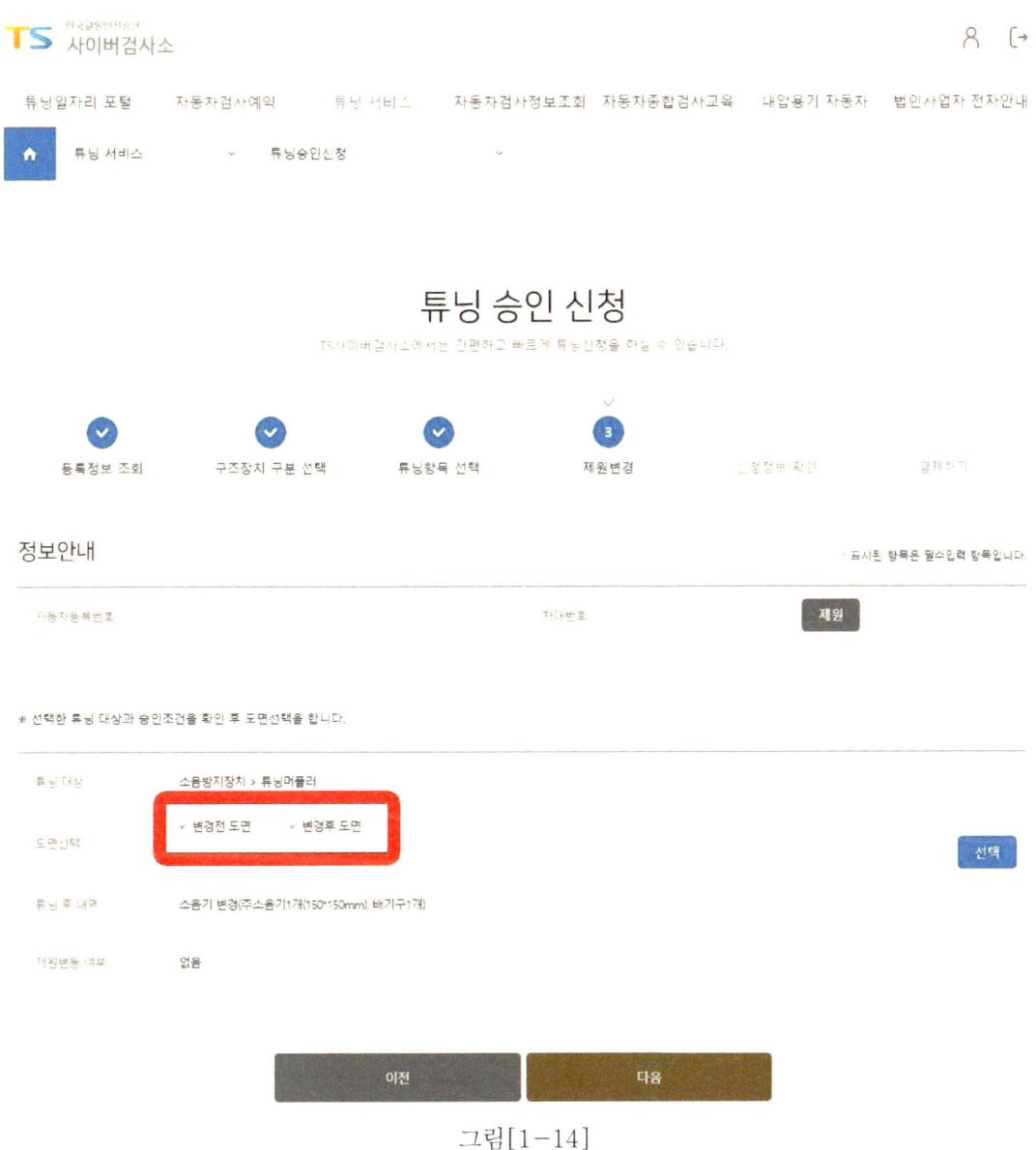

그림[1-14]

- 도면선택 및 등록이 완료되면 그림[1-14]와 같이 도면 등록 완료 표시가 되며, 다음 버튼을 클릭하여 다음 단계로 넘어갑니다.

D-3. 도면선택 > 파일업로드

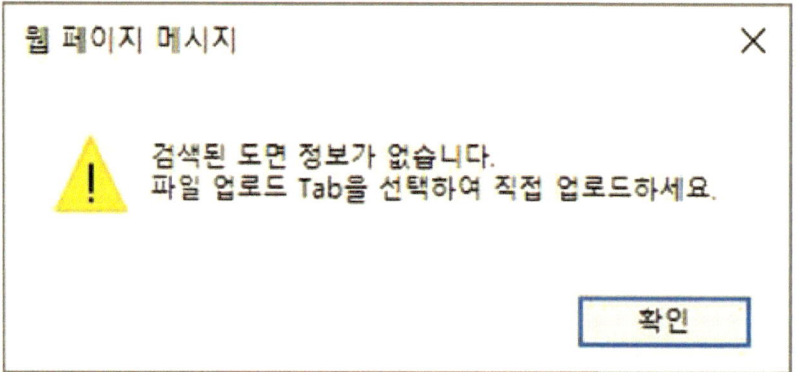

그림[1-15]

- 기본제공도면 탭 조회 버튼 클릭 시 시스템에서 제공되는 도면이 없는 경우 그림[1-15]와 같이 도면이 없다는 메시지가 표출됩니다.
- 시스템에서 제공되는 도면이 없는 경우 파일업로드 탭을 클릭하면 그림[1-16]과 같이 도면 파일을 업로드 하는 화면이 표출됩니다.

1. 사이버검사소 튜닝승인신청 사용매뉴얼

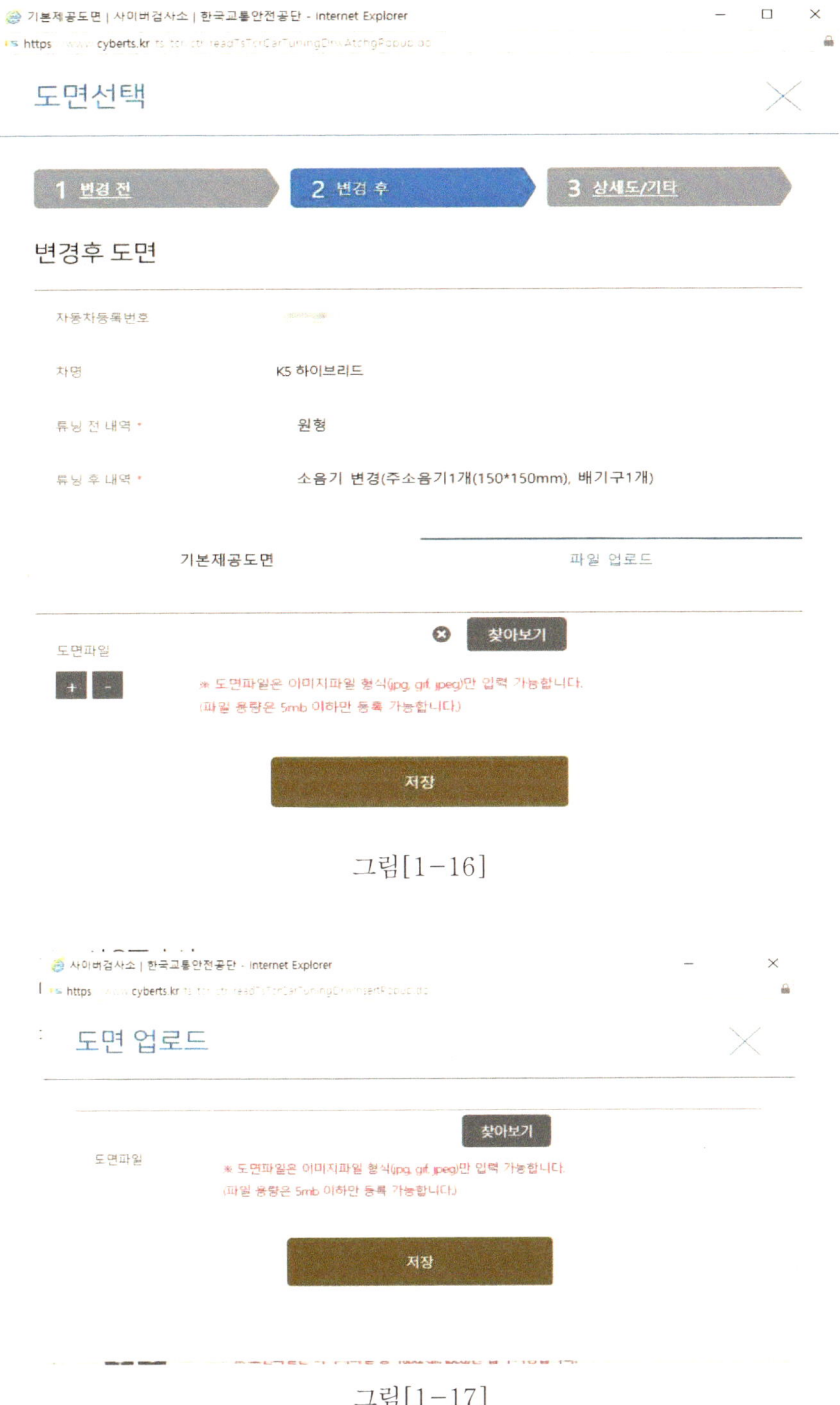

그림[1-16]

그림[1-17]

- 그림[1-16] 도면등록 버튼을 클릭하면 그림[1-17] 도면업로드 창이 표출됩니다.
- 도면파일 업로드는 그림[1-16] 좌측 아래 도면파일 +, - 버튼을 클릭하여 여러 개의 파일을 첨부할 수 있습니다.

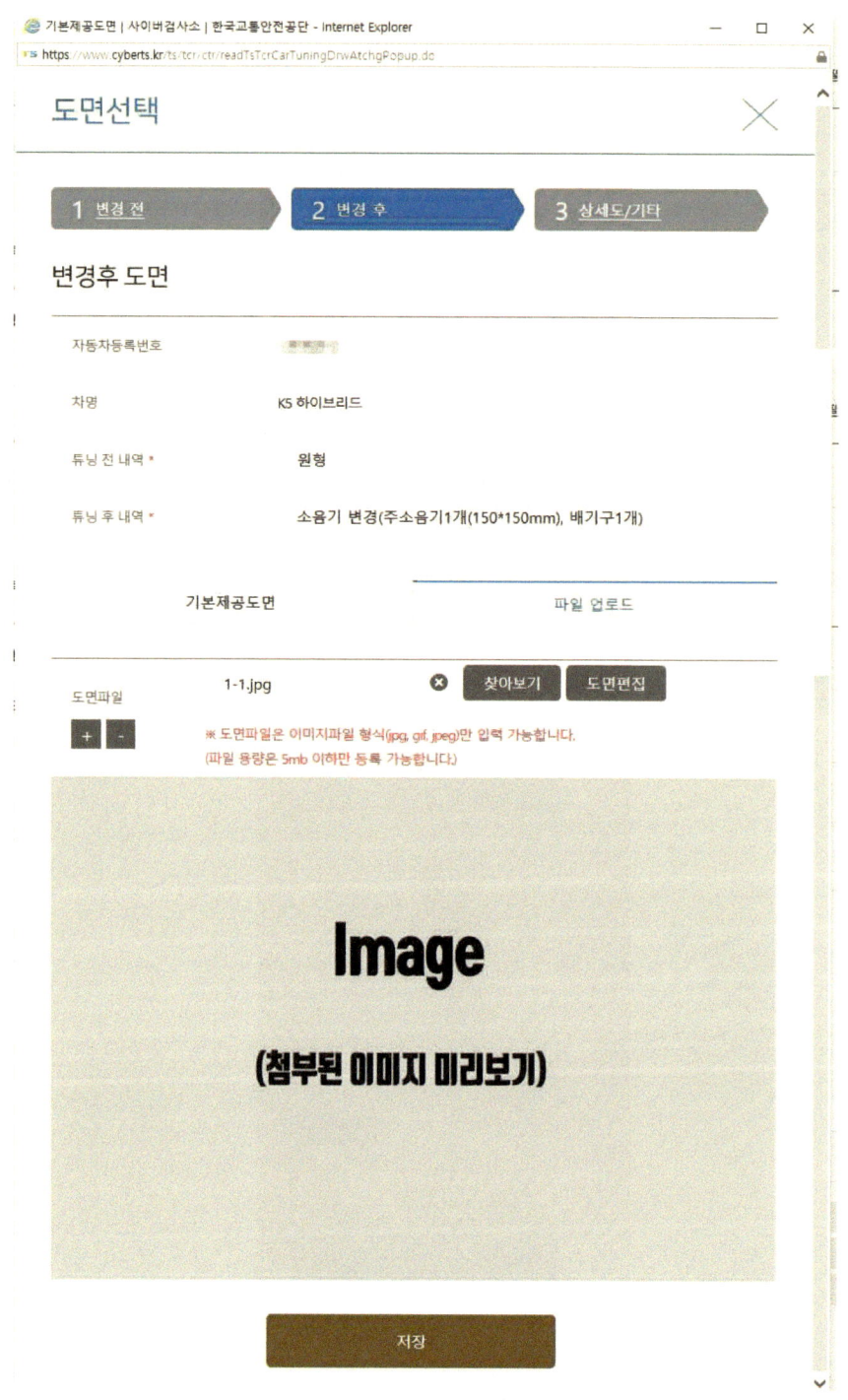

그림[1-18]

- 도면을 업로드하면 그림[1-18]과 같이 업로드된 도면이 출력됩니다. (미리보기) 또한, 도면 편집 버튼이 표출됩니다.

1. 사이버검사소 튜닝승인신청 사용매뉴얼

그림[1-19]

- 업로드한 첨부 파일의 편집이 필요할 경우 도면편집 버튼을 클릭하면 그림[1-19]와 같이 업로드된 도면을 편집하는 화면이 표출됩니다.
- 편집 완료 후 저장버튼을 클릭하면 도면 저장 후 그림[1-18]의 도면 미리보기 부분을 새로고침하여 표출됩니다.
- 그림[1-18] 아래 저장 버튼을 클릭하여 도면선택을 완료합니다.

※ 파일업로드 탭 업로드 기능과 도면 편집 기능은 제원변경 > 도면선택 공통으로 구현된 기능입니다.(구조 및 장치 변경인 경우도 동일)

TS 자동차 튜닝 업무 매뉴얼

D-4. 구조 변경인 경우

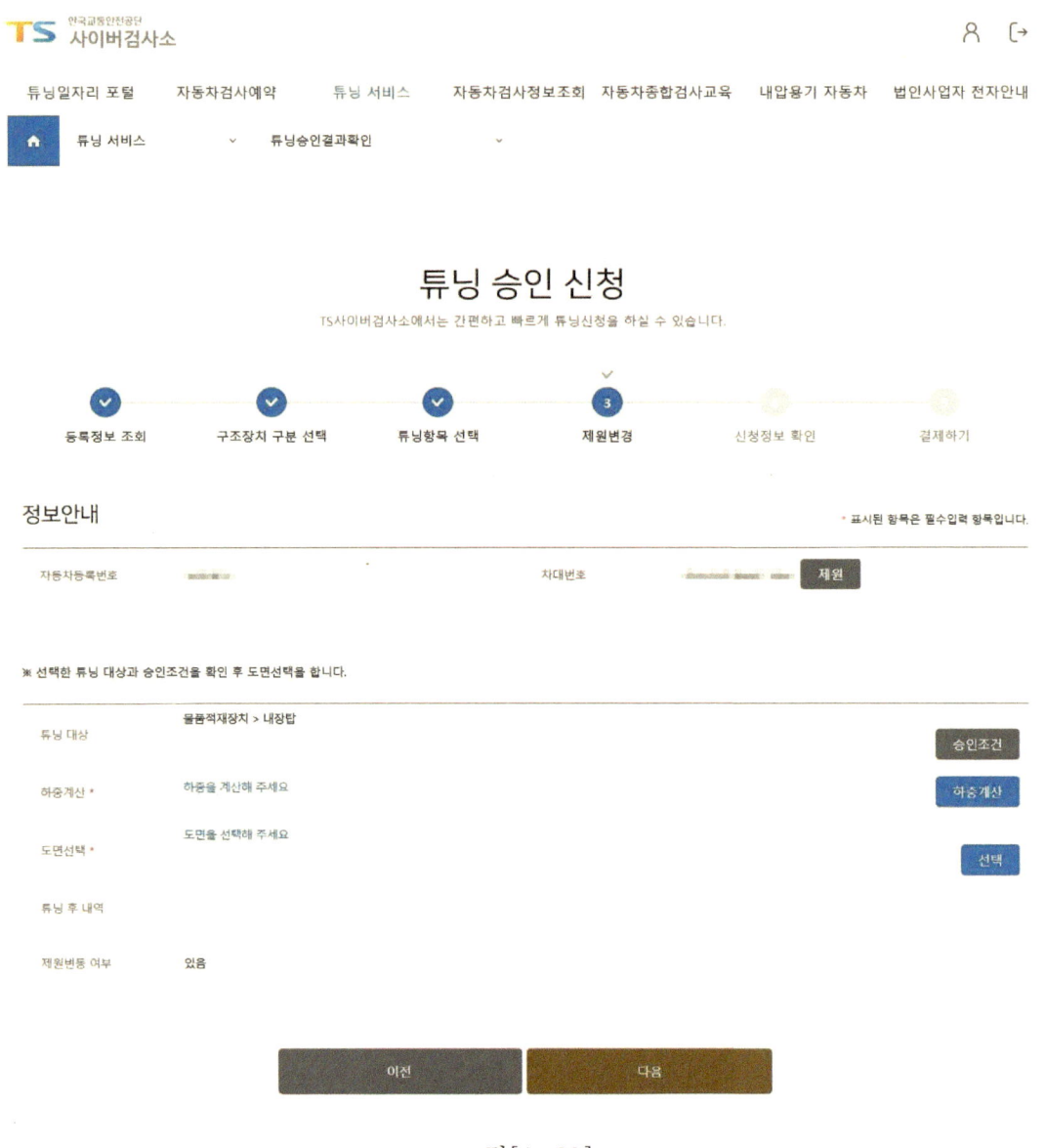

그림[1-20]

- 튜닝항목이 구조 및 장치 변경인 경우 그림[1-20]과 같이 하중계산, 도면선택 항목/버튼이 표출됩니다.
  (튜닝항목 선택 2단계에서 물품적재장치의 내장탑 구조변경을 선택)
- 하중계산 버튼을 클릭하면 그림[1-21]과 같이 하중계산 팝업이 표출되며,
- 하중계산이 필요치 않은 경우 하중계산 우측 상단 직접입력(기타) 선택

D-5. 하중계산

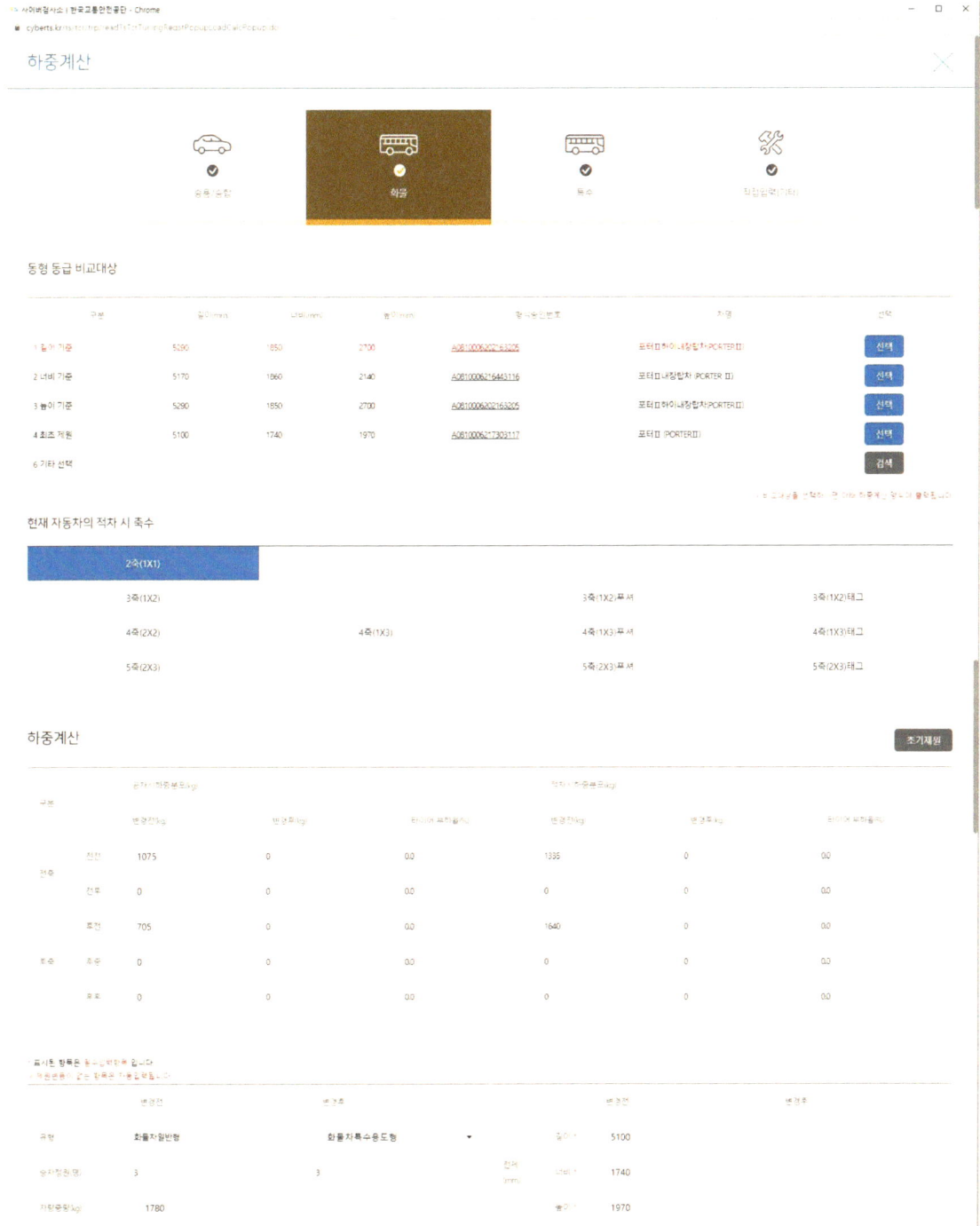

그림[1-21]

그림[1-22]

- 하중계산 버튼을 클릭하면 그림[1-22]와 같이 하중계산 팝업이 표출되는데
  1) 동형 동급 비교 대상이 있는 경우,
  2) 동형 동급 비교 대상이 없는 경우 각각 다른 화면이 출력됩니다.
  ※ 동형 동급 이란 제작자(소규모제작자의 경우 소규모제작자명을 말함)가 같은 화물자동차 중 축간거리, 원동기마력 및 최대적재량이 같거나 작은 경우를 말함.

1. 사이버검사소 튜닝승인신청 사용매뉴얼

– 동형 동급 비교 대상이 있는 경우 화면

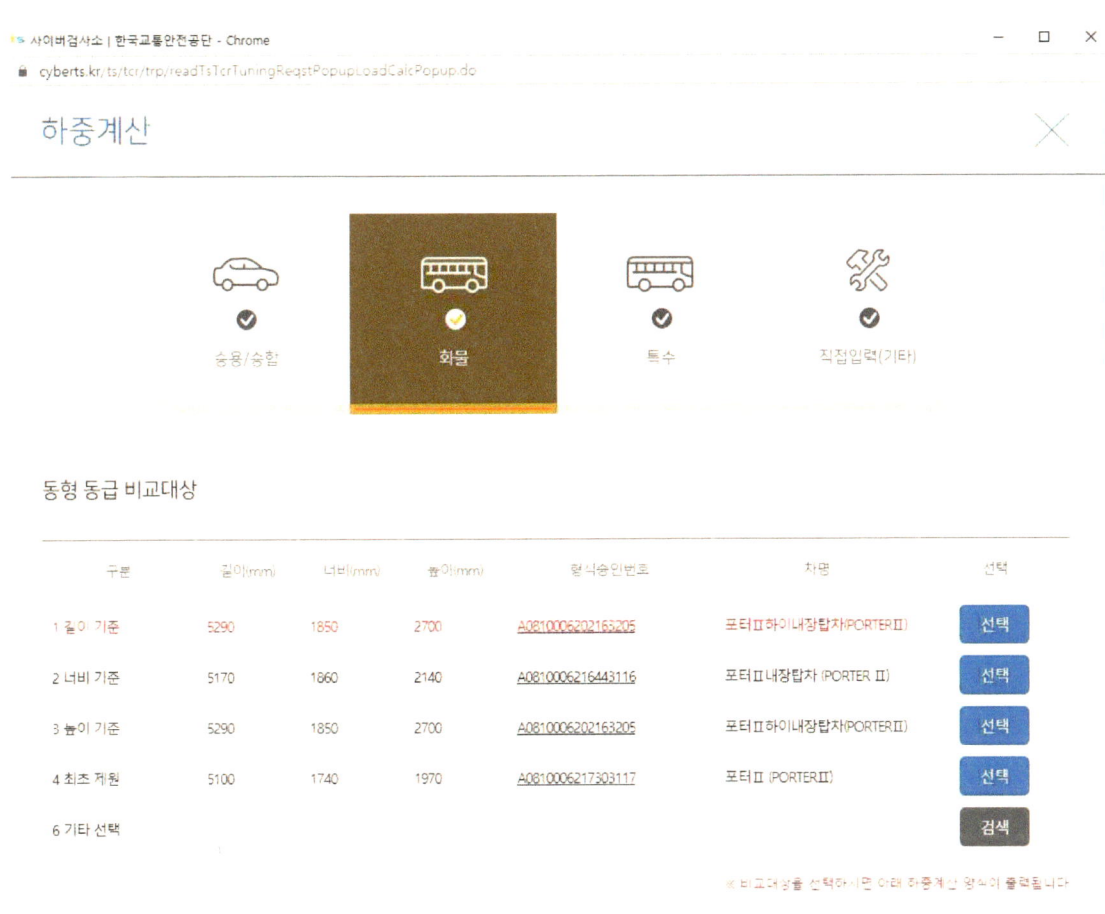

그림[1-23]

- 동형 동급 비교 대상을 그림[1-23]과 같이 각각의 기준별로 리스트 형태로 표출됩니다.
  1. 길이 기준은 동급대상 중 가장 긴 제원 관리 번호를 기준으로 합니다.
  2. 너비 기준은 동급대상 중 가장 넓은 제원 관리 번호를 기준으로 합니다.
  3. 높이 기준은 동급대상 중 가장 높은 제원 관리 번호를 기준으로 합니다.
  4. 튜닝 대상 자동차의 최초 제원 기준으로 합니다.
  5. 기타 선택: 검색 버튼을 클릭하면 길이/너비/높이를 직접 입력하여 검색하는 팝업이 출력됩니다.

- 리스트를 클릭하면 선택한 동형 동급 비교 대상의 정보로 아래 현재 자동차의 적차 시 축수, 하중계산 영역을 설정합니다.
- 동형동급이 표시되지 않는 경우 비교대상 차량의 형식승인번호 확인 후 자동차튜닝처로 연락 바랍니다.
  - 동형 동급 비교 대상이 없는 경우 화면

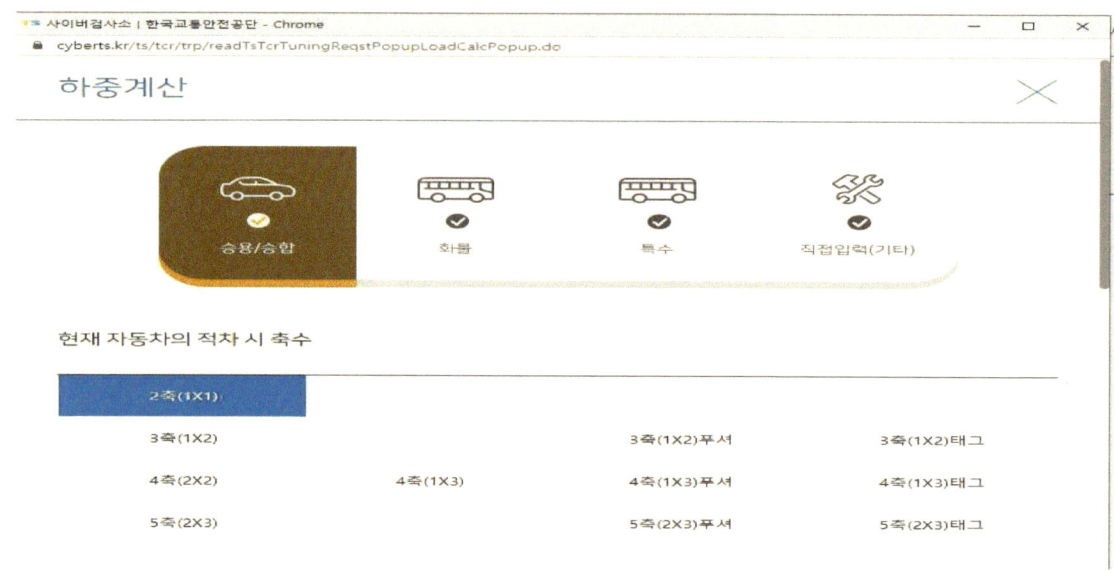

그림[1-24]

- 동형 동급 비교 대상이 없기 때문에 리스트 출력 부분은 나타나지 않습니다.
- 현재 자동차의 적차 상태의 축수를 선택합니다.
  (축수의 확인 방법은 하중계산의 적차 시 하중분포에 표시된 변경전 중량으로 판단 가능함)

1. 사이버검사소 튜닝승인신청 사용매뉴얼

현재 자동차의 적차 시 축수

2축(1X1)			
3축(1X2)		3축(1X2)푸셔	3축(1X2)태그
4축(2X2)	4축(1X3)	4축(1X3)푸셔	4축(1X3)태그
5축(2X3)		5축(2X3)푸셔	5축(2X3)태그

하중계산 　　　　　　　　　　　　　　　　　　　　　　　　　　　　[초기제원]

구분		공차시 하중분포(kg)			적차시 하중분포(kg)		
		변경전(kg)	변경후(kg)	타이어 부하율(%)	변경전(kg)	변경후(kg)	타이어 부하율(%)
전축	전전	1075	0	0.0	1335	0	0.0
	전후	0	0	0.0	0	0	0.0
후축	후전	705	0	0.0	1640	0	0.0
	후중	0	0	0.0	0	0	0.0
	후후	0	0	0.0	0	0	0.0

그림[1-25]

- 그림[1-25]에서 하중계산에 필요한 적차 시 축수 선택과 하중 분포 입력값을 확인하였다면 각 부분에 대한 제원 값을 입력합니다. (각 부분의 입력 칸은 튜닝 신청 항목에 따라 변경됩니다.)

* 표시된 항목은 필수입력항목 입니다.
※ 제원변동이 없는 항목은 자동입력됩니다.

유형	변경전	변경후		변경전	변경후
유형	화물차일반형	화물차특수용도형 ▼	길이 *	5100	
승차정원(명)	3	3	전체 (mm) 너비 *	1740	
차량중량(kg)	1780		높이 *	1970	
최대적재량 (kg)	1000		길이 *	2860	
차량총중량 (kg)	2975		하대 (mm) 너비 *	1630	
축간거리(mm)	2640	2640	높이 *	355	
하대옵셋 (mm)	200		중량(kg)		후축까지의거리(mm)
전륜2륜간거리 (mm)			최대적재량감소중량		
후륜2륜간거리 (mm)			푸셔액슬/태그액슬 작용하중		
조향륜하중 분포율(%)	0.0		프레임절단중량		

그림[1-26]

- 변경하고자 하는 제원을 입력합니다.
- 하대옵셋이 자동 계산값과 실측값이 다를 경우는 수정입력이 가능합니다.
- 튜닝 대상 자동차가 더블캡인 경우는 1열 좌석과 2열 승차정원과 후축으로부터 좌석과의 거리를 입력하여야 합니다.
- 냉동기중량 - 냉동,냉장기의 중량 입력
- 탑중량(적재함 중량) - 냉장, 냉동, 윙바디등과 같이 무게중심이 옵셋과 동일한 위치의 중량을 입력
- 리프트(파워)게이트 중량 - 리프트, 파워게이트의 중량을 입력
- 프레임 절단 중량 - 축간거리 축소 또는 컨테이너 운반차와 같이 프레임을 절단하여 진행하는 튜닝에서 프레임 절단 부분의 중량을 입력
- 기타하중1 ~ 6 - 추가 설치 한 장 치의 하중 및 거리를 입력
  (추가 설치한 장치가 없으면 생략)

1. 사이버검사소 튜닝승인신청 사용매뉴얼

- 최대적재량감소중량 – 비중에 의해 산정된 최대 적재량을 맞추기위해 입력하거나 최대적재량의 증가 또는 허용범위를 초과하는 경우 감소시키는 경우 입력
- 푸셔액슬/태그액슬 적용하중 – 푸셔액슬 장착 튜닝을 선택하거나, 기 장착된 차량의 푸셔(태그)액슬의 작용 하중과 거리를 입력
- 고정/가변축장착중량 – 고정축 또는 가변축을 장착할 경우 장착하는 축의 중량을 입력
- 전륜2륜간거리 – 앞차축이 2축 이상인 경우 두축 사이의 거리 입력
- 후륜2륜간거리 – 뒤차축이 2축 이상인 경우 두축 사이의 거리 입력

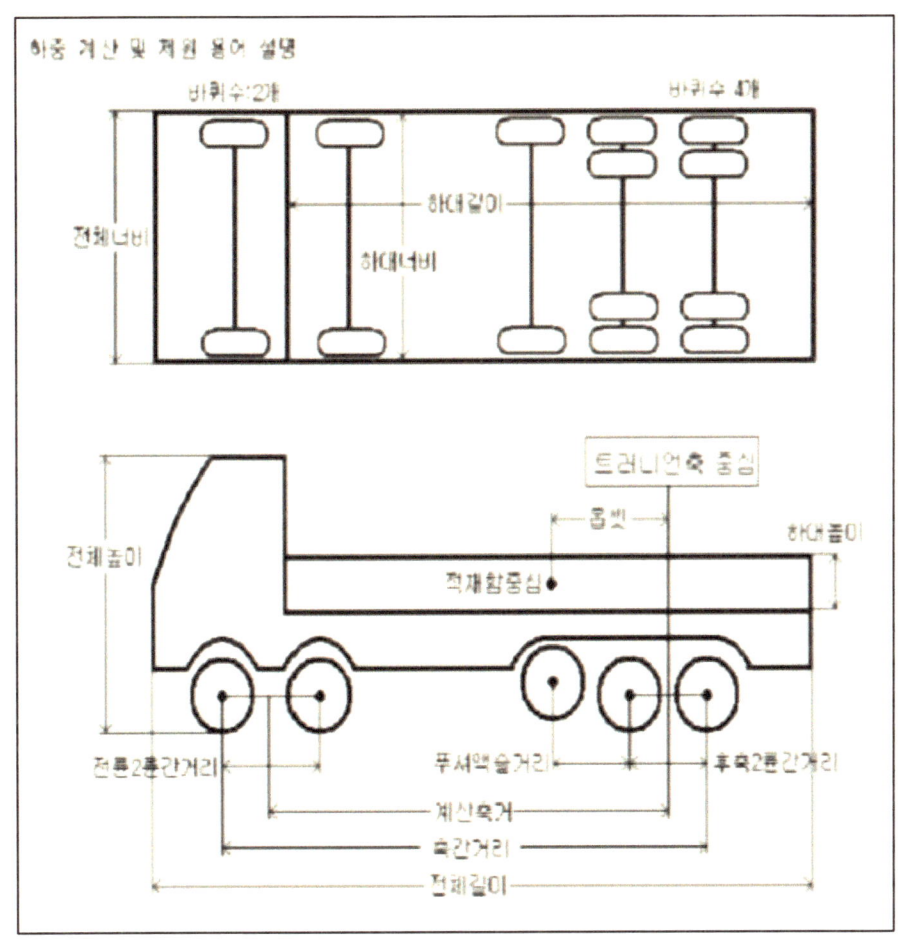

그림[1-27]

TS 자동차 튜닝 업무 매뉴얼

※ 타이어 허용하중이 없는 경우 타이어선택의 검색버튼으로 조회 추가 가능합니다.

		변경전		변경후		바퀴수 *	타이어선택	
		타이어형식	허용하중(kg)	타이어형식 *	허용하중(kg) *			
전축	전전	195/70R15C-8PR	900	195/70R15C-6PR(S)	950	0	☐ 기존제원동일	🔍 조회
	전후		0					
후축	후전	145R13C-8PR	530	195/70R15C-6PR(S)	950	0	☐ 기존제원동일	🔍 조회
	후중		0					
	후후		0					

그림[1-28]

타이어검색

195/70R   🔍 검색

검색결과 : 총 6건

NO	타이어 형식	허용하중	선택
1	195/70R15-6PR(S)	800	선택
2	195/70R15-8PR(S)	950	선택
3	195/70R15C-6P(S)	800	선택
4	195/70R15C-6PR(S)	800	선택
5	195/70R15C-6PR(S)	950	선택
6	195/70R15C6PR(S)	800	선택

그림[1-29]

- 그림[1-28]의 전, 후축 타이어 형식 입력할 때 타이어 선택의 조회 버튼을 클릭하면 그림[1-29]와 같이 타이어 검색 창이 표출됩니다.
- 타이어의 변경이 없는 경우 기존제원과 동일 체크하고 타이어 변경이 있는 경우 타이어를 검색하고 타이어 형식을 선택, 클릭하면 그림[1-28]의 변경후 타이어 형식에 적용됩니다.
- 모든 하중 계산이 끝나면 그림[1-22]의 맨 아래 하중계산 버튼을 클릭하여 하중계산을 완료합니다.

1. 사이버검사소 튜닝승인신청 사용매뉴얼

- 타이어형식이 조회가 안되는 경우 해당 타이어 제원에 대한 추가 신청- 자동차튜닝처 - 기타(직접입력)

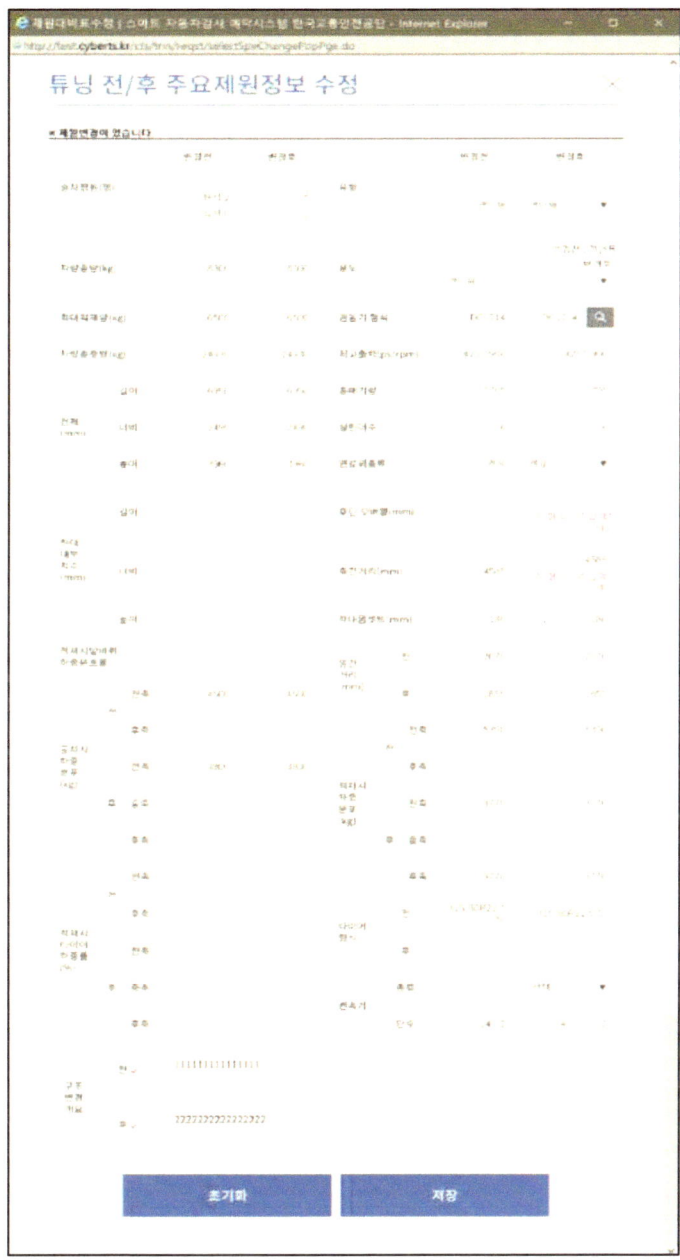

그림[1-30]

- 제원 변경 사항을 튜닝 항목에 맞게 입력하고 저장 버튼을 클릭하면 제원 정보가 입력됩니다. 제원 대비표 입력이 완료되면 자동으로 화면이 사라집니다.
  * 팝업차단이 되어있는 경우 해당창 표출이 안됩니다.

D-6. 도면선택

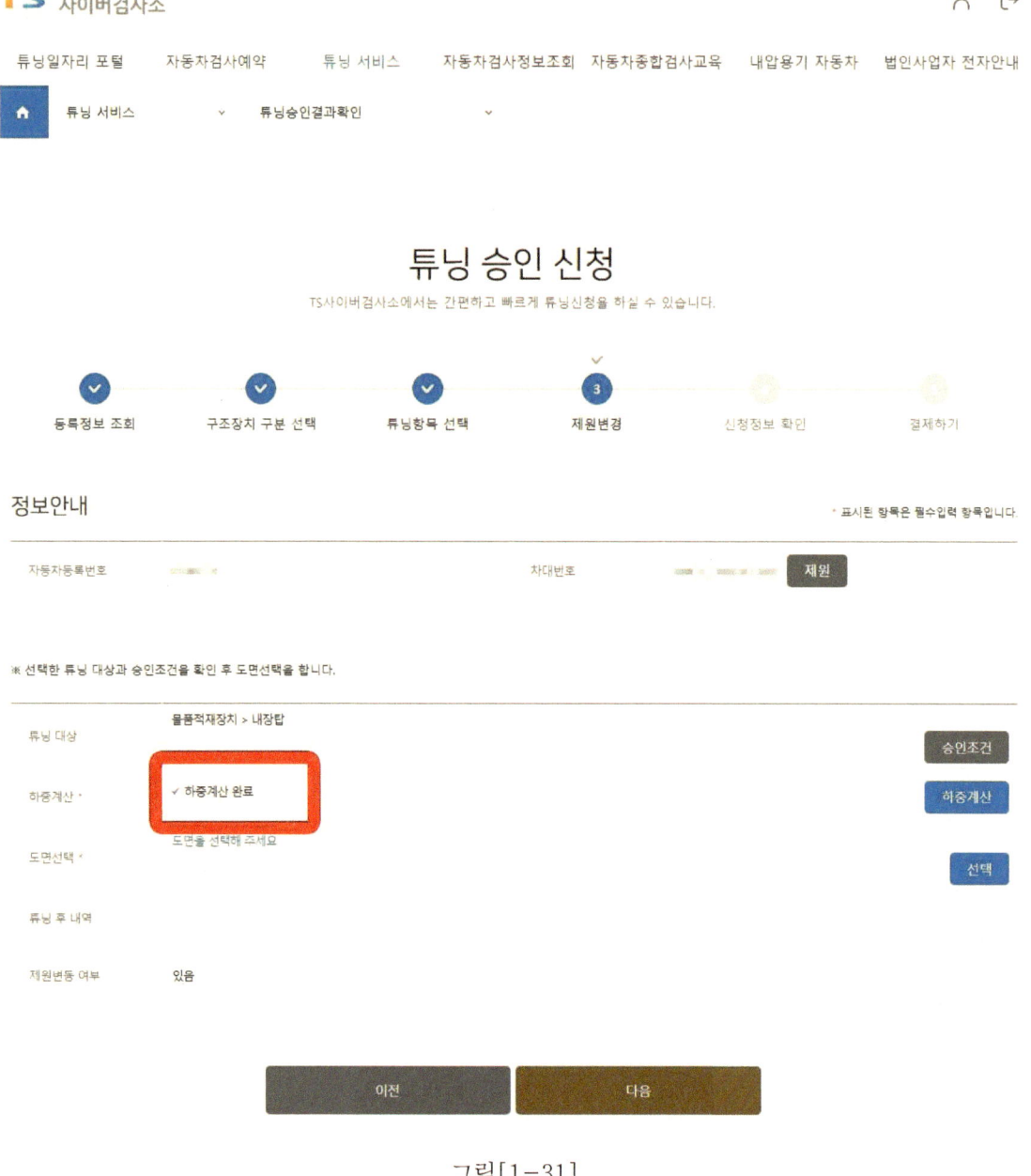

그림[1-31]

- 하중계산을 완료하면 그림[1-31]과 같이 하중계산 완료 표시가 표출됩니다.
- 하중계산 후 도면관련 정보를 입력하기 위해 도면선택 버튼을 클릭합니다.
- 도면선택은 1단계(변경전 도면), 2단계(변경후 도면), 3단계(상세도/기타)로 진행됩니다.

1. 사이버검사소 튜닝승인신청 사용매뉴얼

그림[1-32]

- 도면선택 버튼을 클릭하면 그림[1-32]와 같은 도면선택 팝업이 출력됩니다. 변경전 도면부터 순차적으로 도면을 선택합니다.
- 튜닝 항목 도면과 관련된 내용을 그림[1-32] 아래 부분에서 입력하여 적용 버튼을 클릭하면 관련 도면이 그림[1-33]와 같이 표출됩니다.

TS 자동차 튜닝 업무 매뉴얼

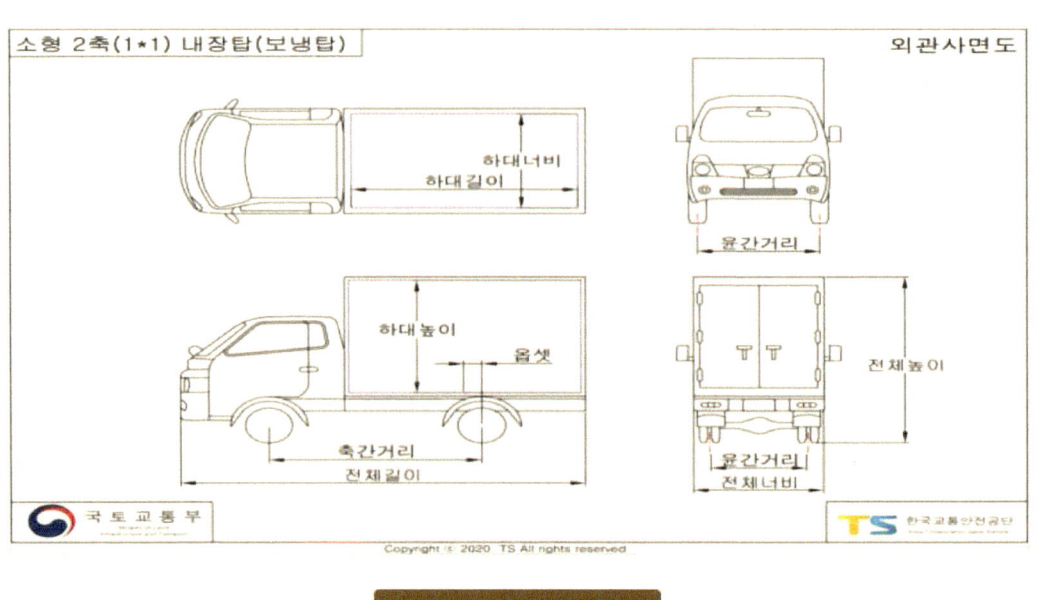

그림[1-33]

1. 사이버검사소 튜닝승인신청 사용매뉴얼

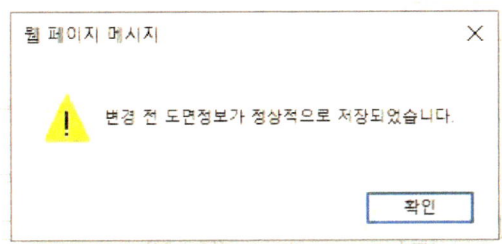

그림[1-34]

- 선택된 도면 확인하고 저장 버튼을 클릭하면 그림[1-34]와 같이 도면을 저장하고, 저장 메시지가 표출됩니다. 확인 버튼을 클릭하면 변경후 단계로 이동합니다.
- 기본제공 도면이 없는 경우 파일업로드 탭에서 직접 업로드 합니다.

그림[1-35]

- 변경후 도면을 선택하는 화면입니다. 변경후 도면의 종류를 선택하기 위해 몇 가지 옵션 사항들을 그림[1-35]와 같이 선택합니다. 옵션 사항들을 모두 선택하였다면 적용 버튼을 통하여 변경후 도면을 조회, 선택합니다. 선택 방식은 변경전 도면선택과 동일합니다.
- 선택된 도면 확인하고 저장 버튼을 클릭하면 그림[1-34]와 같이 도면을 저장하고, 저장 메시지가 출력됩니다. 확인 버튼을 클릭하면 상세도/기타 단계로 이동합니다.

1. 사이버검사소 튜닝승인신청 사용·매뉴얼

D-7. 도면선택 > 파일업로드

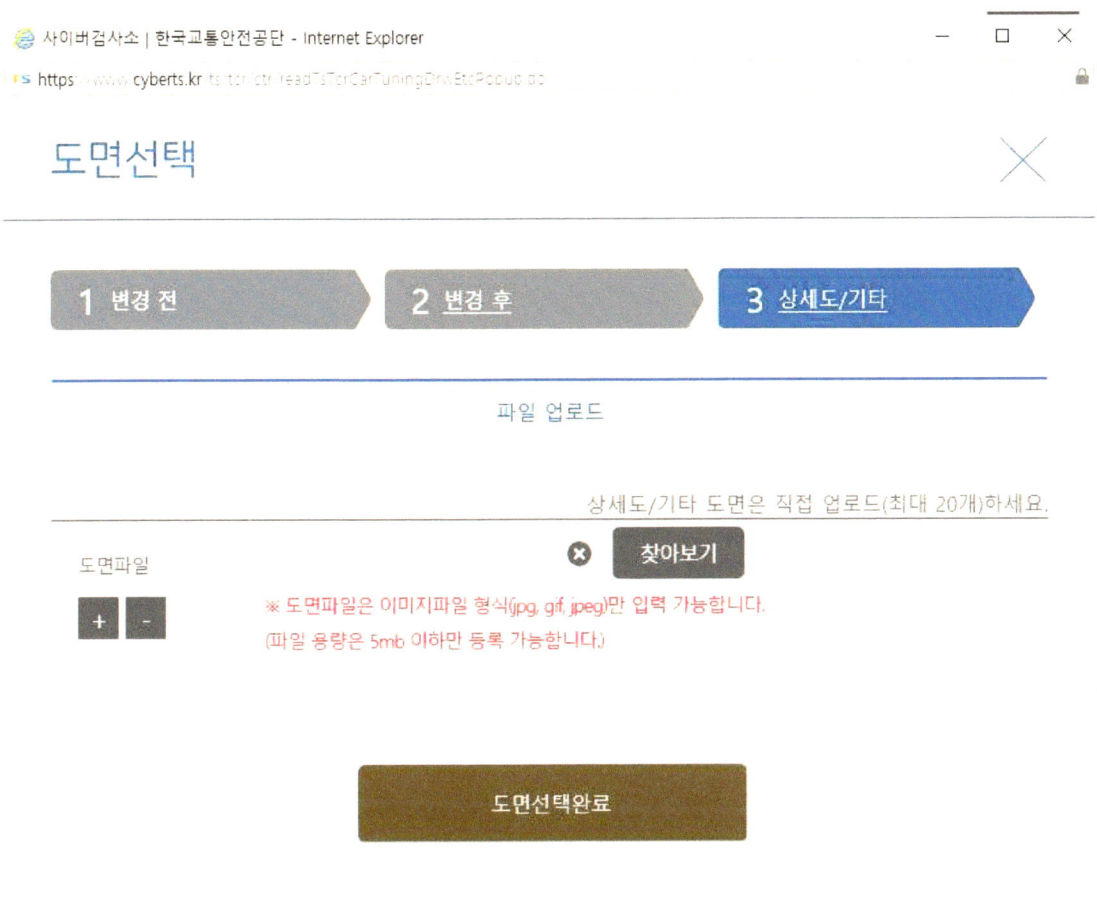

그림[1-36]

- 그림[1-36] 상세 도면이나 기타 필요 문서를 업로드하는 화면입니다.
- 튜닝과 관련하여 상세 도면이 있다면 상세 도면을 첨부합니다.
  (선택사항으로 필수 도면이 아닌 경우 상세 도면을 업로드하지 않아도 됩니다.)
- 상세 도면은 시스템 내 템플릿 및 도면을 제공하지 않으므로, 신청자가 직접 도면을 입력하여야 합니다.
- 도면 파일 업로드는 좌측 +, - 버튼을 클릭하여 여러 개의 파일을 첨부할 수 있습니다.
- 찾아보기 버튼을 클릭하면 그림[1-37]과 같이 도면업로드 화면이 표출됩니다.

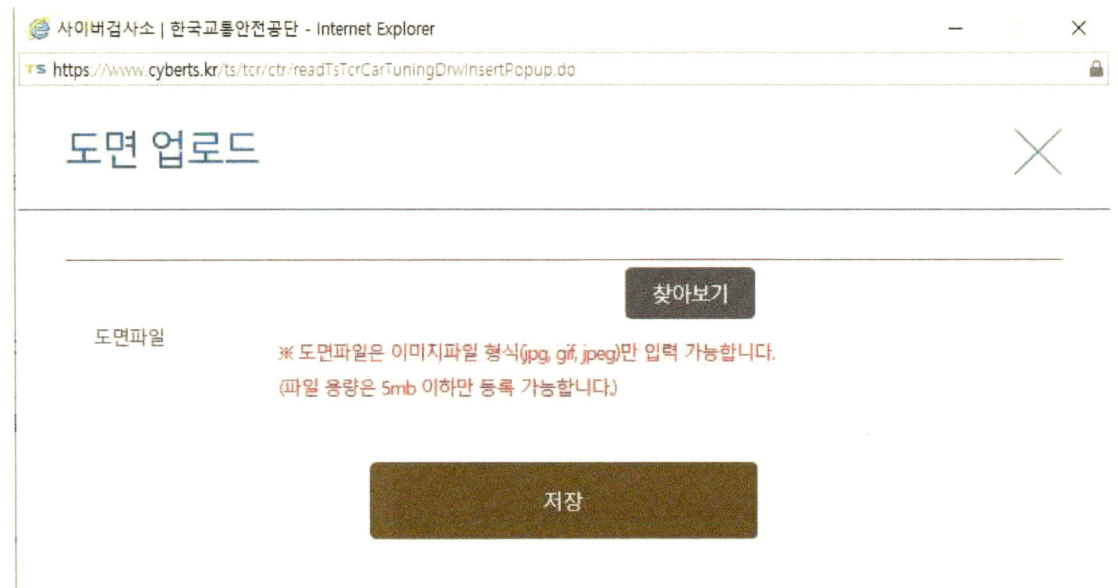

그림[1-37]

- 신청인 PC에서 업로드할 도면을 찾은 후 저장 버튼을 클릭하여 도면을 등록합니다.
- 도면이 등록되면, 그림[1-38]과 같이 등록된 도면이 미리보기 형태로 표출됩니다.

1. 사이버검사소 튜닝승인신청 사용매뉴얼

그림[1-38]

- 그림[1-38]의 도면선택완료 버튼을 클릭하면 도면이 모두 업로드 되어 그림[1-42] 부분의 도면 선택 부분에 선택완료 상태로 표출됩니다.

그림[1-39]

그림[1-40]

1. 사이버검사소 튜닝승인신청 사용매뉴얼

그림[1-41]

- 업로드한 첨부 파일의 편집이 필요할 경우 도면편집 버튼을 클릭하면 그림[1-41]과 같이 업로드된 도면을 편집하는 화면을 출력합니다.
- 편집 완료 후 저장버튼을 클릭하면 도면 저장 후 그림[1-40]의 도면 미리보기 부분을 새로고침하여 출력합니다.

- 업로드 할 첨부 파일을 해당 주제에 맞게 업로드를 마쳤다면 그림[1-40] 저장 버튼을 클릭합니다.
- 저장 버튼을 클릭하면 업로드 팝업 창이 사라지면서 등록 완료됩니다. 등록이 완료되면 다음 버튼을 클릭하여 다음 단계로 넘어갑니다.

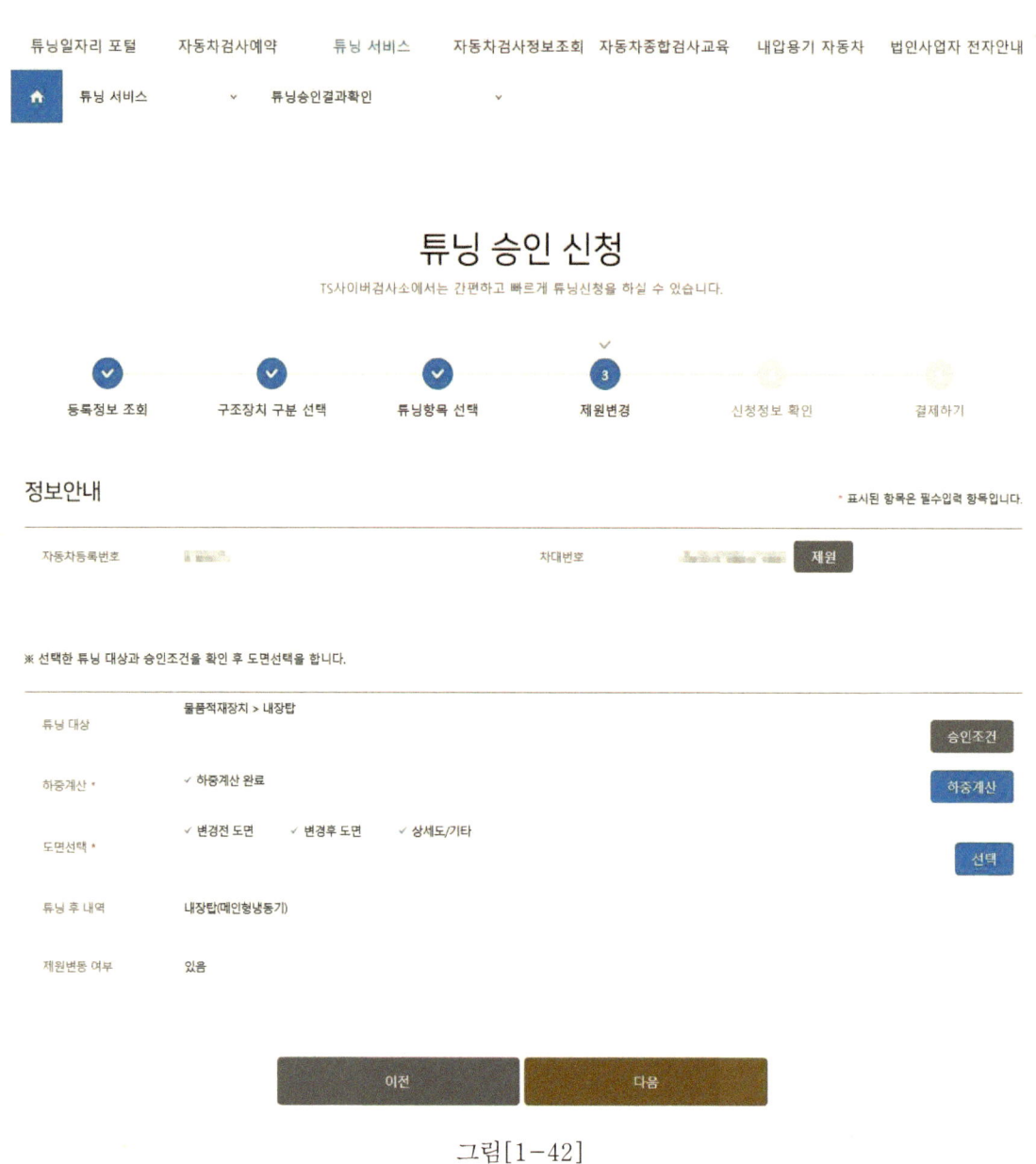

그림[1-42]

- 모든 제원 정보 입력을 마치면 다음 버튼을 눌러 다음 단계인 신청 정보 확인 단계로 넘어갑니다.

※ 파일업로드 탭 업로드 기능과 도면 편집 기능은 제원변경 > 도면선택 공통으로 구현된 기능입니다.

1. 사이버검사소 튜닝승인신청 사용매뉴얼

E. 신청정보확인

그림[1-43]

- 튜닝 전자 승인신청의 신청 정보 확인 단계입니다.
- 튜닝 신청이 완료되면 그림[1-43]과 같이 신청 정보 확인 입력 화면이 출력됩니다. 튜닝 신청정보와 튜닝 자동차 소유자 확인을 하고 휴대폰번호를 반드시 입력 후 다음 버튼을 클릭하면 튜닝승인신청 최종 단계인 결제 단계로 이동합니다.

- 튜닝승인신청을 대리인이 진행할 경우 자동차 소유자의 본인확인 튜닝승인신청서를 반드시 첨부해야 합니다. (자동차 소유자 본인이 튜닝승인신청할 경우는 첨부하지 않습니다.)
- 튜닝승인신청서를 출력 후 자동차 소유자의 본인 서명한 후 스캔합니다. (소유자가 법인의 경우 법인 직인 날인) 스캔한 튜닝승인신청서 파일을 소유자 본인확인 튜닝승인신청서 첨부란에 첨부합니다.

1. 사이버검사소 튜닝승인신청 사용매뉴얼

F. 결제

그림[1-44]

- 선택한 튜닝 항목의 승인 수수료 비용을 결제하는 화면으로 먼저 튜닝승인을 신청할 승인 검사소는 한국교통안전공단 자동차튜닝처로 지정이 되고 수검 검사소를 선택하여야 합니다.
- 그림[1-44]의 지역(지사) 선택을 하면 선택된 지역의 검사소 리스트가 출력됩니다. 검사소 리스트 중 튜닝승인 이후 튜닝검사를 신청할 검사소를 선택하면 위의 수검 검사소 부분에 해당 검사소가 입력됩니다.
- 결제정보의 결제금액을 확인하고, 결제수단을 선택합니다. 결제 버튼을 클릭하면 결제모듈이 실행되며, 실 결제가 진행됩니다. 결제가 완료되면 튜닝승인신청이 완료되며, 튜닝승인신청 완료 화면이 표출됩니다.
- 무통장입금으로 신청한 경우, 가상계좌에 승인비 입금이 완료된 후부터 신청 대기순번에 포함됩니다.

1. 사이버검사소 튜닝승인신청 사용매뉴얼

G. 튜닝승인신청완료

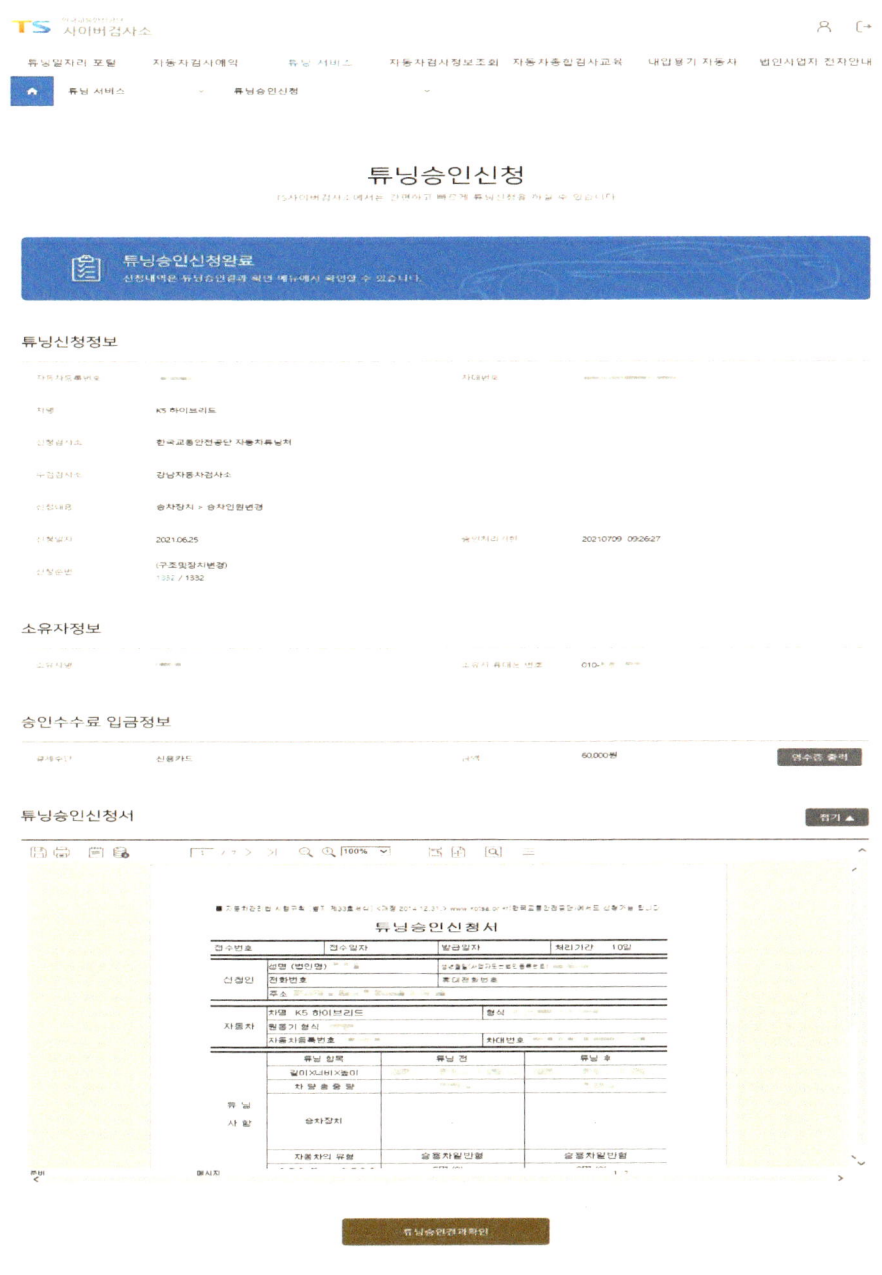

그림[1-45]

- 결제가 완료되면 출력되는 튜닝승인신청완료 화면으로 영수증 출력을 진행할 수 있습니다. 튜닝승인신청 결과는 튜닝승인결과확인 메뉴에서도 다시 확인할 수 있습니다.
- 아래 튜닝승인결과확인 버튼 클릭 시 튜닝승인결과확인 메뉴 화면으로 이동합니다.

G-1. 영수증 출력

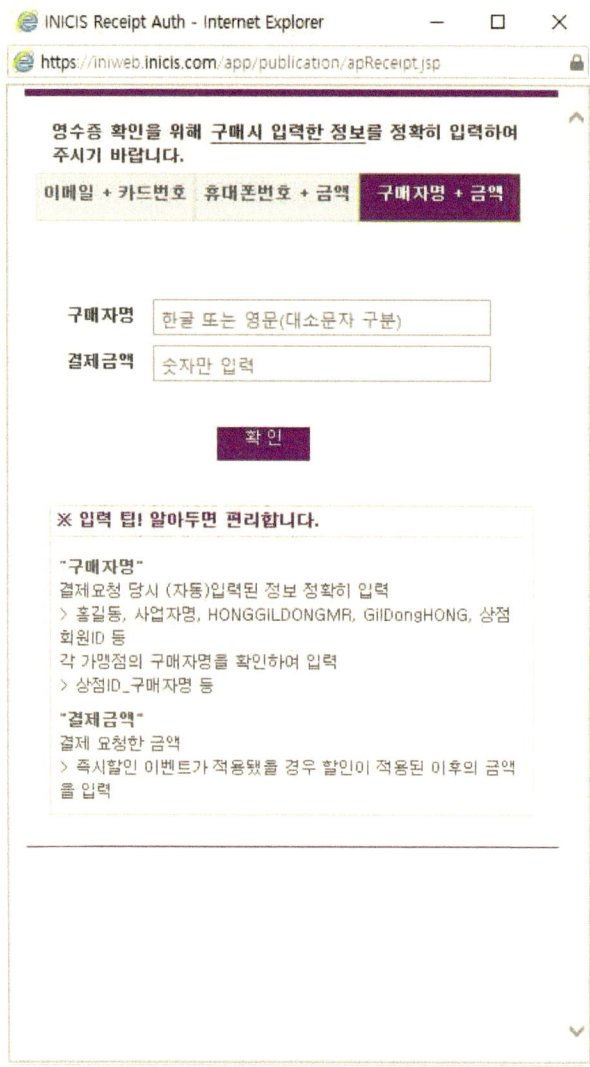

1. 사이버검사소 튜닝승인신청 사용매뉴얼

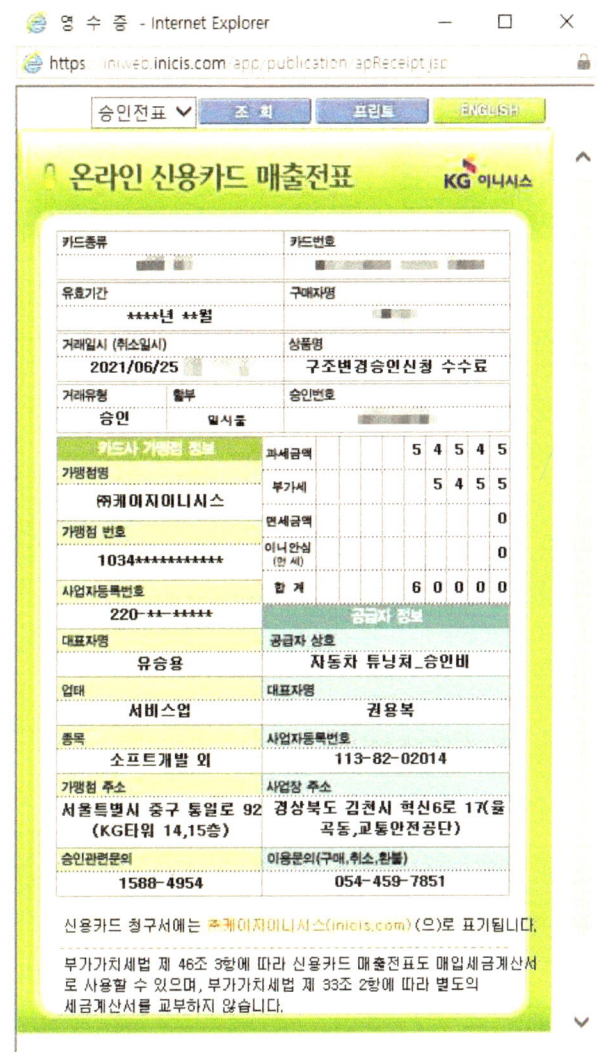

그림[1-46]

- 결제 금액 영수증 출력 버튼을 클릭하면 그림[1-46]과 같이 영수증 출력 화면이 출력됩니다. 프린터를 확인하고 출력하기 버튼을 클릭하면 영수증이 출력 됩니다.

G-2. 튜닝승인결과확인

튜닝승인결과확인
신청하신 튜닝에 대한 결과내역을 확인하실 수 있습니다.

NO	자동차등록번호	소유자명	신청일	승인일	승인번호	검토자	결제여부	진행상태	의견확인	신청순번
11	82		2021-07-03				결제	신청완료		(구조및장치변경) 1313 / 1452
10	89		2021-07-03				결제	신청완료		(구조및장치변경) 1311 / 1452
9	83		2021-07-01				결제	신청완료		(구조및장치변경) 569 / 1452
8	84		2021-06-28	2021-07-02		이	결제	승인완료		-
7	경록88		2021-07-02				결제	보완완료		(구조및장치변경) 1070 / 1452
6	92		2021-06-24	2021-06-29		임	결제	승인완료		-
5	84		2021-06-24	2021-06-29		김	결제	승인완료		-
4	포산91		2021-06-19	2021-06-21		박	결제	검사완료		-
3	83		2021-06-08	2021-06-09		김	결제	검사완료		-
2	95		2021-06-08	2021-06-10		이	결제	검사완료		-

그림[1-47]

■ 튜닝승인결과확인 화면
- 튜닝승인결과확인 메뉴를 클릭하면 로그인한 사용자가 신청한 튜닝승인신청 내역 조회 및 결과 확인이 가능한 화면을 출력합니다.
- 본인이 신청 한 경우본인 소유 자동차의 튜닝승인신청 내역만 조회되며, 대리인의 경우 대행 신청한 모든 튜닝승인신청 내역이 조회됩니다.

1. 사이버검사소 튜닝승인신청 사용매뉴얼

1) 자동차등록번호
- 아래 리스트 중 특정 자동차에 대해서 자동차등록번호를 입력하여 조회할 수 있습니다.

2) 신청일
- 조회 날짜 기준으로 31일 전부터 금일까지 기본으로 설정되어 출력됩니다. 기간을 변경하여 조회 가능합니다.

3) 리스트
- 위의 조회 조건에 따라 리스트를 출력합니다.
- 자동차등록번호를 클릭하면 튜닝승인신청 상세화면으로 이동합니다.
- 진행 상태에 따라서 승인번호, 검토자, 결제여부, 검사여부가 출력됩니다.
- 의견확인, 수정요청 사항이 있을 경우 체크 표시되며, 체크를 클릭하면 해당 내용을 확인할 수 있는 화면을 출력합니다.

TS 자동차 튜닝 업무 매뉴얼

그림[1-48]

1. 사이버검사소 튜닝승인신청 사용매뉴얼

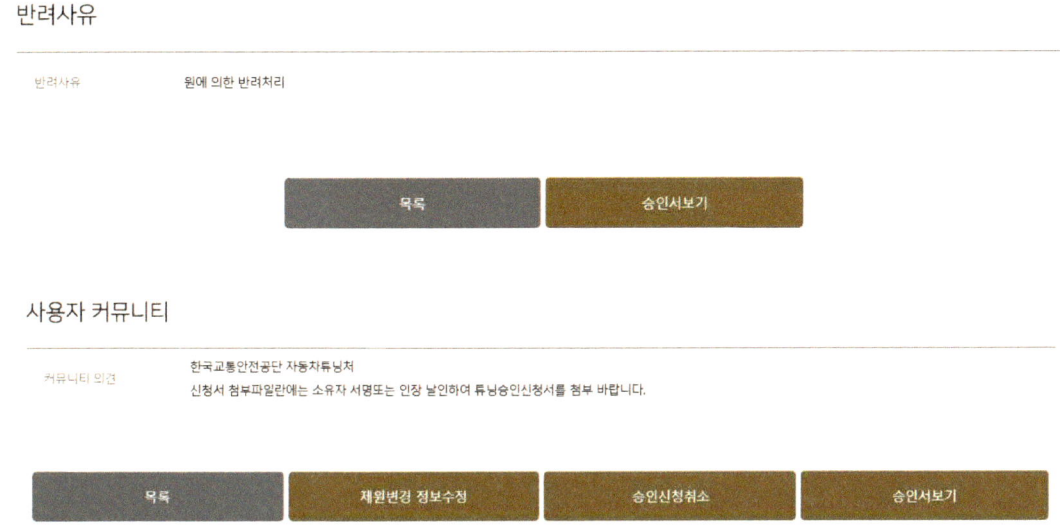

■ 튜닝승인신청 상세화면
- 튜닝승인결과확인 리스트에서 자동차등록번호를 클릭하면 튜닝승인신청 상세화면을 출력합니다.
- 진행상태에 따라 출력되는 항목 및 버튼이 달라지며, 의견확인이 체크된 내역의 상세화면에서는 사용자 커뮤니티 항목이 출력됩니다.

1) 튜닝신청정보
- 튜닝승인신청정보를 출력합니다.

2) 소유자정보
- 튜닝승인신청한 자동차의 실소유자 정보를 출력합니다.

3) 소유자 본인확인 튜닝승인신청서 첨부
- 대리인이 튜닝승인신청한 경우 자동차 소유자의 본인확인 튜닝승인신청서를 첨부해야 하므로 첨부된 내역을 출력합니다.

4) 튜닝 후 내역
- 튜닝승인신청 단계에서 입력한 튜닝 후 내역을 출력합니다.

5) 승인수수료 입금내역
- 튜닝승인신청 단계에서 결제한 승인수수료 결제 정보를 출력합니다.

6) 반려사유
- 튜닝승인신청이 반려된 경우 반려사유를 출력합니다.

7) 튜닝승인정보
- 튜닝승인신청이 승인되면 튜닝승인정보를 출력합니다. (승인자명, 승인일자, 승인번호)

8) 사용자 커뮤니티
- 튜닝승인신청 단계에서 한국교통안전공단 자동차튜닝처 담당자가 등록한 의견을 출력합니다.

9) 목록
- 튜닝승인결과확인 리스트 화면으로 이동합니다.

10) 승인서보기
- 튜닝승인서 출력 영역이 확장되어 출력됩니다.

11) 임시저장 재등록
- 튜닝승인신청단계에서 튜닝승인신청을 완료하지 않는 내역에 대해서 임시저장재등록 버튼을 출력합니다.
- 버튼을 클릭하면 임시저장한 단계 화면으로 이동하여 튜닝승인신청을 이어서 진행할 수 있습니다.

1. 사이버검사소 튜닝승인신청 사용매뉴얼

H. 제원변경 정보수정

그림[1-49]

- 그림[1-49]에서 제원변경 정보수정 버튼을 클릭하면 튜닝승인신청 단계에서 입력한 제원정보 변경사항을 다시 한번 수정하기 위해 해당 단계로 이동합니다.
- 튜닝승인신청 > 제원변경 단계에서 정보 수정 후 수정저장 버튼을 클릭하면 제원정보 정보 수정이 완료되고, 재신청 화면으로 이동합니다.
  - 재신청을 완료하면 수정된 내용으로 재 접수 됩니다.

H-1. 승인 신청 취소

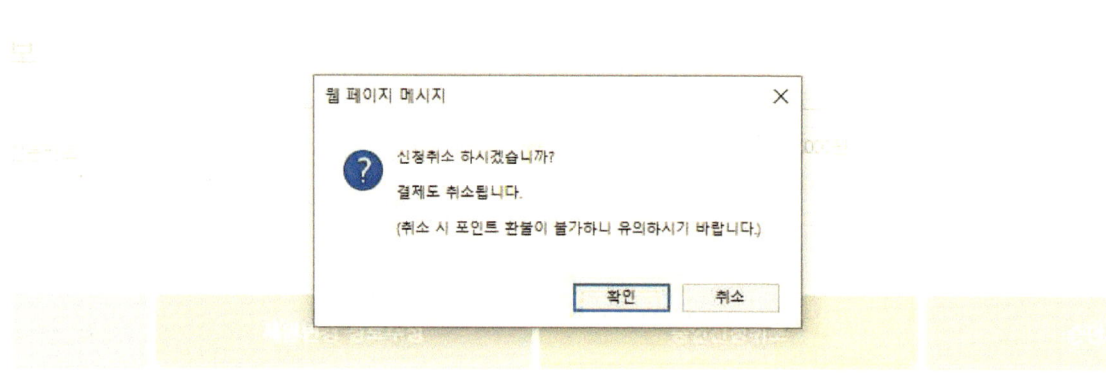

그림[1-50]

- 그림[1-48]에서 승인 신청 취소 버튼을 클릭하면 그림[1-50] 신청 취소 팝업 창이 출력됩니다. 확인을 클릭하면 신청 취소가 되며 승인 이전 상태에선 결제금액도 반환됩니다. 승인 후 반려는 승인 수수료 반환이 안되니 주의 하세요.

H-2. 수정요청

그림[1-51]

- 튜닝승인 후 수정이 필요한 경우 튜닝승인 결과확인 상세페이지에서 수정요청내용을 입력하는 영역 그림[1-51]과 같이 출력됩니다. 해당 영역에 수정내용을 입력하고 전산자료수정요청서를 첨부한 후 저장 버튼을 클릭하면 튜닝승인 건에 대해 수정요청 됩니다.
    * 전산자료 수정요청서는 알림마당-공지사항에서 확인 가능합니다.

H-3. 튜닝 결과확인 및 출력

그림[1-52]

- 튜닝승인이 완료되면 튜닝승인 결과확인 화면에서 그림[1-52]과 같이 진행상태가 승인완료로 표시됩니다. 해당차량번호를 클릭하면 그림[1-53]과 같이 상세페이지 화면이로 이동합니다.

1. 사이버검사소 튜닝승인신청 사용매뉴얼

튜닝승인결과확인

신청하신 튜닝에 대한 결과내역을 확인하실 수 있습니다

튜닝신청정보

자동차등록번호		차대번호	
차명	포터Ⅱ수퍼캡하이내장탑차(PORTERⅡ)		
신청검사소	한국교통안전공단 자동차튜닝처		
수검검사소	구미자동차검사소		
신청내용	물품적재장치 > 푸드트럭		
신청일자	2021-06-28	승인처리기한	20210712 17:33:44
신청순번	-		

소유자정보

소유자명		소유자 휴대폰 번호	
소유자 인증여부	확인	소유자 본인인증 방법	팩스

전산자료수정요청

> 작성 이후 해당지 역 담당자에게 문의하시기 바랍니다

수정내용 : (최대200자까지 입력하십시오)

첨부파일 : [찾아보기] [저장]

튜닝 후 내역	푸드트럭(내장탑형, LPG미설치)

승인수수료 입금정보

결제수단	신용카드	금액	60,000원	[영수증 출력]

튜닝 승인정보

승인자명		승인일자	2021-07-02
승인번호			

[목록] [반려요청] **[승인서보기]**

그림[1-53]

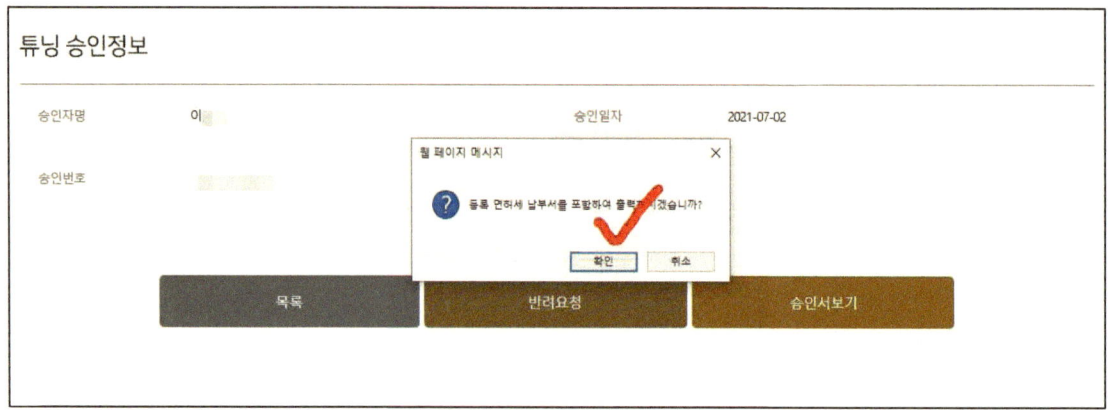

그림[1-54]

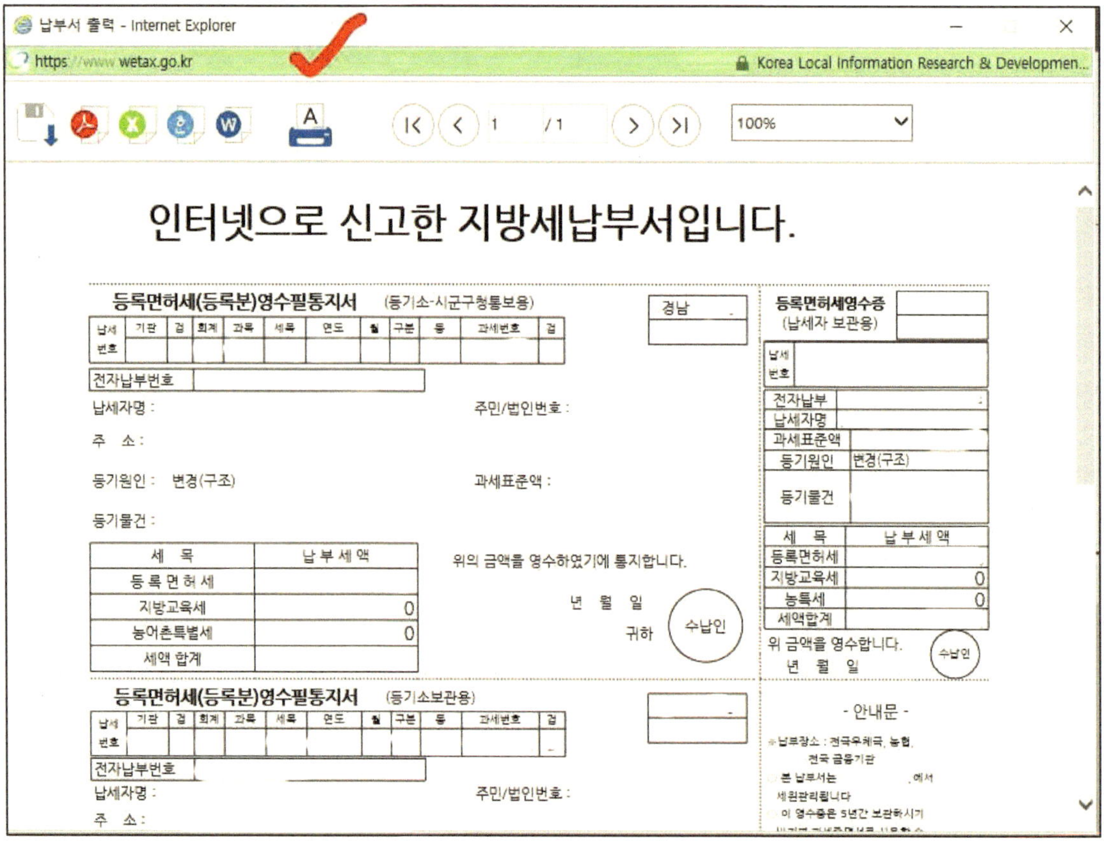

그림[1-55]

- 그림[1-53]하단의 승인서보기를 클릭하면 그림[1-54]와 같이 팝업이 표시됩니다. 확인을 클릭하면 그림[1-55]처럼 새창으로 납부서가 나오며 인쇄 후 납부서창을 종료합니다.
  * 지방세 납부서가 자동신고가 안된 경우 승인서에 포함된 납부서 이용가능(우체국납부)

1. 사이버검사소 튜닝승인신청 사용매뉴얼

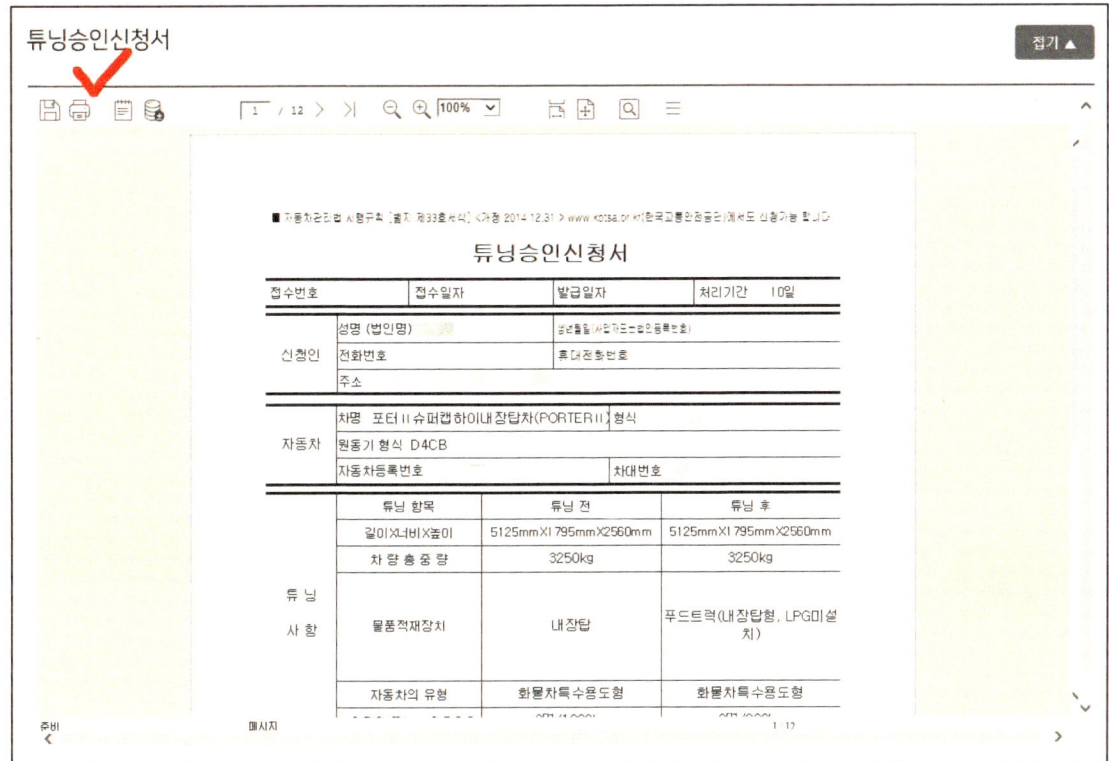

그림[1-56]

- 그림[1-56]과 같이 화면에 표시된 튜닝신청서 왼쪽상단의 인쇄아이콘을 클릭하여 전체서류를 인쇄합니다. 튜닝신청내역의 전자문서는 튜닝승인신청서, 튜닝승인서, 튜닝 전.후의 주요제원 대비표, 하중분포계산식(중량변동이 있는 경우), 튜닝 전/후도면, 등록납부고지서, 납부안내 및 작성요령 안내서, 자동차검사신청서, 경사각도측정신청서(해당사항이 있을 경우)입니다.

TS 자동차 튜닝 업무 매뉴얼

■ 튜닝승인서 예시

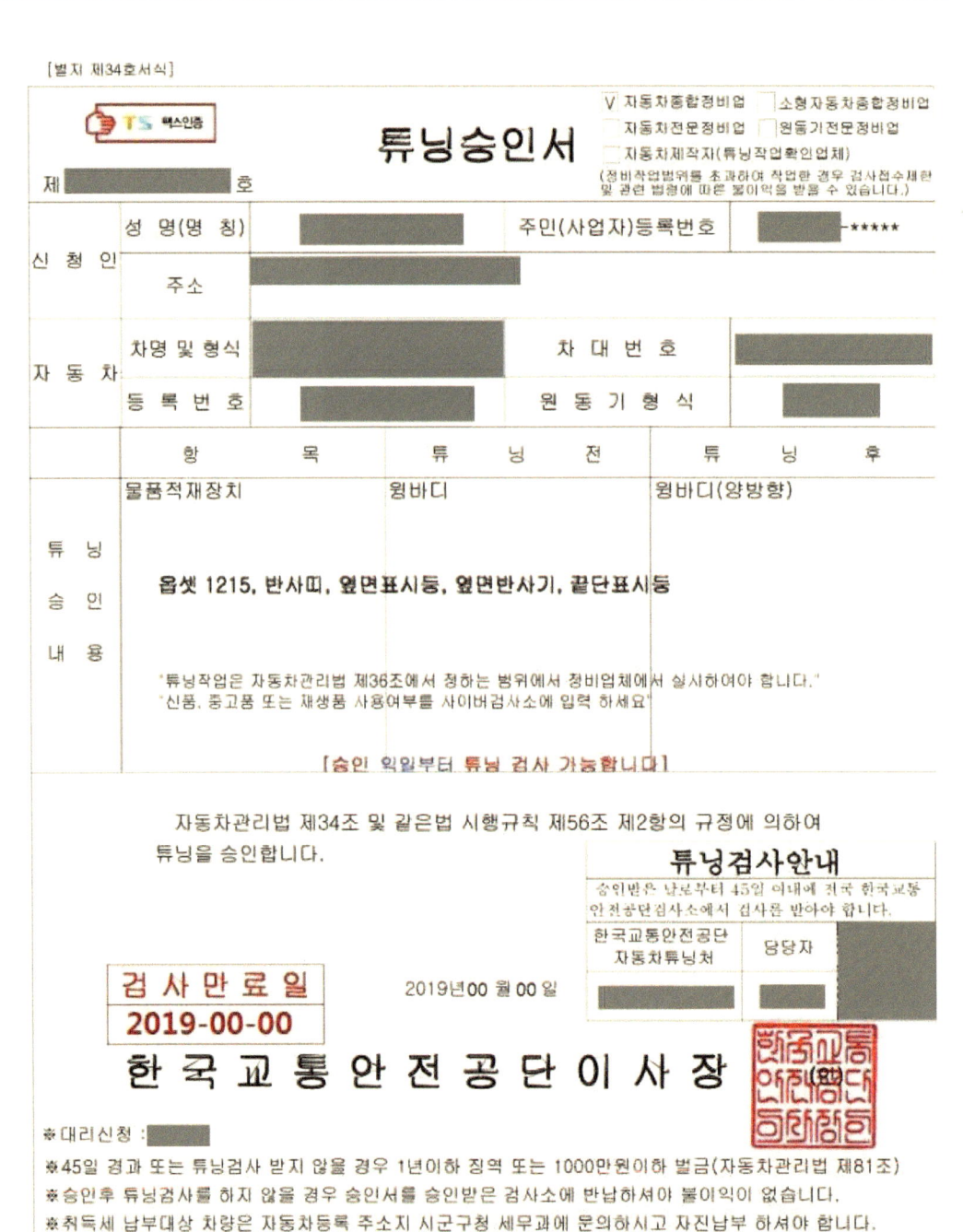

TS 자동차 튜닝 업무 매뉴얼

2

튜닝승인 신청서 등의 작성방법

2. 튜닝승인 신청서 등의 작성방법

1. 튜닝승인 신청서

■ 자동차관리법 시행규칙 [별지 제33호서식] <개정 2014.12.31>

튜닝승인 신청서

접수번호		접수일자		발급일자		처리기간	10일
신청인	성명(법인명)				주민등록번호 (사업자 또는 법인등록번호)		
	전화번호				휴대전화번호		
	주소						
자동차	차명				형식		
	원동기형식						
	자동차등록번호				차대번호		

변경사항	튜닝항목	튜닝 전	튜닝 후
	길이×너비×높이		
	차량총중량		
	장치(장치명칭기재)		
	자동차의 유형		
	승차정원 또는 최대적재량		

「자동차관리법」 제34조 및 같은 법 시행규칙 제56조제1항에 따라 위와 같이 신청합니다.

년   월   일

신청인   (서명 또는 인)

교통안전공단이사장 귀하

첨부서류	1. 튜닝 전·후의 주요제원대비표(제원변경이 있는 경우에만 첨부합니다) 1부 2. 튜닝 전·후의 자동차외관도(외관변경이 있는 경우에만 첨부합니다) 1부 3. 튜닝하려는 구조·장치의 설계도 1부	수수료 검사대행자가 정한 금액

유의사항

1. 교통안전공단에서 튜닝승인을 받은 자동차소유자는 반드시 자동차종합정비업체 또는 소형자동차정비업체에서 튜닝작업을 시행해야 하며, 승인받은 날부터 45일 이내에 교통안전공단 검사소에서 튜닝검사를 받아야 합니다.
2. 원동기 등 장치를 튜닝하려는 경우에는 튜닝항목 장치란에 튜닝하는 장치명을 적기 바랍니다.
3. 승인을 받지 않고 자동차의 구조·장치를 튜닝한 자와 구조 등이 튜닝된 자동차인 것을 알면서 이를 운행한 자는 1년 이하의 징역 또는 300만원 이하의 벌금에 처하게 됩니다(「자동차관리법」 제81조제19호 및 제20호).

210mm×297mm(일반용지 60g/㎡)

[기재요령]

가. 신청인성명 : 자동차등록증에 기재된 성명을 기재하며 소유자가 법인일 경우에는 그 명칭 및 대표자를 기재

나. 주소 : 자동차등록증에 기재된 소유자의 주소(법인은 법인 소재지 주소)를 기재

다. 주민등록번호(사업자번호) : 소유자의 주민등록번호 기재(사업자번호 또는 법인등록번호)

라. 차명 및 형식 : 자동차등록증에 기재된 차명 및 형식을 기재

마. 차대번호 : 자동차등록증에 기재된 차대번호를 기재

바. 자동차등록번호 : 자동차등록증에 기재된 자동차 등록번호를 기재

사. 원동기형식 : 자동차 등록증에 기재된 원동기의 형식을 기재

아. 변경사항 : 변경하고자 하는 구조 및 장치의 변경 전·후의 사항을 기재
   ○ 길이×너비×높이 : 변경사항이 있을 때에 변경 전·후 수치(mm)를 기재
   ○ 총중량 : 변경사항이 있을 때에 변경 전·후의 수치(Kg)를 기재.
   ○ 장치 : 변경되는 장치명칭을 각각 기재
   ○ 자동차의 유형 : 유형 변경이 있을 경우 변경 전·후의 유형를 기재
   ○ 승차정원 또는 최대적재량 : 승차정원(인) 또는 최대적재량(Kg)의 변경이 있을 때에 변경 전·후의 수치를 기재

자. 신청인 : 위 신청인 성명(명칭) 동일하게 작성
   ○ 비사업용 : 자동차소유자(소유자의 서명 또는 인장 날인)
   ○ 사 업 용 : 자동차소유자(소유자의 인장 또는 직인 날인)
      ※ 대리인인 경우 자동차소유자(운송회사)의 "위임장" 첨부

2. 튜닝승인 신청서 등의 작성방법

2. 튜닝 전·후의 주요제원 대비표 작성요령(제원변경이 있는 경우 작성)

<table>
<tr><td colspan="9" align="center">튜닝 전·후의 주요제원 대비표</td></tr>
<tr><td>1</td><td colspan="2">소 유 자 주 소</td><td colspan="6"></td></tr>
<tr><td>2</td><td colspan="2">성   명</td><td></td><td>3</td><td colspan="2">최 초 등 록 일</td><td colspan="2"></td></tr>
<tr><td>4</td><td colspan="2">등 록 번 호</td><td></td><td>5</td><td colspan="2">종   별</td><td colspan="2"></td></tr>
<tr><td>6</td><td colspan="2">차   명</td><td></td><td>7</td><td colspan="2">구   분</td><td colspan="2"></td></tr>
<tr><td>8</td><td colspan="2">형   식</td><td></td><td>9</td><td colspan="2">차 체 형 상</td><td colspan="2"></td></tr>
<tr><td rowspan="2">10</td><td colspan="2" rowspan="2">승 차 정 원</td><td>변경 전</td><td rowspan="2">11</td><td colspan="2" rowspan="2">유   형</td><td>변경 전</td><td>변경 후</td></tr>
<tr><td>인</td><td></td><td></td></tr>
<tr><td colspan="2"></td><td colspan="2">인</td><td></td><td colspan="2"></td><td colspan="2"></td></tr>
<tr><td>12</td><td colspan="2">차 량 중 량(kg)</td><td></td><td>13</td><td colspan="2">용   도</td><td colspan="2"></td></tr>
<tr><td>14</td><td colspan="2">최대 적재량(kg)</td><td></td><td>15</td><td colspan="2">원 동 기 형 식</td><td colspan="2"></td></tr>
<tr><td>16</td><td colspan="2">차량 총중량(kg)</td><td></td><td>17</td><td colspan="2">원동기최고출력 (ps/rpm)</td><td colspan="2"></td></tr>
<tr><td>18</td><td colspan="2">길   이(㎜)</td><td></td><td>19</td><td colspan="2">기통수/ 총 배 기 량(cc)</td><td colspan="2"></td></tr>
<tr><td>20</td><td colspan="2">너   비(㎜)</td><td></td><td>21</td><td colspan="2">연 료 의 종 류</td><td colspan="2"></td></tr>
<tr><td>22</td><td colspan="2">높   이(㎜)</td><td></td><td>23</td><td colspan="2">후단 오버항(㎜)</td><td colspan="2"></td></tr>
<tr><td rowspan="3">24</td><td colspan="2" rowspan="3">하대내측 치수 (㎜)</td><td>길이</td><td>25</td><td colspan="2">축 간 거 리(㎜)</td><td colspan="2"></td></tr>
<tr><td>너비</td><td>26</td><td colspan="2">하대 옵세트(㎜)</td><td colspan="2"></td></tr>
<tr><td>높이</td><td rowspan="2">27</td><td colspan="2" rowspan="2">좌우바퀴간 거리 (㎜)</td><td>앞바퀴</td><td></td></tr>
<tr><td>28</td><td colspan="2">적재시앞바퀴 하중분포율</td><td>(%)</td><td>(%)</td><td>뒷바퀴</td><td></td></tr>
<tr><td rowspan="5">29</td><td colspan="2" rowspan="5">공차시 하중분포 (kg)</td><td rowspan="2">전</td><td>전축중</td><td rowspan="5">30</td><td colspan="2" rowspan="5">적재시 하중분포 (kg)</td><td rowspan="2">전</td><td>전축중</td></tr>
<tr><td>후축중</td><td>후축중</td></tr>
<tr><td rowspan="3">후</td><td>전축중</td><td rowspan="3">후</td><td>전축중</td></tr>
<tr><td>중축중</td><td>중축중</td></tr>
<tr><td>후축중</td><td>후축중</td></tr>
<tr><td rowspan="4">31</td><td colspan="2" rowspan="4">적재시 타이어 하중율 (%)</td><td rowspan="2">전</td><td>전</td><td rowspan="2">32</td><td colspan="2" rowspan="2">타이어 형식</td><td>전</td></tr>
<tr><td>후</td><td>후</td></tr>
<tr><td rowspan="2">후</td><td>전</td><td rowspan="2">33</td><td colspan="2" rowspan="2">변속기</td><td>종류</td></tr>
<tr><td>중</td><td>단수</td></tr>
<tr><td colspan="2"></td><td colspan="2">후</td><td colspan="5"></td></tr>
<tr><td>34</td><td colspan="2">튜닝 개요</td><td colspan="6"></td></tr>
</table>

[기재요령]

가. 튜닝 전·후 주요제원 대비표 상의 "변경 전" 또는 "변경 후" 제원은 아래와 같이 기재
　○ 변경 전 : 구변승인을 받는 처음 받는 경우 당해 자동차의 제원관리번호(형식승인번호)제원, 이후 구변승인을 받은 경우 튜닝검사 당시의 제원
　　○ 변경 후 : 변경하고자 하는 당해 자동차의 제원

1) 소 유 자 주 소 : 소유자의 주소(법인은 법인소재지 주소)
2) 성　　　　명 : 등록증에 기재된 소유자 성명
3) 최 초 등 록 일 : 등록증에 기재된 최초등록일
4) 등 록 번 호 : 등록증에 기재된 등록번호
5) 종　　　　별 : 등록증에 기재된 차종
6) 차　　　　명 : 등록증에 기재된 차명
7) 구　　　　분 : 자동차관리법 시행규칙 별표1에 의한 자동차의 규모별 분류
　　　　　　　　예) 소형·중형·대형
8) 형　　　　식 : 등록증에 기재된 형식
9) 차 체 형 상 : 차대 및 차체의 형상을 다음과 같이 기재
　　　　　　　　예) 승용차의 경우 : 4도어세단, 리무진, 쿠페, 컨버터블
　　　　　　　　　　승합차의 경우 : 본넷트형, 세미본넷형, 리어엔진
　　　　　　　　　　화물차의 경우 : 캡오버, 피견인형
10) 승 차 정 원 : 시행세칙 별표2의14에 따라 측정된 승차정원
　　　　　　　　예) 좌석정원 + 입석정원 = 승차정원
11) 유　　　　형 : 자동차관리법 시행규칙 별표1에 따른 유형
　　　　　　　　예) 일반형, 특수용도형, 밴형 등
12) 차 량 중 량 : 시행세칙 별표 2의25에 따른 측정된 차량중량을 기재하고, 끝 단위는 0 또는 5로 끝맺음 함. 다만, 변경 후 차량중량이 『자동차 구조·장치 변경에 관한 규정』 (국토부 고시) [별표 2]에서 정하는 중량범위 이내일 경우 변경 전 차량중량을 그대로 기재
13) 용　　　　도 : 자동차의 주사용 목적을 기재
　　　　　　　　예) 비사업용, 시내일반, 일반화물 수송용, 이동통신중계용 등

2. 튜닝승인 신청서 등의 작성방법

14) 최대적재량 : 시행세칙 별표 2의15에 따라 계산된 값을 반올림하여 기재
   - 일반형 및 덤프형의 경우 : 경형은 50kg, 소형, 중형 및 대형은 100kg 단위로 기재
   - 밴형 및 특수용도형의 경우 : 경형, 소형자동차는 50kg 단위로 기재하고 중, 대형자동차의 경우는 100kg 단위로 기재
   - 용적 × 비중에 의한 경우 : 용적은 물품적재장치의 전체체적, 비중은 적재물의 비중을 적용한다. 다만, 타법령에서 규정한 공간율에 한하여 공간율을 인정하며, 활어를 운송하기 위한 화물자동차는 20% 이내의 공간율을 적용한다.

15) 원동기형식 : 등록증에 기재된 원동기형식

16) 차량총중량 : 시행세칙 별표2의25에 따라 측정된 차량총중량을 기재하고, 끝 단위는 0 또는 5로 끝맺음 함
   - 차량총중량=차량중량+최대적재량+{승차정원×65kg(13세미만의 자인 경우에는 1.5인을 승차정원 1인으로 계산)}

17) 원동기마력 : 제작자 등이 통보한 원동기마력을 기재하며, 기재내용은 원동기형식의 타각형식과 동일하여야 함. 다만, 전기자동차의 경우 전동기형식을 기재

18) 길   이 : 시행세칙 별표2의25에 따라 측정된 수치를 기재하고, 끝 단위는 0 또는 5로 끝맺음 함

19) 기 통 수 / 총 배 기 량 : 실린더 수 및 설계상 실린더 총 행정체적(cc)을 기재. 다만, 전기자동차의 경우 정격전압(축전지용량)을 기재

20) 너   비 : 시행세칙 별표2의25에 따라 측정된 수치를 기재하고, 끝 단위는 0 또는 5로 끝맺음 함

21) 연료의종류 : 원동기에 사용되는 연료를 구분하여 기재
   예) 휘발유, LPG, 경유, CNG, 전기, 하이브리드(휘발유+전기), 수소

22) 높   이 : 시행세칙 별표2의25에 따라 측정된 수치를 기재하고, 끝 단위는 0 또는 5로 끝맺음 함

23) 후단오버항 : 시행세칙 별표2의25에 따라 측정된 수치를 기재하고, 끝 단위는 0 또는 5로 끝맺음 함

24) 하 대 내 측 치 수 : 물품적재장치를 갖춘 경우 물품적재장치의 내측치수를 기재하며, 시행세칙 별표2의25에 규정된 기준에 의해 측정된 수치를 기재한다.

25) 축 간 거 리 : 시행세칙 별표2의25에 규정된 기준에 의해 측정된 수치를 기재하며 3축 이상의 차축을 가진 자동차에 있어서는 제1축거와 제2축거 등을 합하여 기재한다. 다만 가변축일 경우는 축간거리에 포함하지 않는다.
예) 제1축간거리 + 제2축간거리 + ⋯ = 축간거리

26) 하대옵셋트 : 물품적재장치를 갖춘 경우 시행세칙 별표 2의25에 규정된 기준에 의해 측정된 수치를 기재하며 하대중심이 후축중심에서 후방에 있는 경우는 수치앞에 "−"기호를 기재한다. 다만, 특수자동차견인형 및 구난형 등 권상하중을 갖는 경우에는 후축중심에서 권상하중 작용점까지의 거리를 기재하며 후축중심에서 후방에 있는 경우는 수치앞에 "−" 기호를 기재한다.

27) 좌우바퀴간 거 리 : 시행세칙 별표2의25. 7)에 따른 윤간거리를 말하며, 좌우의 바퀴가 접하는 수평면에서 바퀴의 중심선과 직각인 바퀴중심 간의 거리를 측정하여 기재. 다만 복륜일 경우 복륜의 중심사이의 거리를 기재

28) 적재시앞바퀴 하중분포율 : 시행세칙 별표2의25에 따른 수치를 기재

$$= \frac{\text{적차시 조향륜의 윤중의 합}}{\text{차량 총중량}} \times 100$$

29) 공차시하중 분 포 : 시행세칙 별표2의25에 따라 측정된 수치를 기재하고, 끝 단위는 0 또는 5로 끝맺음 함.

30) 적재시하중 분 포 : 시행세칙 별표2의25에 따른 수치를 기재하고, 끝 단위는 0 또는 5로 끝맺음 함.

31) 적재타이어하 중 율 : 시행세칙 별표2의25에 따른 수치를 기재

$$= \frac{\text{적차 시 전(또는 후)륜의 분담하중}}{\text{전(또는 후)륜의 타이어허용하중} \times \text{전(또는 후) 타이어의 개수}} \times 100$$

32) 타이어형식 : 타이어형식 및 허용하중 기재
- 타이어형식은 당해 타이어 제작국가의 공업규격(KS, JIS 등)에서 정한 형식(공업규격에서 정하지 아니한 경우 당해 타이어 제작자가 제시한 형식)을 기재
- 허용하중은 당해 타이어제작자가 표시한 값을 기재하되 제작자 표시가 없는 경우 당해 타이어 제작국가의 공업규격(2가지 이상일 경우 수치가 높은 것)에서 정한 값을 기재
예) 12R22.5−16PR(S) 800kg

33) 변 속 기 : 변속기의 종류 및 단수 기재
              예) 자동4/1, 수동5/1, 무단변속기(전기포함)
34) 튜   닝 : 튜닝 내역 및 특기사항 등을 간략하게 기재
    개   요   예) 카고에서 냉동탑으로 변경
              ※ 탱크로리로 변경시 탱크의 용적 및 적재물품명

나. 변경 전·후의 모든 제원을 기록하는 것을 원칙으로 함. 다만, 변경 후 제원이 변경전과 동일한 항목은 「←」 표시하며, 기재항목이 없는 경우에는 「/」 또는 「-」로 표기함

다. 변경 전·후의 제원 변경이 전혀 없는 경우 승인서 여백에 「변경 전·후의 제원변동 없음」 고무인(가로6cm×세로2cm)을 날인할 것

라. 장치변경 승인 중 변경사항이 경미한 LPG 연료장치, 무쏘픽업, 원동기 등의 경우 제원대비표에 변경항목만 수정하고 변경이 없는 사항은 「수정항목(개)외에 제원변동 없음」 고무인 날인 가능

마. 기재 항목의 단위표시는 자동차안전기준에 표시된 내용을 기준으로 하고, 소수점 이하는 버림을 원칙으로 함
   예) 중량은 kg, 길이·너비·높이 등의 치수는 ㎜, 면적은 ㎠, 체적량은 cc, 용적량은 L 등으로 표기

3. 튜닝 전·후의 자동차외관도(사진 가능, 외관변경이 있는 경우 작성)

[서식기준]

가. 변경 전과 변경 후를 각각 별지로 작성하여야 하며, 대상자동차의 평면, 정면, 측면, 후면의 4가지를 1매의 도면에 표시한 4면도로 하고, 도면의 크기는 A4(210mm×297mm)로 함.

나. 외관도 및 설계도면에 변경내용(하대옵셋, 축간거리, 승객좌석간 거리 등)이 정확히 표시·기재되어 있을 것. 다만 호환되는 실린더 블록 간 변경 또는 차명 및 배기량이 동일한 자동차에 사용되는 변속기 튜닝 시에는 튜닝 설계도 생략 가능

[기재요령]

가. 자동차의 외관이 명료하게 나타나고 수치가 명확하게 표시되어야 함

나. 등화장치에 대하여는 그 명칭 및 설치위치 등을 기재

다. 수치는 mm의 단위로 기재

라. 승합 및 화물자동차는 좌석, 냉동기 등의 배치도를 별도 작성 가능

4. 튜닝하려는 구조·장치의 설계도

튜닝의 설계도의 크기는 A4(210mm×297mm)를 원칙으로 하며, 특수한 장치 등을 설치할 경우 상세도면, 설계도 등을 첨부할 수 있음. 또한, 튜닝 내용에 따라 변경부분상세도, 변경부품명세서, 강도계산서 등이 작성되어야 함. 다만, 변경 후 외관도에 변경부분에 대한 구체적인 수치가 표시되고 부품명, 재료명, 계산서 등을 포함하여 통합 작성한 경우에는 별도의 설계도는 생략할 수 있음.

  ○ 변경부분 상세도
    - 변경하거나 추가로 설치하는 튜닝의 형상, 크기, 중량, 용량, 재질 등을 상세히 기록
    - 자동차의 외관이 변경되는 튜닝으로 변경 후 외관도에 표시하기 곤란한 다음의 경우에 작성

2. 튜닝승인 신청서 등의 작성방법

- ■ 크레인 변경 ·· 크레인도면
- ■ 셀프로다로 변경 ·· 셀프로다도면
- ■ 리프트게이트 설치 ··· 리프트게이트도면
- ■ 암롤 청소자동차로 변경 ··· 암롤장치도면
- ■ 기타 특수한 튜닝 부착 시 등에는 위의 경우에 준하며 변경부분 도면 작성

○ 변경부품 명세서
   - 자동차의 외관변경이 초래되지 않는 튜닝으로 변경되는 튜닝부품에 대한 부품명, 형식, 제작회사명 및 구성도 등을 상세히 기록
   - ■ 형식이 상이한 원동기로 튜닝 ··· 원동기 제원표
   - ■ 수동변속기를 자동변속기로 튜닝 ··· 변속기 제원표
   - ■ 자동방식변속기를 수동식으로 튜닝 ·· 변속기 제원표
   - ■ 연료장치를 휘발유에서 LPG로 상호 튜닝 ································ 연료 계통도
   - ■ 제동장치의 튜닝 ··· 부품명이 기록된 구성도
   - ■ 조향장치의 튜닝 ··· 부품명이 기록된 구성도
   - ■ 기타 특수한 구조장치 부착 시 등에는 위의 경우에 준하며 변경부분 도면 작성

5. 튜닝작업 전산입력

○ 기존 관리사업자번호를 가지고 있는 관리사업자의 경우 관할 자치단체를 방문해 '신관리사업자번호'로 신규로 발급 받아야함

※ 신관리사업자번호는 12자리의 숫자로 구성되어 있으며 구관리사업자번호로는 업체 사용자 등록이 불가능 함

○ 인터넷 주소창에 http://cyberts.kr 입력

□ 대표자 휴대폰 인증 준비
　○ 자동차튜닝이력등록은 휴대폰인증을 통해 사용(최초1회)

□ 업무처리내용
　○ 대표자가 직접 업무정보를 전송하는 경우, 대표자의 휴대폰으로 회원가입 후 업무 정보를 작성·전송할 수 있음
　○ 종사원이 대행 입력하는 경우, 종사원의 휴대폰으로 종사원이 회원가입을 한 후 대표자의 승인을 통해서 종사원이 대표자를 대행하여 업무정보를 작성·전송할 수 있음

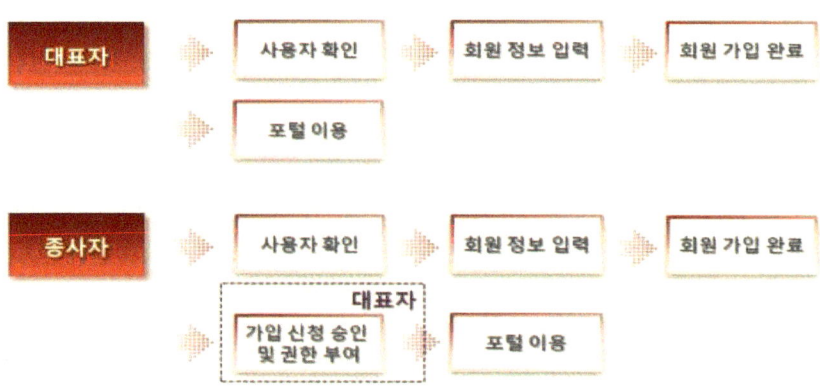

2. 튜닝승인 신청서 등의 작성방법

□ 튜닝작업 입력

| 튜닝이력관리 | **튜닝이력등록** | 종사자관리 | 튜닝업체목록 |

튜닝이력등록
자동차 튜닝이력을 등록 하실 수 있습니다.

튜닝승인번호 및 차량 정보

✓ 운행구분   운행차량   ▼   ✓ 튜닝승인번호   🔍 조회

자동차등록번호   차대번호

차명   차종   승용

정비사업자 정보

업체명   사업자등록번호   정비업체등록번호

대표자성명   전화번호   정비업구분
                (01-02-1234-5678)

주소

튜닝내역

작업완료일자   2020-01-14 📅

정보   배기가스저감장치

튜닝승인내역
              원형
    튜닝전

              1종매연여과장치 (EMF-BMR/BMR-100)
    튜닝후

              저감장치 장착(신품)
작업내용

[등록]

75

6. 최대안전경사각도 측정신청서('15.8.19 개정)

<div style="text-align:center">최대안전경사각도 측정 신청서</div>					
소유자	상호(명칭)		생년월일	
	주 소			
자동차등록번호 (튜닝에 한함)			원동기형식	
차종 및 유형			차 대 번 호	
기 타 확 인 항 목		무게중심을 낮추기 위한 불법 부착물 등 (유, 무)		
측 정 구 분		☐ 튜닝 관련 ☐ 안전검사 등 관련		

「자동차 및 자동차부품의 성능과 기준에 관한 규칙」 제8조에 따라 최대안전경사각도 측정을 신청합니다.

년   월   일

소유자   (서명 또는 인)

확인 서류	튜닝 관련	안전검사관련
	1. 자동차등록증 1부. 2. 튜닝 승인서 1부.	1. 자동차제원표 및 외관도 각1부.
신청하는 곳	◎◎◎자동차검사소	수수료 검사대행자가 정한 금액

2. 튜닝승인 신청서 등의 작성방법

[측정대상]
가. 튜닝승인 시 동형·동급 비교대상 자동차보다 차체높이를 증가시키는 경우
나. 소규모 자동차제작자가 안전검사를 받기 위해 최대안전경사각도 사전 확인을 위하여 신청하는 경우 등
다. 난간대, 재활용품 수집자동차 등 기존의 '캡'높이 보다 차체높이를 증가시키는 경우

[측정조건]
가. 최대안전경사측정 시 자동차손상 및 파손의 우려가 있으므로 안전조치 사항에 대하여 신청인에게 안내 할 것
나. 차대번호, 원동기형식, 제원 등이 신청한 자동차와 동일하고, 임의로 튜닝한 사실이 없을 것
다. 무게중심을 낮추기 위한 구조물 또는 부착물이 없을 것
라. 측정조건에 부합되지 않는 경우에는 정상상태로 조치된 후 측정

[측정방법]
가. 자동차는 공차상태로 하고 좌석은 정 위치에, 창유리 등은 닫은 상태로 함
나. 측정단위는 도(○)로 하고 소수 첫째자리까지 측정할 것
다. 경사각도 측정기에 설치된 차륜 정지장치에 좌측 또는 우측의 모든 차륜을 밀착시키고 차륜 정지장치 반대 측의 모든 차륜이 경사각도 측정기의 답판에서 떨어지는 순간 답판이 수평면과 이루는 각도를 좌측방향과 우측방향에 대하여 각각 측정. 이 경우, 공기스프링 장치를 가진 자동차에 대하여는 레벨링밸브가 작동하지 않은 상태로 함
라. 기타사항은 시행세칙 [별표2] 제26호의 규정에 따라 측정

[기재요령]
가. 소유자
  ○ 성명(명칭) : 자동차등록증에 기재된 성명을 기재하며 소유자가 법인일 경우에는 그 명칭 및 대표자를 기재
  ○ 생년월일 : 자동차등록증에 기재된 소유자의 생년월일 또는 사업자(법인)등록 번호를 기재
  ○ 주소 : 자동차등록증에 기재된 소유자의 주소(법인은 법인 소재지 주소)를 기재
나. 자동차등록번호 : 자동차등록증에 기재된 자동차 등록번호를 기재
다. 원동기형식 : 자동차등록증에 기재된 원동기의 형식을 기재

라. 차명 및 형식: 자동차등록증에 기재된 차명 및 형식을 기재
마. 차대번호 : 자동차등록증에 기재된 차대번호를 기재
바. 자동차제원 : 튜닝승인서 상의 변경 전·후 제원기재
사. 기타 확인 항목 : 불법부착물 등 부착여부를 기재
아. 측정 구분 : 튜닝 또는 안전검사로 구분 "√"기재
자. 소유자 : 위 소유자 상호(명칭)와 동일하게 작성
　○ 비사업용: 자동차소유자(소유자의 서명 또는 인장 날인)
　○ 사 업 용: 자동차소유자(소유자의 인장 또는 직인 날인)

튜닝승인 반려 고무인

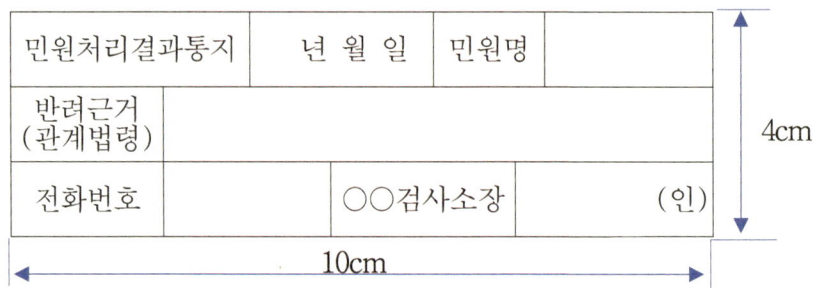

2. 튜닝승인 신청서 등의 작성방법

[별지 제1호 서식]

교통안전공단 제 20 - 호				
\multicolumn{5}{c}{최대안전경사각도 측정결과표}				
신청인	대표자명 (안전검사업무에 한함)		성명 (안전검사업무에 한함)	
	상 호(명칭)	박상영	주민(사업자) 등록번호	731227-
	주 소	경상도 김해시 아무 동 나리		
차량	차명	쏘렌토	차대번호	KNAKW814BAA014928
	자동차등록번호	12노5084	원동기 형식	D4HB
	변경 후 제원	길이(mm)	너비(mm)	높이(mm)
		4805	1885	1710
\multicolumn{2}{l}{최대안전경사각도 측정 결과}	적합 ☐	부적합 ☑	

측정결과	기 준 값	측정값	
		좌측	우측
	35	35.0	35.0
	\multicolumn{3}{c}{육 안 검 사}	
	\multicolumn{3}{c}{부적합 : 제원상이 ( )}	

2014년 05월 16일

교통안전공단 이사장 (인)

TS 자동차 튜닝 업무 매뉴얼

3

자동차 튜닝에 관한 규정

자동차 튜닝에 관한 규정

[시행 2020. 5. 27.] [국토교통부고시 제2020-407호, 2020. 5. 27. 일부개정.]

국토교통부(자동차정책과), 044-201-3840

제1장 총 칙

제1조(목적) 이 규정은 「자동차관리법 시행규칙」 제55조에 따른 경미한 구조·장치의 범위, 튜닝승인을 하는 때에 적용되는 기준에 관한 세부기준, 전기자동차 등 신기술을 적용하는 튜닝기준과 같은법 시행규칙 제131조에 따른 전기자동차 등 신기술을 적용하여 튜닝하는 정비작업의 범위 및 기술인력의 자격기준 등을 정함을 목적으로 한다.

제2조(정의) 이 규정에서 사용하는 용어의 뜻은 다음과 같다.
1. "구조·장치"란 「자동차관리법 시행령」 (이하 "영"이라 한다) 제8조의 구조·장치를 말한다.
2. "경미한 튜닝"이란 「자동차관리법 시행규칙」 (이하 "규칙"이라 한다.) 제55조 제1항 후단의 튜닝승인을 받지 아니하여도 되는 구조·장치를 말한다.
3. "전기자동차"란 「자동차 및 자동차부품의 성능과 기준에 관한 규칙」 (이하 "안전기준"이라 한다.) 제2조 제50호에 따른 전기자동차를 말한다.
4. "구동축전지"란 안전기준 제2조제53호에 따른 구동축전지를 말한다.
5. "구동전동기"란 안전기준 제2조제54호에 따른 구동전동기를 말한다.
6. "축전지제어기"란 구동축전지의 전압, 전류, 온도, 잔존용량 등을 모니터링 하여 안전을 확보하는 장치를 말한다.
7. "차량내장형충전기"란 외부의 전원을 공급받아 차량에 장착된 구동축전지를 충전 시키는 장치를 말한다.
8. "하이브리드자동차"란 안전기준 제2조제33호에 따른 하이브리드자동차를 말한다.
9. "캠퍼"란 야외 캠핑에 사용하기 위하여 화물자동차의 물품적재장치에 설치하는 분리형 부착물을 말한다. 이 경우 캠퍼는 규칙 제30조의2에 따른 캠핑용자동차의 기준과 안전기준 제18조의4에 따른 캠핑용자동차의 전기설비 및 캠핑설비 기준에 적합하여야 한다.

제3조(적용범위) 자동차의 튜닝에 대한 세부기준과 전기자동차(제2조제8호에 따른 하이브리드자동차를 포함한다. 이하 같다.)의 튜닝기준·정비작업의 범위·기술인력의 자격기준 등에 관하여는 자동차관리법령에서 정한 것을 제외하고는 이 규정이 정하는 바에 따른다.

제2장 자동차 튜닝

제4조(경미한 구조 및 장치) 규칙 제55조제1항 후단의 '국토교통부장관이 정하여 고시하는 경미한 구조 및 장치'는 별표 1과 같다.

제5조(튜닝승인 세부기준) 규칙 제55조제3항에 따라 튜닝을 하는 때에 적용하는 세부기준은 별표 2와 같다.

제6조(튜닝승인 접수 등) ① 규칙 제56조제1항에 따른 튜닝승인 신청은 「한국교통안전공단법」에 따른 한국교통안전공단(이하 "공단"이라 한다)을 방문하거나 우편, 팩스, 전산망(전산망이 구축된 경우에 한한다)을 통하여 할 수 있다.

② 공단은 제1항에 따라 튜닝승인 신청서를 받으면 튜닝하려는 자동차의 안전성 확인을 위해 신청한 튜닝내용이 관계 법령 및 규정에 적합한지를 검토하여야 한다. 이 경우 공단은 신청자에게 안전성 확인에 필요한 자료를 추가로 제출하도록 요청할 수 있다.

제7조(튜닝승인서 발급 등) ① 제6조에 따라 신청을 받은 공단은 신청서류가 튜닝에 적합하다고 인정하면 튜닝승인 신청서를 접수한 날부터 5일 이내에 튜닝승인서를 발급하여야 한다. 다만, 전문적인 사항에 대한 세부검토가 필요하다고 인정되는 등 부득이한 사유가 있으면 신청자에게 그 사유를 통보한 후 접수일로부터 10일 이내에 처리할 수 있다.

② 공단은 신청한 서류 등을 검토한 결과 관계 법령 및 규정에 적합하지 아니하면 튜닝 승인 신청서를 접수한 날부터 5일 이내에 그 사유와 함께 튜닝승인신청서를 반려하여야 한다. 이 경우 조치방법은 「민원사무처리에 관한 법률」에 따른다.

③ 공단은 튜닝에 대한 안전성 검증 등을 위하여 공단 내부전문가로 구성된 위원회를 운영할 수 있다.

④ 공단은 튜닝 승인을 받은 자가 규칙 제56조제3항에 따른 검사기간 내에 부득이한 사유에 따라 승인서 반려를 요청하는 경우 승인을 취소 할 수 있다.

제8조(튜닝검사 접수 등) ① 공단은 규칙 제56조제3항에 따라 튜닝검사(이하 "검사"라 한다) 신청서를 받으면 신청한 서류가 관계 법령 및 규정 등에 적합한지 확인하여야 하며, 확인한 결과 신청한 서류에 허위로 기재 또는 위·변조한 사항이 발견되면 검사신청서를 반려하고 해당 시·군·구청에 통보하여야 한다.

② 공단은 검사를 실시한 결과 자동차의 구조·장치가 제7조에 따라 튜닝 승인한 내용과 동일(안전기준 범위 내에서 인정되는 단순 제원의 수정을 포함한다.)하면 튜닝한 내용을 전산정보처리조직에 입력하여야 한다.

제9조(튜닝 검사기간 경과시 조치) 공단은 규칙 제56조제3항에 따라 튜닝 승인을 받은 날부터 45일이 경과할 때까지 검사를 받지 않은 자에 대하여는 45일이 경과한 날로부터 3일 이내에 검사를 받지 않은 사실을 증명하는 서류 등 관련 서류를 관할 시·군·구청에 통보하여야 한다. 다만, 「자동차 종합검사의 시행 등에 관한 규칙」 제20조에 따라 전산 정보처리조직(이하 "전산정보

처리조직"이라 한다)을 이용하여 관련 서류를 기록·저장하는 경우에는 그러하지 아니하다.
제10조(튜닝승인 및 검사의 제한) 다음 각 호와 같이 구조 및 장치가 동시에 변경되는 경우에는 같은 날에 튜닝승인과 튜닝검사를 시행할 수 없다.
 1. 특수형 승합자동차로의 변경
 2. 특수용도형 화물자동차로의 변경
 3. 특수작업형 특수자동차로의 변경
 4. 기타 공단에서 별도로 정하는 사항
제11조(자료보관) 공단은 튜닝승인신청서, 승인서 등 튜닝승인과 관련된 서류를 2년간 보관하여야 한다. 다만, 전산정보처리조직에 기록·저장하는 경우에는 그러하지 아니하다.
제12조(튜닝승인자 등 교육) ① 공단은 튜닝승인 업무를 담당하는 소속직원에 대하여 새로운 제도 및 기술의 도입 등에 대한 교육계획을 수립하고 교육을 실시하여야 한다.
 ② 공단은 튜닝업무 종사자 또는 예비종사자를 대상으로 전문성 향상을 위해 튜닝법령 및 기술교육 등을 실시할 수 있다.
제13조(튜닝 업무의 전산처리) 공단은 이 규정의 업무 중 튜닝승인 접수 및 승인서발급, 검사의 접수 등에 전산정보처리조직을 이용할 수 있다.

제3장 전기자동차의 튜닝

제14조(구조·장치의 안전성확인 기술검토) ① 전기자동차로 튜닝을 하고자 하는 자는 법 제32조 제3항에 따라 성능시험대행자로부터 총중량의 변경 등에 따른 안전도를 확인하기 위하여 안전성확인 기술검토를 받아야 한다. 안전성확인 기술검토를 받은 내용을 변경하는 경우에도 또한 같다.
 ② 제1항에 따라 안전성확인 기술검토를 신청 하고자 하는 자는 튜닝하고자 하는 차종 별로 신청하여야 한다.
제15조(안전성확인 기술검토의 신청 등) ① 안전성확인 기술검토 신청자는 별지 제1호 서식의 전기자동차 튜닝 안전성확인 기술검토 신청서에 다음 각 호의 서류를 첨부하여 성능시험대행자에 제출하여야 한다.
 1. 변경 전·후 주요제원 및 성능 대비표
 2. 변경 전·후 자동차의 외관도(외관변경이 있는 경우에만 해당한다.)
 3. 변경하고자 하는 구조·장치의 설계도
 4. 튜닝한 전기자동차의 차명 및 형식
 5. 튜닝한 전기자동차의 구성품 및 작동원리
 6. 튜닝 작업범위
 ② 성능시험대행자는 제1항에 따라 안전성확인 기술검토 신청을 받으면 별표4에서 정한 시험 항목의 시행가능 여부에 대하여 검토하여야 한다. 다만, 검토 대상 자동차의 구조·장치가

이미 안전성확인 기술검토를 받은 다른 차종의 구조·장치와 동일하다고 인정되면 동일한 구조·장치에 한하여 다른 차종에 대한 검토 결과를 검토대상 자동차의 구조·장치에 대한 검토 결과로 인정할 수 있다.

③ 성능시험대행자는 안전성확인 기술검토를 위해 추가 자료가 필요할 경우 신청자에게 이를 요구할 수 있다.

④ 성능시험대행자는 안전성 확인 기술검토를 하는 경우 내부 및 외부 전문가의 자문 등을 받을 수 있다.

⑤ 성능시험대행자는 안전성확인 기술검토 신청을 받은 날부터 15일 이내에 검토를 완료하고 별지 제2호 서식의 안전성확인 기술검토서를 발급하여야 한다. 다만 기술적 특징 등에 따라 추가 검토가 필요한 경우에는 그 사실을 신청자에게 통보한 뒤 신청을 받은 날로부터 30일 이내에 서류검토서를 발급할 수 있다.

제16조(안전성 확인을 위한 자동차의 인계 등) ① 제15조제5항에 따라 안전성확인 기술검토서를 발급 받은 자는 성능시험대행자와 협의하여 안전성 확인을 위하여 튜닝한 전기자동차를 성능시험대행자에 인계하여야 한다.

② 제1항에 따라 인계하는 자동차는 등록하지 않은 신규제작 된 자동차 또는 등록을 말소한 자동차를 이용하여 튜닝한 자동차이어야 한다.

③ 제1항에 따라 안전성 확인을 위한 자동차를 인계 받은 성능시험대행자는 안전성확인을 위한 계획을 수립하는 등 내부 시험절차에 따라 안전성확인을 위한 시험 등을 시행하여야 한다.

제17조(안전성확인 자동차의 구비요건 등) ① 안전성확인을 신청하고자 하는 자는 전기자동차에 다음 각 호의 요건을 갖춘 축전지제어기를 설치하고 그 기능을 입증하여야 한다.

1. 축전지 제어기는 팩케이지(PACKAGE) 또는 서브-팩케이지(SUB-PACKAGE) 단위 마다 설치되어 있을 것
2. 축전지 제어기는 구동축전지의 플러스(+) 단자와 차체의 절연저항을 점검하여 절연저항이 정상 값 이하로 저하되었을 때 고전원을 차단(주행 중에는 구동력을 점차 저하시켜 속도를 줄이고 정지 후에 고전원을 차단)시키는 기능을 갖출 것
3. 축전지 제어기는 구동축전지 각 셀(CELL) 중 한 개라도 안전성확인 신청자가 제시한 최저전압 값보다 저하 되었을 때 운전자에게 경고할 수 있는 장치를 갖출 것

② 안전성확인을 위한 전기자동차는 다음 각 호의 구조를 갖추어야 한다.

1. 구동축전지를 차실 또는 트렁크 안에 설치한 경우 구동축전지의 최후방부터 차체(범퍼 포함)의 최후단까지 30센티미터 이상, 좌·우 내측면으로부터는 10센티미터 이상의 간격을 유지할 것.
2. 차체에 차량내장충전기를 구비 할 것.
3. 그 밖에 성능시험대행자가 안전성 확인이 필요하다고 인정되는 사항

제18조(안전성확인 시험의 실시) ① 안전성확인 신청을 받은 성능시험대행자는 해당 시험항목에

대한 시험을 안전기준에서 정한 방법에 따라 시행하여야 한다.

② 성능시험대행자는 안전성확인 시험을 하는 과정에서 안전기준에 부적합하다고 판단되는 경우 그 사실을 안전성확인 신청자에게 통보하여야 한다.

③ 제2항의 안전기준 부적합 사실을 통보받은 안전성 확인 신청자는 부적합한 내용을 시정 완료할 때까지 안전성확인의 시험의 중단을 요청할 수 있다.

제19조(성적서의 발급) ① 성능시험대행자는 안전성확인을 한 결과 안전기준에 적합하다고 인정되면 시험성적서를 발급하여야 한다.

② 성능시험대행자는 제1항에 따른 성적서를 발급한 때에는 제15조제1항 각 호의 자료를 규칙 제56조에 따른 튜닝승인 업무에 활용할 수 있다.

제20조(시설 및 인력기준) 전기자동차 튜닝작업을 하려는 자는 규칙 제131조제1항에 따른 자동차종합정비업 또는 소형자동차정비업을 등록하여야 하고 다음 각 호에 따른 고전원전기장치를 다룰 수 있는 시설과 인력을 확보하여 실제 튜닝 작업을 하는 사업장에 배치하여야 한다.

1. 구동축전지 안전성 시험시설, 차대동력계, 모터동력계, CAN통신 진단장비, 절연저항 측정기, 배터리팩 충방전 항온실험실, 과충/방전기, 완속충/방전기, 전압/전류/저항 측정기를 갖추고 성능시험대행자에 신고할 것. 다만, 구동축전지 안전성 시험시설, 차대동력계, 모터동력계, 배터리팩 충방전 항온실험실 및 과충/방전기에 대해서는 성능시험대행자와 시설사용계약을 한 경우에 시설을 갖춘 것으로 본다.
2. 교통안전공단이 시행하는 별표 5에 따른 고전원전기장치 등에 대한 안전교육을 이수한 자를 1명 이상 보유할 것
3. 국가기술자격법에서 정하는 전기 관련 자격증을 취득한 사람은 제2호에서 규정한 안전교육 과목 중 일부를 면제할 수 있다.

제21조(튜닝 작업 확인서의 발급) 전기자동차로 튜닝작업을 한 자는 튜닝을 신청한 자에게 규칙 제56조제5항에 따라 튜닝 작업 확인서를 발급하여야 한다.

제22조(전기자동차로의 튜닝 승인신청 등) ① 규칙 제56조에 따라 전기자동차 튜닝 승인을 받고자 하는 자는 튜닝승인신청서에 다음 각 호의 서류를 첨부하여 공단에 제출하여야 한다.

1. 제14조제1항에 따라 안전성확인 기술검토를 받은 주요부품내역 및 사진
2. 제15조제1항에 따라 성능시험대행자에 제출한 서류
3. 제19조에 따라 성능시험대행자에서 발급 받은 성적서 사본
4. 그 밖에 공단이 안전성을 확인하는 과정에서 확인이 필요하다고 인정하는 서류

② 제1항에 따라 신청을 받은 튜닝에 대한 검사기준 및 방법은 다음 각 호와 같다.

1. 규칙 제73조 별표 15에서 정한 자동차검사기준 및 방법 중 전기자동차에 해당되는 사항
2. 제1항에 따라 튜닝 승인 신청자가 제시한 주요부품이 안전성 확인을 받을 때와 동일한지 여부. 이 경우 현장 확인이 어려운 부품에 대하여는 제출된 서류를 이용하여 동일성 여부를 확인을 할 수 있다.

3. 전기자동차의 장치 및 부품 등이 정상 작동되는지 여부
  4. 그 밖에 안전상 확인이 필요하다고 인정되는 사항
  ③ 공단은 튜닝검사를 완료한 전기자동차에 대하여는 자동차보험을 변경하여 가입해야 함을 튜닝 승인 신청자에게 알려주어야 한다.
  ④ 튜닝 승인 신청을 한 자동차 또는 구조·장치가 다음 각 호의 어느 하나에 해당하는 경우에는 각 호의 사항이 확인된 때부터 해당 차종의 안전성확인 기술검토의 효력을 상실한다. 이 경우 공단은 검사를 부적합 처리하고 지체 없이 국토교통부에 보고하여야 한다.
  1. 거짓이나 그 밖의 부정한 방법으로 안전성 확인을 받은 경우
  2. 전기자동차 또는 구조·장치가 해당 차종의 안전성 확인을 받을 당시와 다른 경우
  3. 안전성확인 기술검토를 받지 아니한 구조·장치를 사용하여 튜닝을 한 경우
  ⑤ 국토교통부장관은 제4항 각 호에 해당하는 행위가 고의성이 없다고 판단되면 해당 자동차만 부적합 처리하고 그 차종의 안전성 확인 기술검토의 효력은 상실되지 아니하게 할 수 있다.
제23조(튜닝 규정 준용) 전기자동차로의 튜닝 승인·정비·검사에 대하여 제3장에서 정하지 않은 사항은 제2장의 규정을 준용한다.

제4장 업무규정 등

제24조(튜닝에 대한 업무규정 등) ① 공단은 튜닝승인에 관한 업무와 관련된 법령 및 규정에서 정하고 있는 기준에 대한 세부절차가 포함된 업무규정을 마련하여 운영하여야 한다.
  ② 전기자동차로 튜닝하기 위한 안전성확인 및 구조변경검사 업무를 하는 자는 세부절차가 포함된 업무규정을 마련하여 운영하여야 한다.
제25조(전기차로의 튜닝 인력양성 교육실시) 공단은 제20조제2호의 인력을 양성하기 위하여 매년 수요 등을 파악하여 교육계획을 수립하고 교육과정을 편성·운영하여야 한다.

제5장 보 칙

제26조(재검토 기한) 국토교통부장관은 「훈령·예규 등의 발령 및 관리에 관한 규정」에 따라 이 고시에 대하여 2017년 1월 1일 기준으로 매3년이 되는 시점(매 3년째의 12월 31일까지를 말한다)마다 그 타당성을 검토하여 개선 등의 조치를 하여야 한다.

부 칙 <제2020-407호, 2020. 5. 27.>

이 고시는 발령한 날부터 시행한다.

(별표 1)

경미한 구조·장치 (제4조 관련)

구분	구조·장치 등
길이·너비 및 높이	• 길이 : 플라스틱 재질의 보조범퍼, 차체 후부에 탈부착하는 자전거캐리어 • 너비 : 승하차용 보조발판(최외측으로부터 좌,우 각각 50mm이내) • 높이 : 포장탑(최대적재량 1톤이하), 화물자동차 바람막이, 적재함 전면 지지대(차체높이 300mm까지), 포장보관대, 루프캐리어, 수하물 운반구(천정절개형 제외), 차체 상부에 탈부착 하는 자전거캐리어, 스키캐리어, 루프탑바이저, 안테나, 컨버터블탑용 롤바, 유리지지대(최대적재량 1톤이하), 루프탑텐트, 어닝, 교통단속용 적외선 조명장치, 환기장치, 무시동 히터, 무시동 에어컨, 태양전지판
원동기(동력발생장치) 및 동력전달장치	• 시동리모콘, 흡기 및 배기다기관, 에어크리너, 스노클 등 원동기(동력발생장치) 및 동력전달장치의 부품교환 등 변경. 다만, 원동기형식이 변경되는 경우는 제외 • 클러치디스크 및 압력판 등 변속기의 변경. 다만, 변속기 종류(수동↔자동)의 변경은 제외 • 동력인출장치 및 BCT 공기압축기
소음방지장치	• 배기관 팁(소음기의 변경이 되지 않는 경우에 한함) • 자동차관리법에 따라 자기인증을 한 소음방지장치
조향장치	• 직경이 동일한 핸들, 핸들손잡이, 레버손잡이
제동장치	• 브레이크 자동잠금 및 해제장치, ABS보조장치, 캘리퍼 및 부속장치 변경(자동차관리법에 따라 인증된 부품에 한함) • 보조브레이크 페달, 가속 및 브레이크 페달, 브레이크 디스크 및 패드
연료장치 및 전기·전자장치	• 연료절감장치
차체 및 차대	• 범퍼, 에어스포일러, 에어댐, 휀더스커트, 후드/윈도우 프렉터, 후드스쿠프, 선바이져, 범퍼가드, 그릴가드, 휀더커버, 썬루프, 에어컨 등 실내에 설치하는 장치, 공구함(공구함의 크기는 하대길이의 2분의1 이내 및 하대높이의 2배 이내), 블랙박스작동표시등, 화물탑차 스커트, 카고크레인 및 고소작업차에 설치되는 보조유압잭, 농약살포용 분무기 • 기본 차체의 크기 등을 변경하지 않는 차체 및 차대의 수리
연결 및 견인장치	• 단순한 전기식 윈치 • 자동차관리법에 따라 자기인증을 한 연결장치

3. 자동차 튜닝에 관한 규정

구분	구조·장치 등
승차장치 및 물품적재장치	• 화물자동차의 적재함 내부 칸막이 및 선반, 밴형 화물자동차 적재장치의 창유리, 픽업덮개 제거, 화물차 난간대 제거, 롤바(픽업형에 한함), 픽업형 난간대
등화장치	• 자동차관리법에 따라 자기인증을 한 등화장치 • LED 번호등 • 경광등 제거
튜닝인증부품	• 규칙 제56조의2에 따라 성능 및 품질에 관한 인증을 받은 튜닝용 부품. 다만, 기능이 다른 인증부품을 조합하여 장착하는 경우는 제외

* 비고 : 경미한 구조·장치는 자동차관리법 제29조의 안전기준에 적합하게 설치되어야 하며 안전운행에 지장이 없어야 한다.(다만, 길이, 너비 및 높이로 구분된 사항은 자동차 및 자동차부품의 성능과 기준에 관한 규칙 [별표33] '제원의 허용차' 미적용)

(별표 2)

튜닝승인 세부기준(제5조 관련)

1. 기본원칙 : 자동차관리법 제29조의 안전기준에 적합하여야 튜닝이 가능하다. 다만, 다음 각 목의 경우 튜닝승인을 하여서는 아니 된다.

   가. 총중량이 증가되는 튜닝

   1) (삭 제)

   2) 승용자동차 및 경형·소형자동차의 차량중량이 120kg을 초과하여 증가되는 경우와 중형자동차의 차량중량이 200kg(다만, 승합자동차의 특수형·화물자동차의 덤프형 및 특수용도형·특수자동차의 구난형 및 특수작업형은 100kg)을 초과하여 증가되는 경우(초과하는 차량중량은 시행규칙 제39조의 규정에 따라 자동차제작자등이 성능시험대행자에게 통보한 제원표에 표기된 차량중량 중 선택사양이 제외된 차량중량과의 차이를 말한다)

   나. 변경전보다 성능 또는 안전도가 저하될 우려가 있는 다음 각 호의 경우

   1) 차실에 캠핑 및 취사장비를 설치한 자동차가 소화기·전기개폐기(자동차의 전원을 사용하는 경우 제외)·조명장치·환기장치 및 오수집수장치 등을 갖추지 않은 경우

   2) 일반형 승합자동차의 뒷좌석을 제거한 후 쇼파 등을 설치하는 경우

   3) 자동차에 보조조향핸들을 설치하거나, 안전기준에 적합하지 않은 등화장치를 설치하는 경우(다만, 도로작업용 차량에 설치하는 유도표시장치는 제외한다)

   4) 차체 및 차대 전체가 늘어나거나 줄어드는 가변형으로 변경하거나, 안전기준에 적합하지 않게 차체의 길이를 변경하는 경우(다만, 도로작업용 차량에 충격완화장치를 설치하는 경우는 제외한다)

   5) 전 방향 승차장치를 옆 방향 승차장치로 변경하는 경우(16인승이상 승합자동차가 자동차관리법에 따라 인증받은 부품을 사용하는 경우는 제외한다)

   6) 자동차의 차축을 추가 설치 또는 제거하거나 축간거리가 길어지는 경우

   7) 일반형 화물자동차에 적재함 문짝을 제거하거나 높이를 축소하는 경우

   8) 배기가스발산방지장치, 소음방지장치 등을 제거하는 경우

   9) 활어운송용자동차 등에 화재를 사전에 예방할 수 있는 별도의 전기안전장치(휴즈, 누전차단기 등)가 설치되어 있지 않은 경우

2. 세부기준

구조 및 장치	세부기준(주요사례)
길이·너비 및 높이	• 자동차의 높이가 증가하는 경우(물품적재장치를 변경하는 경우는 제외한다)에는 「자동차안전도평가시험 등에 관한 규정」 별표 5에 따른 주행전복 가능성 값이 10% 이하로 감소해야 함
원동기 및 동력전달장치	• 변경하고자 하는 원동기의 출력이 변경전보다 같거나 증가 되어야 함 (다만, 대기환경보전법 제2조에 따른 저공해자동차는 제외한다) • 4륜 구동장치를 설치하는 경우에는 자동차제작사가 공급하거나 자동차관리법에 따라 인증된 부품을 사용해야 함
주행장치(차축에 한함)	• 타이어를 변경하는 경우에는 차축 및 조향장치의 변경이 없어야 하고, 타이어의 내측너비는 변경 이전의 윤간거리를 넘지 않아야 함 　- 타이어가 외부로 돌출되지 않아야 함 • 타이어를 복륜으로 변경하는 경우에는 자동차제작사가 공급하거나 자동차관리법에 따라 인증된 부품을 사용해야 함 • 화물자동차의 축간거리를 축소하는 경우에는 자동차제작사가 자기인증하여 제원통보한 축간거리에 한함 • 화물자동차에서 특수자동차로 튜닝하는 경우에는 가변축은 제거하거나 고정축으로 변경해야 함
제동장치	• 제동하는 구조를 드럼형식에서 디스크형식으로 변경하는 경우에는 자동차제작사가 공급하거나 자동차관리법에 따라 인증된 부품을 사용해야 함
연료장치	• 「자동차용 내압용기 안전에 관한 규정」 제7조에 따른 내압용기 장착에 대한 세부기준 등을 만족해야 함 • 연료탱크를 추가로 설치하는 경우에는 별표2 제1항 가호 1)에서 정한 차량중량의 허용범위 이내에서 1개만 설치해야 함
연결 및 견인장치	• 견인자동차에 설치되는 연결장치는 피견인자동차의 차량총중량보다 큰 힘에 견딜 수 있어야 하고, 피견인자동차가 연결되지 아니한 상태에서 등록번호판을 가리지 않아야 함 • 견인자동차와 피견인자동차의 등화장치가 연동될 수 있는 등화커넥터를 설치하여야 함
차대 및 차체	• 기본 차대(FRAME) 및 차체(BODY)는 유지하여야 함. • 자동차 외관변경은 다른 차명과 동일한 형식으로 변경되지 않아야 함 (예 : SM5→SM7). 다만, 엔진형식을 분류하기 위해 차명 끝부분 부호만 달리하는 경우(예: SM520=SM520V)는 제외

구조 및 장치	세부기준(주요사례)
승차장치	• 좌석은 균등하게 배열되어야 함. 다만, 접이식 좌석과 특정한 용도(장의·헌혈·구급·보도·캠핑 등)로 변경하는 경우는 제외함 • 장애인휠체어의 승차인원 적용은 인증된 휠체어 고정장치 4개소이상 및 좌석안전띠가 설치된 경우에 한함 • 화물자동차 및 특수자동차를 캠핑용자동차로 튜닝하여 승차정원을 증가시키는 경우, 좌석 및 좌석안전띠 등은 자동차관리법에 따라 인증받은 부품 또는 안전기준에 적합한 부품에 한함
물품적재장치	• 자동차제작사가 자기인증한 화물자동차 중 축간거리, 원동기마력 및 최대적재량이 같거나 작은 비교대상 차량(동형동급 차량)의 높이보다 차량의 높이를 증가하는 경우에는 최대안전경사각도 기준을 충족해야 함 • 동형동급 차량이 없으나 높이가 증가하는 경우에도 최대안전경사각도 기준을 충족해야 함 • 캠퍼를 화물자동차의 물품적재장치에 부착하는 경우에는 자동차 컨테이너 고정용 체결고리(KS T 3008 및 이와 동등한 표준)를 사용하여 차대 또는 차체에 4개소 이상 고정 하거나, 공인시험기관에서 체결에 대한 안전성을 입증한 시험성적서를 제출하여야 함
소음방지장치	• 배기구를 추가로 장착하는 경우에는 소음방지장치를 변경하지 않아야 함
배기가스발산장치	• 「대기환경보전법」에 따라 인증을 받은 장치로 변경해야 함

3. 자동차 튜닝에 관한 규정

(별표 4)

안전성확인 시험항목(제15조제2항 관련)

순번	실차확인시험항목	안전기준	시험방법	비고
1	고 전원 전기장치 안전성시험	제18조의2	실차	직접시험
2	제동능력시험	제90조	실차	직접시험
3	바퀴잠김방지식 주제동장치를 설치한 자동차의 제동능력시험	제90조	실차	직접시험 (ABS장착 자동차)
4	조향성능시험	제14조 제1항 제4호 및 제89조 제2항	실차	직접시험
5	전자파 적합성 시험	제111조의2	실차	직접시험
6	일반안전의 적정성확인	제4조~제58조 (제15조, 제18조의3, 제35조, 제36조 제외)	실차	제원측정 및 관능검사 또는 성적서 확인
7	주행시험 (내구 3,000km)	-	실차	직접시험
8	구동축전지 안전성시험	제18조의3	단품	직접, 입회시험 또는 성적서 확인
9	원동기 출력시험	제111조	단품	직접, 입회시험
10	기타 성능시험대행자가 안전상 필요하다고 인정하는 시험	-	실차 또는 단품	안전기준 확인이 필요한 경우

(별표 5)

고전원전기장치 등 취급자 안전교육(제20조 관련)

1. 교육과정·자격요건 및 기간

교육과정	자 격 요 건	교육기간
가. 신규교육	전기자동차로 튜닝을 하기 위하여 고전원전기장치를 취급하고자 하는 자	21시간 이상
나. 보수교육	신규교육 수료 후 3년이 경과한 자	7시간 이상 * 3년마다 1회이상

2. 교육과목
   가. 전기자동차 튜닝, 인증절차 등 자동차관리제도
   나. 전기자동차 개론
   다. 전기안전 개론
   라. 전기자동차 전기화재 사고예방
   마. 전기자동차 감전사고 예방
   바. 전기자동차 전기안전 실습 등

3. 행정사항
   가. 공단은 매년 교육계획을 수립하고 교육을 실시하여야 한다. 다만, 교육수요자가 없는 등 필요하지 않을 경우에는 그러하지 아니한다.
   나. 공단은 매년 신규교육 및 보수교육 대상자를 파악하여 교육계획에 반영하여야 한다.
   다. 교육공고는 교육실시 1개월 전에 공고(인터넷 홈페이지 게시를 포함한다.)하여야 한다.
   라. 국가기술자격법에 의한 전기 관련 자격증 소유자는 제2호에서 정한 교육과목 중 기 이수한 과목에 대하여는 안전교육 이수를 면제할 수 있다.(안전교육 이수를 면제받고자 하는 자는 관련 증빙자료를 제출하여야 한다)

3. 자동차 튜닝에 관한 규정

■ 자동차 튜닝에 관한 규정 [별지 제1호서식] <개정 2016. 4. 18.>

안전성확인 기술검토 신청서

접수번호	접수일자	발급일자	처리기간 15일 (시험기간제외)

신청인	상호(명칭)		전화번호	
	성명(대표자)		생년월일	
	주소			

자동차	차명		최초제작자명	
	형식		차대번호	

「자동차 튜닝에 관한 규정」 제15조제1항에 따라 위와 같이 신청합니다.

년   월   일

신청인   (서명 또는 인)

성능시험대행자   귀하

첨부서류	1. 변경 전·후의 주요제원 및 성능대비표 2. 변경 전·후의 자동차의 외관도(외관변경이 있는 경우에 한함) 3. 변경하고자 하는 구조·장치의 설계도 4. 튜닝한 전기자동차의 차명 및 형식 5. 튜닝한 전기자동차의 구성품 및 작동원리 6. 튜닝 작업 범위	수수료 성능시험대행자의 용역수탁규정에 따릅니다.

유의사항

이 신청서를 제출한 신청인은 성능시험대행자가 지정하는 일시 및 장소에 시험대상부품 또는 장치 및 설계도면 기타 시험에 필요한 자료를 제시하여야 합니다.

210mm×297mm[백상지 80g/㎡(재활용품)]

■ 자동차 튜닝에 관한 규정 [별지 제2호서식] <개정 2016. 4. 18.>

안전성확인 기술검토서

신청인	상호(명칭)		제작자등록번호	
	성명(대표자)		생년월일	
	주소		전화번호	
자동차	차명		최초제작자명	
	형식		차대번호	
자동차 안전성확인 시험항목				
그 밖에 실차 확인이 필요한 사항				

「자동차 튜닝에 관한 규정」 제15조제5항에 따라 서류검토서를 발급합니다.

년   월   일

성능시험대행자   (인)

210mm×297mm[백상지 80g/㎡(재활용품)]

TS 자동차 튜닝 업무 매뉴얼

4

자동차의 안전기준 확인 방법

[별표2] 2020.03.11. 개정 시행

자동차의 안전기준 확인 방법

목 차

1. (삭   제)
2. 자동차의 타이어 마모 측정
3. (삭   제, '03.2)자동차의 회전 조작력 측정
4. 자동차의 조향핸들 유격 측정
5. 자동차의 조향륜의 옆 미끄럼짐량 측정
6. 운행자동차의 주 제동능력 측정
7. 운행자동차의 주차 제동능력 측정
8. 자동차의 측면보호대 측정
9. 자동차의 창문의 유효열림 측정
10. (삭   제)
11. 자동차의 운행자동차 등화장치의 광도 및 광축 측정
12. (삭   제)
13. 자동차의 운행기록계 측정
14. 자동차의 승차정원 측정
15. 자동차의 최대적재량 측정
16. 자동차의 가속능력 측정
17. 자동차의 등판능력 측정
18. 자동차의 최고속도 측정
19. 자동차 관성제동장치의 제동력 측정
20. 경유연료 사용 자동차의 조속기 봉인
21. (삭   제, '03.2)자동차의 속도제한장치 측정
22. (삭   제)
23. (삭   제, '03.2)자동차의 속도계측정
24. 자동차 최소회전반경 측정
25. 자동차의 제원측정
25의2 승합자동차의 승차장치
25의3 승합자동차의 승강구
25의4 승합자동차의 비상탈출장치

4. 자동차의 안전기준 확인 방법

25의5 승합자동차의 통로
26. 자동차의 최대안전경사각도 측정
26의2. 승합자동차의 최대안전경사각도 측정
27. 전동식창유리, 썬루프, 격실벽의 자동반전장치의 측정
28. (삭　제)
29. 어린이운송용승합차의 승강구 주위 어린이 확인 방법
30. 어린이 하차확인장치 시험

2 자동차의 타이어 마모

1. 적용범위
   이 규정은 자동차의 타이어 마모량의 측정방법에 대하여 규정한다.

2. 측정조건
2.1 자동차는 공차상태로 하고 타이어의 공기압은 표준공기압으로 한다.

3. 측정방법
3.1 타이어 접지부의 임의의 한 점에서 120도 각도가 되는 지점마다 접지부의 1/4 또는 3/4지점 주위의 트레드 홈의 깊이를 측정한다.
3.2 트레드 마모표시(1.6밀리미터로 표시된 경우에 한한다)가 되어 있는 경우에는 마모표시를 확인한다.
3.3 각 측정점의 측정값을 산술평균하여 이를 트레드의 잔여 깊이로 한다.

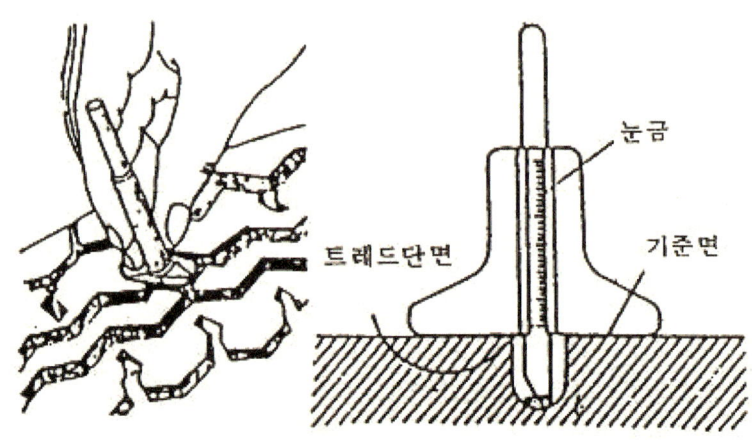

[그림 9-1] 타이어의 마모한도 측정

4. 자동차의 안전기준 확인 방법

3. 자동차의 회전 조작력

1. 적용범위
   이 규정은 자동차 회전 조작력의 측정방법에 대하여 규정한다.

2. 측정조건
2.1 적차상태의 자동차로서 타이어의 공기압은 표준공기압으로 한다.
2.2 평탄한 노면에서 반경 12미터의 원주를 선회하여야 한다.
2.3 선회속도는 10km/H로 한다.
2.4 원주궤도에 도착하여 원주궤도와 일치하는 외측 조향륜의 조향시간은 4초이내이어야 한다.
2.5 좌.우로 선회하여 조향력을 측정한다.
2.6 풍속은 3m/s이하에서 측정하는 것을 원칙으로 한다.

3. 측정방법
3.1 조향핸들에 조향력 측정기 및 조향각도계를 설치한다.
3.2 자동차를 기본원주 궤도에 진입시켜 선회후 조향각도(×)를 측정한다.
3.3 자동차는 조향륜이 직진인 상태로 기본원주 궤도에 10km/H의 속도로 도달하여야한다.
3.4 자동차가 원주궤도에 도달하면 3.2의 조향각도(×)만큼 조향핸들을 움직여 선회한다.
3.5 선회하는 동안의 최대적재량을 측정값으로 한다.

4. 자동차의 조향핸들의 유격

1. 적용범위
   이 규정은 자동차 조향핸들의 유격 측정방법에 대하여 규정한다.

2. 측정조건
2.1 자동차는 공차상태의 자동차에 운전자 1인이 승차한 상태로 한다.
2.2 타이어의 공기압은 표준공기압으로 한다.
2.3 자동차를 건조하고 평탄한 기준면에 조향축의 바퀴를 직진위치로 자동차를 정차시키고 원동기는 시동한 상태로 한다.
2.4 자동차의 제동장치(주차제동장치를 포함한다)는 작동하지 않은 상태로 한다.

3. 측정방법
3.1 조향핸들을 움직여 통상의 위치로 한다.
3.2 직진위치의 상태에 놓인 자동차 조향바퀴의 움직임이 느껴지기 직전까지 조향핸들을 좌회전시키고 이 때의 조향핸들상의 한 점을 조향핸들과 조향핸들 이외의한 부분에 표시한다.
3.3 3.2의 상태에서 조향핸들을 조향바퀴의 움직임이 느껴질때까지 우회전시켜 조향핸들상의 한점이 이동한 직선거리를 측정하며 이를 자동차 조향핸들 유격으로 한다.
3.4 조향핸들의 유격 측정시 바퀴의 움직임을 느끼기 위한 별도의 장치를 설치하여측정하게 할 수 있다.

4. 자동차의 안전기준 확인 방법

5 자동차의 조향륜의 옆미끄러짐량

1. 적용범위
  이 규정은 자동차의 조향륜의 옆미끄러짐량의 측정방법에 대하여 규정한다.

2. 측정조건
2.1 자동차는 공차상태의 자동차에 운전자 1인이 승차한 상태로 한다.
2.2 타이어의 공기압은 표준공기압으로 하고 조향링크의 각부를 점검한다.
2.3 측정기기는 사이드슬립테스터로 하고 지시장치의 표시가 0점에 있는 가를 확인한다.

3. 측정방법
3.1 자동차를 측정기와 정면으로 대칭시킨다.
3.2 측정기에 진입속도는 5km/H로 서행한다.
3.3 조향핸들에서 손을 떼고 5km/H로 서행하면서 계기의 눈금을 타이어의 접지면이 측정기 답판을 통과 완료할 때 읽는다.
3.4 옆미끄러짐량의 측정은 자동차가 1m 주행시 옆미끄러짐량을 측정하는 것으로 한다.

6 운행자동차의 주제동 능력

1. 적용범위
이 규정은 운행자동차의 주제동능력 측정방법에 대하여 규정한다.

2. 측정조건
2.1 자동차는 공차상태의 자동차에 운전자 1인이 승차한 상태로 한다.
2.2 자동차는 바퀴의 흙, 먼지, 물등의 이물질은 제거한 상태로 한다.
2.3 자동차는 적절히 예비운전이 되어 있는 상태로 한다.
2.4 타이어의 공기압은 표준공기압으로 한다.

3. 측정방법
3.1 자동차를 제동시험기에 정면으로 대칭되도록 한다.
3.2 측정자동차의 차축을 제동시험기에 얹혀 축중을 측정하고 롤러를 회전시켜 당해차축의 제동능력, 좌우차륜의 제동력의 차이, 제동력의 복원상태를 측정한다.
3.3 3.2의 측정방법에 따라 다음 차축에 대하여 반복 측정한다.

4. 자동차의 안전기준 확인 방법

7 운행자동차의 주차제동 능력

1. 적용범위
 이 규정은 운행자동차의 주차제동능력 측정방법에 대하여 규정한다.

2. 측정조건
2.1 자동차는 공차상태의 자동차에 운전자 1인이 승차한 상태로 한다.
2.2 자동차는 바퀴의 흙, 먼지, 물등의 이물질은 제거한 상태로 한다.
2.3 자동차는 적절히 예비운전이 되어 있는 상태로 한다.
2.4 타이어의 공기압은 표준공기압으로 한다.

3. 측정방법
3.1 자동차를 제동시험기에 정면으로 대칭되도록 한다.
3.2 측정자동차의 차축을 제동시험기에 얹혀 축중을 측정하고 롤러를 회전시켜 당해차축의 주차제동능력을 측정한다.
3.3 2차축이상에 주차제동력이 작동되는 구조의 자동차는 3.2의 측정방법에 따라 다음 차축에 대하여 반복 측정한다.

8. 자동차의 측면보호대

1. 적용범위
이 규정은 자동차 측면보호대의 설치위치 측정방법에 대하여 측정한다.

2. 측정조건
2.1 자동차는 공차상태로 하고 기준면에 놓여진 상태로 한다.
2.2 타이어의 공기압은 표준공기압으로 한다.

3. 측정방법
3.1 측면보호대를 투영시켜 가장 최외측 끝단과 앞바퀴 또는 뒷바퀴와의 최대거리를 측정한다.
3.2 측면보호대의 최하단부와 기준면과의 최대높이를 측정한다.

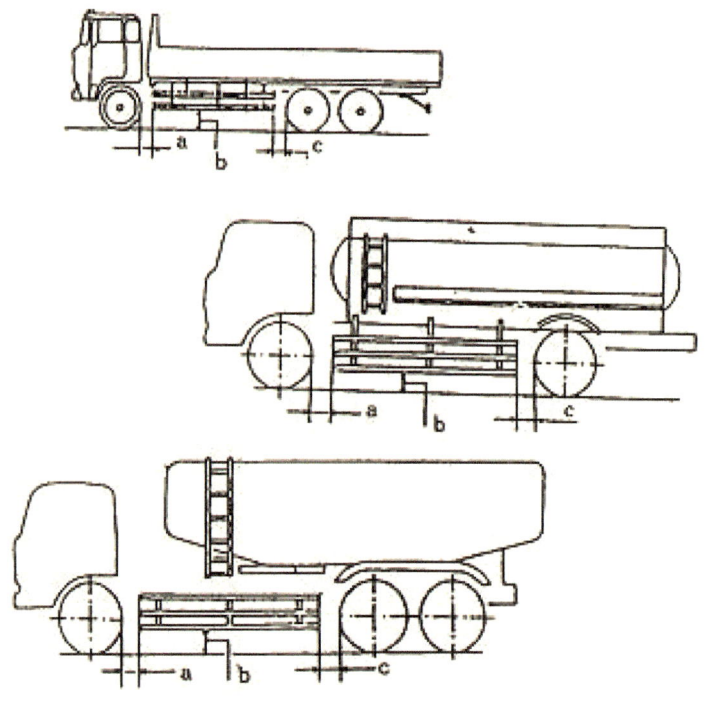

a,c : 측면보호대의 양끝단과 앞·뒷바퀴와의 거리
b : 측면보호대의 하단부와 지면과의 높이
[그림 18-1] 자동차의 측면보호대

9 자동차의 창문의 유효열림

1. 적용범위
   이 규정은 승차정원 16인승이상 30인승이하의 승합자동차에 접의자를 설치한 경우창문의 유효열림량의 측정방법에 대하여 규정한다.

2. 측정조건
2.1 공차상태로의 자동차를 기준면에 놓은 상태로 한다.
2.2 타이어의 공기압은 표준공기압으로 한다.

3. 측정방법
3.1 자동차의 창문을 완전히 개방한 상태에서 창문틀을 기준으로 가로 및 세로방향의 최단 직선거리를 측정한다.

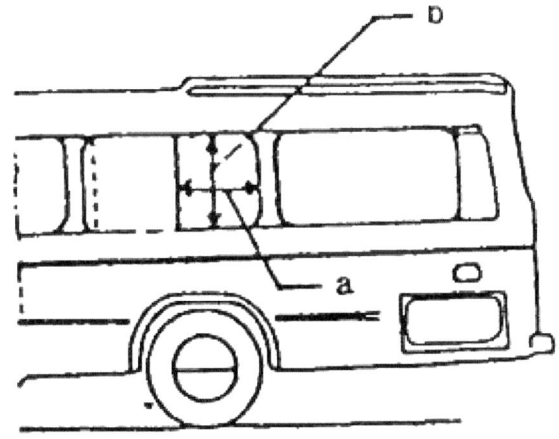

a : 창문의 가로 유효열림량
b : 창문의 세로 유효열림량
[그림 20-1] 자동차의 측면보호대

10. 자동차창유리의 가시광선투과율 (삭제)

11. 운행자동차 등화장치의 광도 및 광축

 1. 적용범위
    이 규정은 운행자동차 전조등의 광도 및 광축의 측정방법에 대하여 규정한다.

 2. 측정조건
 2.1 자동차는 적절히 예비운전 되어 있는 공차상태의 자동차에 운전자 1인이 승차한 상태로 한다.
 2.2 자동차의 축전지는 충전한 상태로 한다.
 2.3 자동차의 원동기는 공회전 상태로 한다.
 2.4 타이어의 공기압은 표준공기압으로 한다.
 2.5 4등식 전조등의 경우 측정하지 아니하는 등화에서 발산하는 빛을 차단한 상태로 한다.

 3. 측정방법
    전조등 시험기의 형식에 따라 시험기의 수광부와 전조등을 1미터 내지 3미터의 거리에 정면으로 대칭시킨 상태에서 광도 및 광축을 측정한다.

 4. 측정기기
    측정기기는 자동차관리법시행규칙 제91조의 규정에 의한 정도를 유지하여야 한다.

 5. 기타 등화의 광도 및 광축
    전조등을 제외한 각 등화장치의 광도 및 광축은 신규제작 자동차 등화장치의 광도 및 광축 측정방법을 준용하여 측정하게 할 수 있다.

12. 자동차의 속도표시장치(삭제 01.10.29)

4. 자동차의 안전기준 확인 방법

13 자동차의 운행기록계

1. 적용범위
   이 규정은 자동차 운행기록계의 운행 시간별 속도 및 주행거리 측정방법에 대하여규정한다.

2. 측정조건
2.1 운행기록계의 기록용지에는 운행시간별 속도 및 주행거리를 확인할 수 있는 구조이어야 한다.

3. 측정방법
3.1 자동차를 일정한 구간에서 운행하며 다음 각호의 내용을 측정한다.
3.1.1 순간속도의 기록이 다음 허용오차를 초과하는지를 측정한다.

표준속도계 지시도(km/h)	운행기록계의 기록허용오차 (km/h)
30	±2.5
40	±3.0
60	±3.0
80	±3.5
100	±4.5
120	±4.5

3.1.2 운행거리 기록 허용오차가 100km에 대하여 40km/h로 주행하였을 때 ±2km를 초과하는지를 측정한다.
3.1.3 운행시간의 기록이 다음 허용오차를 초과하는지를 측정한다.

구 분		1일용	2일이상 n일용
시 각 기능부	기계식	±5	±[5 + 2(n−1)]
	전기식	±4	±[4 + 2(n−1)]

3.1.4 시각 기능부의 일차가 다음 허용오차를 초과하는지를 측정한다.

구 분		일차 또는 평균일차
시 각 기능부	기계식	±2
	전기식	±1

14. 자동차의 승차정원

1. 적용범위
   이 규정은 자동차의 승차정원을 산출할 경우에 대하여 규정한다.

2. 측정조건
2.1 승차정원
   승차정원의 산출은 다음 산식에 의한다.
   (산식 32-1) 승차정원 = 좌석인원 + 입석인원 + 승무인원

2.2 연속좌석의 승차정원
2.2.1 승용자동차
   연속좌석의 승차정원은 해당 좌석의 너비를 30.7센티미터로 나눈 정수값 이하로 산정할 수 있다.

$$(\text{산식 } 32-2) \quad 연속좌석정원 = \frac{좌석의\ 너비(cm)}{30.7(cm/1인)}$$

2.2.2 승합·화물·특수자동차
   연속좌석의 승차정원은 해당 좌석의 너비를 40센티미터(어린이의 좌석의 경우에는 27센티미터)로 나눈 정수값 이하로 산정할 수 있다.

$$(\text{산식 } 32-3) \quad 연속좌석정원 = \frac{좌석의\ 너비(cm)}{40(cm/1인)}$$

2.3 입석인원
2.3.1 2019년 7월 1일 이전 제작, 조립 또는 수입되는 자동차인 경우
2.3.1.1 입석인원의 통로유효폭 30센티미터를 제외한 총입석 면적을 0.14 ㎡ 로 나눈 정수값으로 한다. 단, 40 X 30 cm 직사각형 면적이 확보되지 않는 부분의 면적은 입석면적 산출에서 제외한다.

$$(\text{산식 } 32-4) \quad 입석정원 = \frac{입석면적(㎡)}{0.14(㎡/1인)}$$

2.3.1.2 입석인원은 여객자동차운수사업법에 의한 운송사업용 자동차와 국토교통부장관이 특별히 인정한 자동차에 한하여 산정할 수 있다.
2.3.2 2019년 7월 1일 이후 제작, 조립 또는 수입되는 자동차인 경우
2.3.2.1 입석정원은 3.2.2.1에 따른 공간을 제외한 총입석 면적을 1인의 입석면적으로 나눈 정수값으로 한다.

(산식 32-5) 입석정원 $= \dfrac{\text{입석면적}(m^2)}{1\text{인의 입석면적}(m^2)}$

2.3.2.2 1인의 입석면적

구 분	1인당 입석면적
승차정원 23인승 이하 승합자동차	0.125 ㎡
좌석 승객의 수보다 입석 승객의 수가 많은 승차정원 23인승을 초과하는 승합자동차	0.125 ㎡
입석 승객의 수보다 좌석 승객의 수가 많은 승차정원 23인승을 초과하는 승합자동차	0.15 ㎡

2.3.2.3 입석인원은 여객자동차운수사업법에 의한 운송사업용 자동차와 국토교통부장관이 특별히 인정한 자동차에 한하여 산정할 수 있다.

3. 측정방법
3.1 좌석정원의 예
  연속좌석의 승차인원은 다음 예와 같이 산정한다.
3.1.1 승용자동차

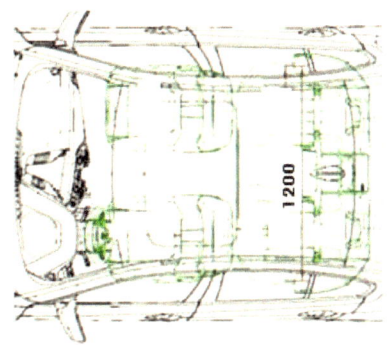

[그림 32-1] 승용자동차 연속좌석의 승차정원(단위: mm)

$$\frac{1,200}{307} = 3인$$

3.1.2 승합·화물·특수자동차

연속좌석의 승차인원은 다음 예와 같이 산정한다.

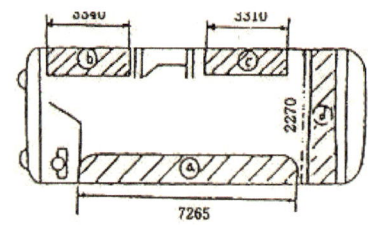

[그림 32-2] 승합·화물·특수자동차 연속좌석의 승차정원(단위: mm)

$$ⓐ : \frac{7,265}{400} = 18인$$

$$ⓑ : \frac{3,340}{400} = 8인$$

$$ⓒ : \frac{3,310}{400} = 8인$$

$$ⓓ : \frac{2,270}{400} = 5인$$

연속좌석의 승차인원 = 18인+8인+8인+5인 = 39인

4. 자동차의 안전기준 확인 방법

3.2 입석정원

입석인원은 다음의 예와 같이 계산한다.

3.2.1 2019년 7월 1일 이전 제작, 조립 또는 수입되는 자동차
3.2.1.1 전향좌석의 경우

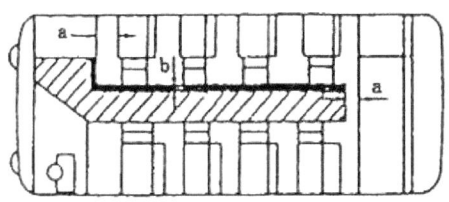

■ 입석산정에서 제외되는 통로
▨ 입석산정 면적
  a : 25cm이상
  b : 30cm이상

[그림 32-3] 전형좌석의 경우 입석인원

3.2.1.1.1 승강구에서 차실내로 통하는 통로폭(b) 30센티미터를 제외한다.
3.2.1.1.2 뒤 연속좌석의 앞부분 25센티미터를 제외한다.
3.2.1.1.3 차실의 유효높이가 180센티미터 이상이고 바닥면이 평탄한 부분으로 한정 한다.
3.2.1.2 연속좌석의 경우

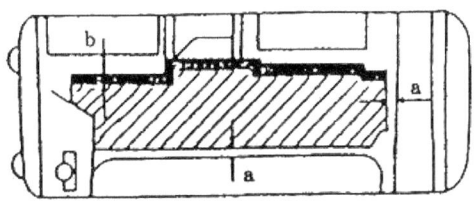

■ 입석산정에서 제외되는 통로
▨ 입석산정 면적
  a : 25cm이상
  b : 30cm이상

[그림 32-4] 연속좌석의 경우 입석인원

3.2.1.2.1 승강구에서 차실내로 통하는 통로폭(b) 30센티미터를 제외한다.
3.2.1.2.2 뒤 연속좌석의 앞부분 25센티미터를 제외한다.
3.2.1.2.3 3.2.1.1.3의 규정을 준용한다.

3.2.2 2019년 7월 1일 이후 제작, 조립 또는 수입되는 자동차인 경우
3.2.2.1. 자동차 안전기준 별표 5의27에 따라 다음의 경우에 입석 면적에서 제외한다.
 가. 운전자 공간
 나. 승강구 계단, 깊이 300 mm 미만의 계단 및 승강구 작동에 필요한 면적(작동 부속 장치를 포함한다)
 다. 차실 바닥면으로부터 수직으로 측정한 높이가 1,350 mm 이하인 공간(승차정원 23인 이하인 경우에는 1,200 mm)
 라. 굴절자동차의 연결부분으로서 승객의 접근이 곤란한 공간
 마. 수화물 및 탕비실 공간
 바. 차실 내 설치하는 계단의 바닥 공간
 사. 차실 바닥면의 경사가 자동차 길이방향으로 8%(입석 승객의 수보다 좌석 승객의 수가 많은 경우에는 12.5%), 자동차 너비방향으로 5%를 초과하는 공간
 아. 좌석 공간(접이식 좌석은 제외) 등 입석 승객의 접근이 어려운 공간
 자. 운전자 좌석의 중심(조절이 가능한 경우 최후단 기준)에서 자동차 길이 방향의 앞면 공간
 차. 모든 좌석 앞 300 mm 공간(접이식 좌석은 제외하며, 측면을 향한 좌석의 경우 225 mm)
 카. 400 mm 와 300 mm 규격의 직사각형이 놓일 수 없는 공간
 타. 2층대형승합자동차의 위층 공간
 파. 휠체어 사용자 공간(휠체어 사용자만을 위해 별도로 제공되는 공간을 포함한다)

4. 자동차의 안전기준 확인 방법

15. 자동차의 최대적재량

1. 적용범위
  이 규정은 자동차의 최대적재량을 산출할 경우에 대하여 규정한다.

2. 산출조건
2.1 제5륜 하중의 산출은 최대적재량의 산출에 준한다.
2.2 덤프형 화물자동차는 일반적인 경우와 비중이 낮은 경량 화물을 운송하는 경우로 구분하고, 단위부피당 무게를 적용하여 최대적재량을 산출한다.
2.3 탱크로리 등의 자동차는 당해 자동차의 용기와 적재물의 비중을 고려하여 최대적재량을 산출한다.

3. 산출방법
3.1 덤프형 화물자동차(피견인형 포함)

3.1.1 일반적인 경우

  (산식 33-1) 소형의 경우 : $\dfrac{최대적재량}{V} \geq 1.3$ 톤/m³,

  (산식 33-2) 기타의 경우 : $\dfrac{최대적재량}{V} \geq 1.5$ 톤/m³

3.1.2 경량 화물 운송용의 경우

  (산식 33-3) 경량 화물 운송용 : $\dfrac{최대적재량}{V} \geq S$ 톤/m³

3.1.2.1 (산식 33-3)은 비중(S) 1.0 이하의 경량 화물을 운송하기 위하여 제작된 덤프형 화물자동차(피견인형 포함)를 대상으로 하고, 비중이 0.80 이하의 적재물은 그 비중을 0.80으로, 0.80 초과 1.0 이하의 경우에는 해당 적재물의 비중을 적용한다.
3.1.2.2 적재물의 비중은 제3.2.2에 의하여 책정된 적재물별 비중을 적용한다.
3.1.2.3 적재함 양 옆면 및 뒷면에는 다음 각 호에 적합하게 경량 화물 운송용 차량임을 표시하여야 한다.
  가. 표시 문구는 "경량화물운송용"으로 한다.
  나. 글자의 너비는 옆면의 경우 한 획 당 50mm 이상, 뒷면의 경우 한 획 당 30mm 이상으로서 좌우가 적절히 배분되고 동일한 높이이어야 한다.

다. 글자 부분의 전체길이는 적재함 옆면 및 뒷면 각각 길이의 50% 이상, 글자부분 높이는 적재함 높이의 30% 이상이어야 한다.
라. 표시 문구는 명확하게 보여야 하고, 야간에도 식별이 잘 되어야 한다.

(산식 33-4) $V(m^3) = A \times B \times C$

$$V : 적재함\ 용적$$
$$A : 적재함(내측)\ 길이$$
$$B : 적재함(내측)\ 너비$$
$$C : 적재함(내측)\ 높이$$

3.2 탱크로리 및 특수구조의 자동차
3.2.1 용적의 산출
탱크 형상별 적재용적은 다음 각호의 예를 준용한다.

3.2.1.1

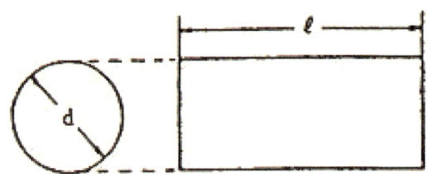

(산식 33-4) $V = \dfrac{\pi d^2}{4} \cdot \ell$

3.2.1.2

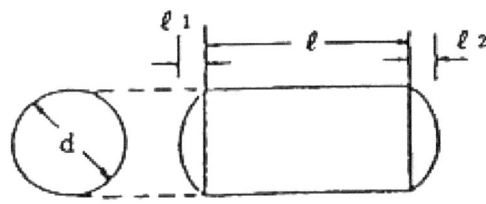

(산식 33-5) $V = \dfrac{\pi d^2}{4} \cdot \left(L + \dfrac{L_1 + L_2}{3} \right)$

3.2.1.3

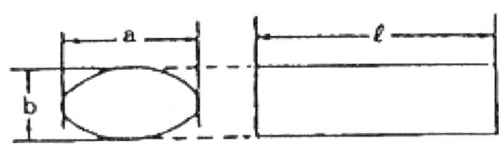

(산식 33-6) $V = \dfrac{\pi \cdot a \cdot b}{4} \cdot l$

3.2.1.4

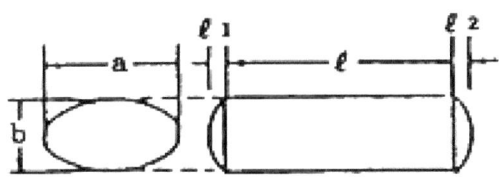

(산식 33-7) $V = \dfrac{\pi \cdot a \cdot b}{4} \cdot \left(L + \dfrac{L_1 + L_2}{3} \right)$

3.2.1.5 다른 법령에 의하여 산출되는 적재량은 당해 법령의 산출방법에 의한다.

3.2.2 적재물의 비중

3.2.2.1 적재물의 비중은 제작자등이 국가표준기본법에 따라 인정받은 시험·검사기관이 발급한 비중 관련 시험성적서 또는 시험성적서와 동등 이상으로 비중을 확인할 수 있는 자료를 성능시험대행자에게 제시하면, 성능시험대행자는 관계기관 확인 등을 거쳐 비중을 확정하고, 확정된 비중은 인터넷 사이트 등에 공지하여야 한다. 확정된 비중을 변경하는 경우에도 이와 같다.

적 재 물 명	비 중	적 재 물 명	비 중
휘 발 유 ┐ 등 유 │ 경질유 경 유 ┘	0.80	소 맥 분	0.50
		물, 우유, 분뇨	1.00
		생 콘 크 리 트	2.40
중 질 유	0.90	압 축 진 개	0.52
윤 활 유	0.95	일 반 진 개	0.45
아스팔트 용액	0.90	솔 벤 나 프 타	0.95
아 르 곤	0.80	알 콜	0.80
파 라 시 멘 트	1.00	에 텔	0.713
플라이매쉬(비산회)	0.8	가성소오다(고체)	2.13
포 르 말 린	1.05	가성소오다 50%미만(수용액)	1.54
시멘트와골재의혼합물	2.20	벤 젠	0.89
사 료	0.50	곡 물	0.64
비닐, 파우다	0.45	아 세 톤	0.792

3.2.2.2 다른 법령등에 정해진 비중이 있는 경우에는 당해 법령에 정해진 비중에 의한다.

16. 가속능력

1. 적용범위
   이 규정은 자동차의 가속능력 측정방법에 대하여 규정한다.

2. 측정조건
2.1 자동차는 적차상태(연결자동차는 연결한 상태에서 적차상태)이어야 한다.
2.2 자동차는 측정전에 충분한 길들이기 운전을 하여야 한다.
2.3 자동차는 측정전 제원에 따라 엔진, 동력전달장치, 조향장치 및 제동장치 등을 점검 및 정비하고 타이어 공기압을 표준 공기압 상태로 조정하여야 한다.
2.4 측정도로는 평탄 수평하고 건조한 직선 포장도로 이어야 한다.
2.5 측정은 풍속 3m/sec 이하에서 실시하는 것을 원칙으로 하며, 측정 결과는 왕복 측정하여 평균값을 구한다.

3. 측정방법
3.1 측정도로에 0m, 200m, 400m 지점에 표시점을 설정하여 측정구간을 정한다.
3.2 측정은 발진 가속능력으로 하며, 자동차를 정지시킨 상태에서 변속기 및 가속장치를 자유롭게 사용하여 급 가속 시킴으로써 200m 와 400m지점에 도달하기까지 소요되는 시간을 측정한다.
3.3 발진을 시작하여 속도계가 매 10km/h 증가시 마다 소요되는 시간을 400m표시점에 도달할 때까지 각각 측정한다. 단, 10-30km/h까지의 측정은 생략 할 수 있다.
3.4 측정은 3회 반복하여 왕복 측정을 실시한다.

17. 등판능력

1. 적용범위
이 규정은 사고예방을 위한 자동차의 등판능력 측정방법에 대하여 규정한다.

2. 측정조건
2.1 자동차는 적차상태(연결 자동차의 경우에는 연결상태의 적차상태)이어야 한다.
2.2 자동차는 시험전에 충분한 길들이기 운전을 하여야 한다.
2.3 자동차는 측정전 제원에 따라 엔진, 동력전달장치, 조향장치 및 제동장치 등을 점검 및 정비하고 타이어 공기압을 표준 공기압 상태로 조정하여야 한다.
2.4 측정도로는 일정한 구배로서 길이가 충분하여야 하고 타이어가 미끄러지지 않는 경사도로 이어야 한다.

3. 측정방법
3.1 측정도로에는 20m의 측정 구간을 설치하여 측정 표시점을 10m 및 20m의 지점으로 한다. 측정구간의 구배와 동일한 보조 주행구간을 측정 구간 앞쪽에 5m이상 둔다.
3.2 최저속 기어를 사용하여 10m 표시점 및 20m 표시점을 통과하는 소요 시간을 측정하고 다음 사항을 만족하여야 한다.

$$t_1 \geq t_2 - t_1$$

여기에서
t_1 : 원점에서 10m표시점까지 소요시간
t_2 : 원점에서 20m표시점까지 소요시간

3.3 완전히 등판하였을 때는 다시 구배가 더 심한 비탈길에서 시험하여 최대등판능력을 판정한다. 다만 적당한 비탈길이 없을 때는 동일 비탈길에 있어서 최대등판가능 하중이 될 때까지 하중을 증가 시켜 측정한다.
3.4 등판이 불가능한 경우에는 완만한 비탈길을 택한든지 혹은 하중을 줄여서 시험한다.
3.5 위3.3, 3.4에서 얻은 최대하중으로 세번의 등판능력측정을 한다.
3.6 측정중 클러치의 과열을 막기위해 매 6회 시험 후 50km/h속도로 10분동안 주행한다.
3.7 위의 5)에서 얻은 최대하중을 이용하여 다음과 같은 식으로 등판능력을 구한다.

$$\sin\theta = (1 + \frac{\triangle W}{W})\sin\alpha = A$$

$$\tan\theta = \tan[\arctan A]$$

여기에서
θ : 최대등판 각도
△W: 추가하중량
W : 차량총중량
α : 시험경사로의 경사각도
tanθ: 최대등판능력

18. 최고속도

1. 적용범위
   이 규정은 사고 예방을 위한 자동차의 최고속도 측정방법에 대하여 규정한다.

2. 측정조건
2.1 자동차는 적차상태(연결자동차는 연결된 상태의 적차상태)이어야 한다.
2.2 자동차는 측정전에 충분한 길들이기 운전을 하여야 한다.
2.3 자동차는 측정전 제원에 따라 엔진, 동력전달장치, 조향장치 및 제동장치 등을 점검 및 정비하고 타이어 공기압을 표준 공기압 상태로 조정하여야 한다.
2.4 측정도로는 평탄 수평하고 건조한 직선 포장도로 이어야 한다.
2.5 측정은 풍속 3m/sec 이하에서 실시하는 것을 원칙으로 하며, 측정결과는 왕복 측정하여 평균값을 구한다.

3. 측정방법
3.1 측정도로 중앙에 200m를 측정 구간으로 설정하고 양끝을 보조 주행구간으로 한다.
3.2 측정구간에는 100m마다 표시점을 설정한다.
3.3 보조주행 구간에서 측정 자동차를 가속 주행시켜 측정구간에 도달 할 때까지 최고 속도를 유지하여야 한다.
3.4 측정구간에서 제1표시점과 제2표시점 사이 및 제1표시점과 제3표시점 사이를 통과하는 속도를 측정하여 최고속도를 구한다.
3.5 시험은 3회 반복하여 왕복 측정을 실시한다.
3.6 두 구간에서 구한 최고속도의 평균값 중 큰 값을 최고속도로 인정한다.

19. 관성제동장치의 제동력

1. 적용 범위
   이 규정은 관성제동장치를 설치한 연결자동차의 제동력 측정방법에 대하여 규정한다.

2. 측정 조건
2.1 연결 자동차의 견인자동차에는 공차상태에 운전자 1명이 승차한 상태이며, 피견인 자동차는 공차 상태로 한다.
2.2 연결 자동차는 바퀴의 흙·먼지·물등의 이물질은 제거한 상태로 한다.
2.3 연결 자동차는 적절히 예비운전이 되어있는 상태로 한다.
2.4 타이어 공기압은 표준 공기압으로 한다.
2.5 측정도로는 평탄 수평하고 건조한 직선 포장도로 이어야 한다.

3. 측정 방법
3.1 측정 자동차는 주행과 제동을 3-4회 반복하여 예열 시킨다.
3.2 급제동시의 제동 초속도는 통상 ±5km/h의 오차를 허용할 수 있다.
3.3 측정 자동차가 안전 기준 별표3의 초속도에 도달할 때 가속페달에서 작용력을 제거한 후 가능한 한 빠르고 세게 제동페달에 힘을 가한다.
3.4 급제동 시작시의 측정 자동차의 기어 위치는 제동 초속도에 필요한 통상적인 위치에 있어야 한다.
3.5 제동초속도는 측정 자동차의 주제동 장치가 작동하는 시점에서 측정되어야 한다.
3.6 제동거리는 측정 자동차의 주제동 장치가 작동하는 시점에서부터 측정 자동차가 완전히 정지한 지점까지의 거리를 측정하여야 한다.
3.7 측정은 3회 반복하여 왕복 실시한다.
3.8 수정 정지거리의 계산은 다음과 같은 식을 사용하여 구한다.

$$L = L'S(V/V')^2$$

L : 수정제동거리(m)
L'S : 측정제동거리(m)
V : 지정제동초속도(km/h)
V' : 측정제동초속도(km/h)

20. 경유연료 사용자동차의 조속기봉인

1. 적용범위
이 규정은 경유를 연료로 사용하는 자동차의 조속기 봉인 측정 등에 대하여 규정한다.

2. 봉인 방법
연료분사펌프의 봉인 방법은 다음과 같다.

2.1 납 봉인 방법
3선 이상으로 꼰 철선과 납덩이를 사용하여 압축봉인 하여야 한다. 이 경우 조정나사 등에는 재봉인을 위하여 구멍을 뚫어 놓아야 한다.

2.2 cap seal 봉인방법
그림 20-1과 같이 조속기 조정나사에 cap을 사용하여 봉인 하여야 한다.

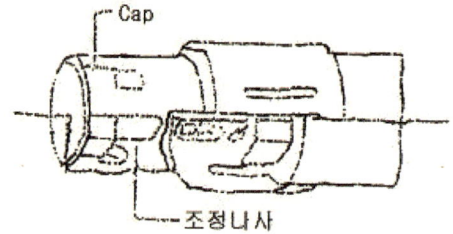

[그림 20-1] Cap Seal 봉인 방법

2.3 봉인 cap방법
그림 20-2와 같이 조속기 조정나사를 cap고정 bolt로 고정하고 cap을 씌운 후 그 표면에 납을 사용하여 봉인 하여야 한다.

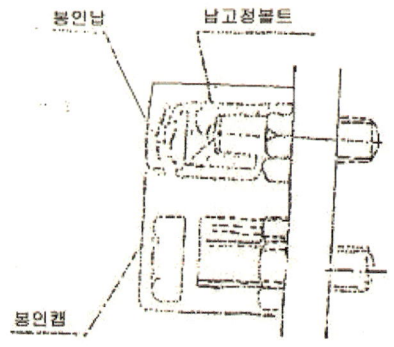

[그림 20-2] 봉인 Cap 방법

4. 자동차의 안전기준 확인 방법

2.4 용접방법

그림 20-3과 같이 조속기 조정나사를 고정시킨 후 환형철판 등으로 용접하여 봉인 하여야 한다.

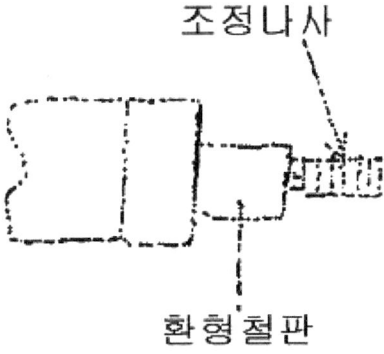

[그림 20-3] 용접방법

3. 측정방법

경유사용 자동차의 조속기가 봉인되어 있는지와 봉인을 임으로 제거하거나 조작 또는 훼손되어 있는지를 측정한다.

21. 속도제한장치(삭제, '03. 2)

22. 군용화 장치(삭제)

23. 속도계(삭제, '03.2)

24. 자동차 최소회전반경 측정

 1. 적용범위
    이 규정은 사고예방을 위한 자동차의 최소회전반경 측정방법에 대하여 규정한다.

 2. 측정조건
 2.1 측정자동차는 공차상태 이어야 한다.
 2.2 측정자동차는 측정 전에 충분한 길들이기 운전을 하여야 한다.
 2.3 측정자동차는 측정 전 조향륜 정렬을 점검하여 조정한다.
 2.4 측정 장소는 평탄 수평하고 건조한 포장도로이어야 한다.

 3. 측정방법
 3.1 승합자동차를 제외한 자동차(캠핑 트레일러 포함)
 3.1.1 변속기어를 전진하는 방향으로 가장 낮은 변속 단에 두고 최대의 조향각도로 서행하며, 바깥쪽 타이어의 접지면 중심점이 이루는 궤적의 직경을 우회전 및 좌회전시켜 측정한다.
 3.1.2 측정 중에 타이어가 노면에 대한 미끄러짐 상태와 조향장치의 상태를 관찰한다.
 3.1.3 좌회전과 우회전을 각각 측정하여 이 중 가장 최대값을 최소회전반경으로 한다.
 3.2 승합자동차
 3.2.1 측정 장소에 두 개의 동심원(12.5미터의 반경을 가진 외측 원형과 5.3미터의 반경을 가진 내측 원형)을 그린다.
 3.2.2 두 동심원의 중심선에 해당 자동차의 앞면을 수평으로 정렬시키고, 자동차의 외측 면은 외측 동심원의 법선과 수평이 되게 정렬시킨다.
 3.2.3 해당 자동차를 두 동심원 사이로 진입 시킨다. 이때 <그림1> 또는 <그림2>와 같이 진입하는 구간에서는 자동차의 어느 부분도 지면과 수직하는 면이 외측 동심원의 법선의 바깥쪽으로 0.6미터를 벗어나지 않아야 된다.
 3.2.4 두 동심원 사이에 진입한 자동차를 360도 선회시킨다.
 3.2.5 이때, 해당 자동차의 어느 부분(너비 측정시 제외되는 부분은 포함하지 않는다)이 2개의 동심원(同心圓)을 침범하는 지 확인한다.

4. 자동차의 안전기준 확인 방법

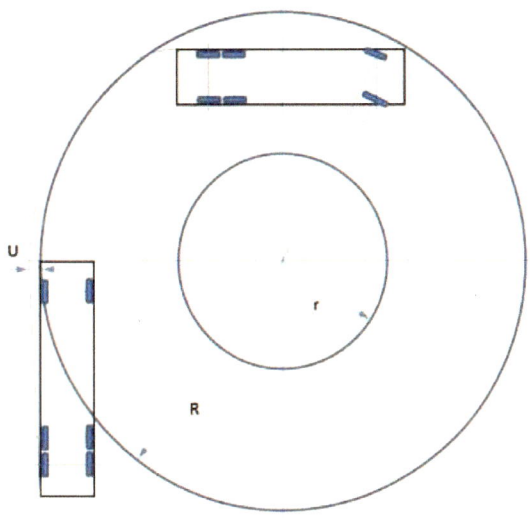

R=12.5m, r=5.3m, U=최대 0.6m
<그림 1>

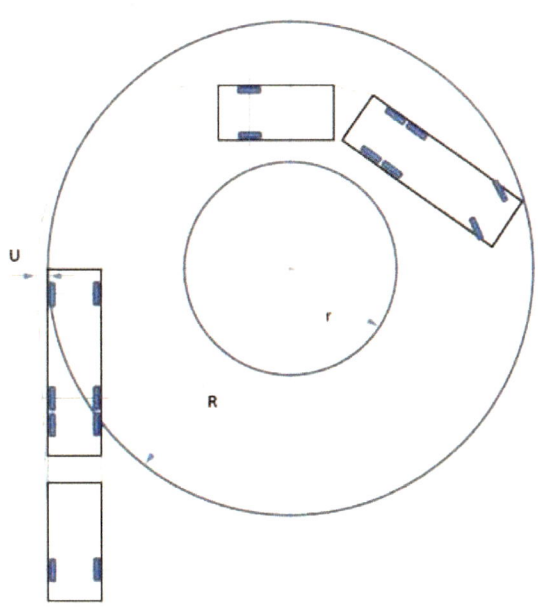

R=12.5m, r=5.3m, U=최대 0.6m
<그림 2>

25. 자동차의 제원 측정

1. 적용범위

   본 규정은 안전기준에서 정하고 있는 제원에 대한 측정방법을 정한 것으로, 안전기준에 따라 제원을 측정하는 모든 자동차에 적용된다.

2. 제원측정 방법

2.1 측정조건
   1) 자동차의 제원측정은 공차상태에서 수평한 수평면(이하 "기준면"이라 한다)에서 시행한다.
   2) 타이어의 공기압력은 보통의 주행에 필요한 표준공기압(압력범위가 있는 경우에는 그 중간값, 표준공기압이 없는 경우에는 자동차 제작자등이 제시한 공기압력)으로 한다.
   3) 자동차의 고정 탑재장치는 탑재된 상태로 하며 접을 수 있는 장치(사다리, 크레인 등을 말한다)는 접은 상태로 한다.
   4) 가변이 되는 구조 및 장치는 최대로 접거나 닫은 상태로 한다.
   5) 좌석의 위치가 전·후 또는 상·하로 이동할 수 있는 구조의 좌석은 각 좌석의 기준위치에 고정한 상태로 한다. 다만, 좌석을 기준위치에 고정할 수 없는 경우에는 상방 또는 전방으로 고정할 수 있는 가장 가까운 위치로 한다.
   6) 좌석등받이의 부착각도를 조정할 수 있는 구조의 경우에는 기준위치에 고정상태로 한다.
   7) 견인장치를 부착한 경우에는 드로우아이의 중심축이 연직인 상태에서 측정한다.
   8) 측정단위는 밀리미터로 한다.
   9) 피견인 자동차의 경우 차대(차대가 없는 경우 물품적재장치의 바닥면)가 수평한 상태로 한다.
   10) 분리하여 운반할 수 없는 물품을 운송하기 위하여 트레일러 차체의 길이 및 너비를 조절할 수 있거나 적재화물이 트레일러 차체 역할을 하는 가변차체 트레일러의 경우에는 차체의 길이 및 너비가 가장 짧은 공차상태에서 측정한다.

2.2 측정방법
   1) 길이
      가. 자동차의 최전단(세미트레일러인 경우 연결장치의 연결부위 중심)과 최후단을 기준면에 투영시켜 차량 중심선에 평 방향의 최대거리를 측정한다.

4. 자동차의 안전기준 확인 방법

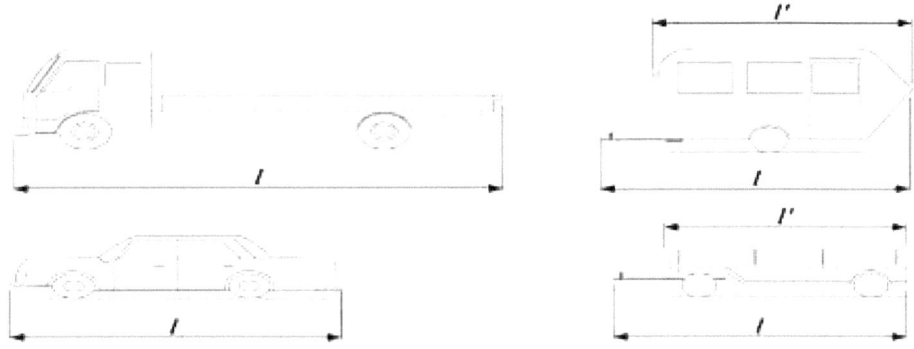

l : 자동차의 길이
l' : 견인장치의 길이를 포함하지 아니한 자동차의 길이
[그림 1-1] 자동차의 길이

나. 길이측정 시 제외항목

	항목	세부 기준
1	간접시계장치	
2	창닦이기 및 세정액분사장치	
3	차체외부에 설치된 햇빛가리개 및 물받이	중·대형 화물 및 특수자동차에 한함
4	차체 충격을 흡수하기 위한 완충재(고무재질 등)	화물 및 특수자동차에 한함
5	보조발판과 외부손잡이	차체 끝단으로부터 50mm 이하이고 안전기준 제19조제6항에 적합한 경우에 한함
6	연결장치	공구의 사용 없이 탈부착이 가능한 조건에 한함
7	라이더 등 사물감지장치	
8	물품적재장치의 상부덮개, 고정장치 및 개폐 관련 장치	차체 끝단으로부터 70mm 이하

2) 너비

가. 자동차의 전면 또는 후면을 투영시켜 차량중심선에 직각인 방향의 최대거리를 측정한다.

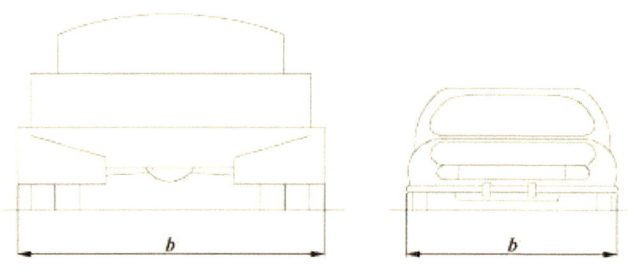

b : 자동차의 너비
[그림 1-2] 자동차의 너비

나. 너비측정 시 제외항목

	항목	세부 기준
1	간접시계장치	자동차 안전기준 제4조제2항제3호에 따른다
2	타이어 사이드 월부분의 변형부분	지면과 접되는 지점에서 발생하는 사이드 월부의 변형부분을 말한다.
3	타이어 공기압경고장치	
4	등화장치	
	4.1 옆면표시등	
	4.2 끝단표시등	다음의 경우에 한하여 제원측정 시 제외 1. 렌즈가 차체에 직접 부착되어 있는 경우 2. 고무등 유연한 재질로 하중이 작용되는 경우 쉽게 접히고, 하중이 제거되는 경우 원상복귀 되는 구조이며, 좌·우 각각 150mm 이하인 경우
	4.3 옆면반사기	
	4.4 보조방향지시등	
5	어린이운송용 승합자동차 정지표시장치	1. 접은 상태가 최외측으로부터 50mm 이하 2. 펼친 상태는 최외측으로부터 500mm 이하
6	승하차용 보조발판	최외측으로부터 좌우 각각 50mm 이하이여야 하며, 접이식 보조발판의 경우 정차상태에서만 전개되어야 한다.
7	라이더 등 사물감지장치	
8	물품적재장치의 상부덮개, 고정장치 및 개폐 관련 장치	최외측으로부터 좌·우 각각 125mm 이하
9	차량운송용자동차의 작업자 보호를 위한 2층 안전 난간대	최외측으로부터 좌·우 각각 50mm 이하
10	차체외부에 설치 된 물받이	최외측으로부터 좌·우 각각 50mm 이하
11	유연한 재질의 흙받이	

4. 자동차의 안전기준 확인 방법

3) 높이

가. 자동차의 전면, 후면 또는 측면을 투영시켜 차량중심선에 수직인 방향의 최대거리를 측정한다.

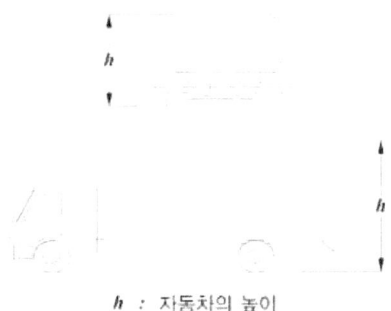

h : 자동차의 높이
[그림 1-3] 자동차의 높이

나. 높이측정 시 제외항목

	항목	자동차 구분
1	라디오 또는 내비게이션 등의 안테나	

4) 돌출부의 돌출거리

자동차의 길이·너비·높이 이외의 돌출거리는 자동차의 길이·너비·높이의 측정점을 기준으로 측정한다.

5) 차체 및 오우버행

가. 차체의 오우버행은 제일 앞의 차축의 중심에서 차체전단까지와 제일 뒷고정축의 중심에서 차체후단까지의 거리를 측정한다.

나. 차대의 오우버행은 제일 앞의 차축의 중심에서 차대전단까지와 제일 뒷고정차축의 중심에서 차대후단까지의 거리를 측정한다.

다. 차체의 오우버행 측정 시 제원측정에서 제외되는 구조와 장치 등은 포함하지 않은 상태로 한다.

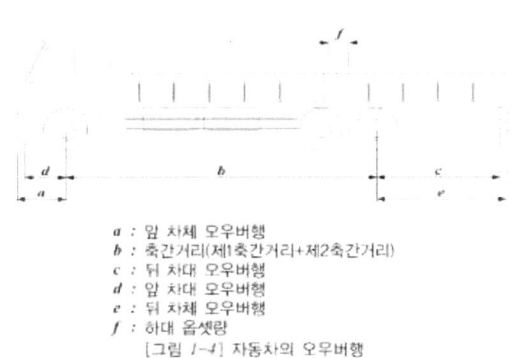

a : 앞 차체 오우버행
b : 축간거리(제1축간거리+제2축간거리)
c : 뒤 차대 오우버행
d : 앞 차대 오우버행
e : 뒤 차체 오우버행
f : 하대 옵셋량
[그림 1-4] 자동차의 오우버행

a : 오우버행

[그림 1-5] 오우버행

라. 자동차의 차체 오우버행은 다음 각목의 허용한도 이내이어야 한다.
　가) 경형·소형자동차 C/L≤11/20

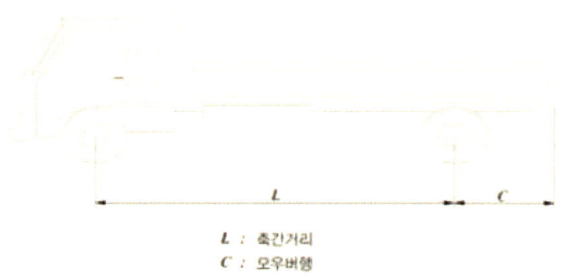

L : 축간거리
C : 오우버행

[그림 1-6] 경형, 소형 자동차의 오우버행 허용한도

　나) 밴형 화물자동차, 승합자동차등 화물을 밖으로 적재할 우려가 없는 자동차 : C/L≤2/3

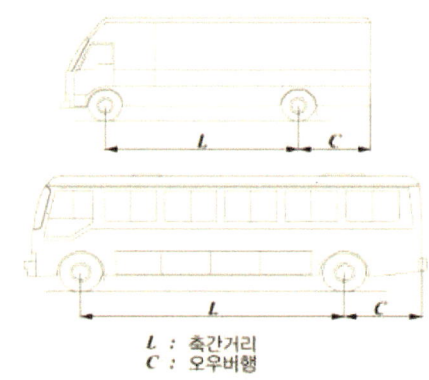

L : 축간거리
C : 오우버행

[그림 1-7] 밴형화물자동차, 승합자동차 등 화물을 밖으로 적재할
우려가 없는 자동차의 오우버행 허용한도

다) 기타의 자동차 C/L≤1/2

L : 축간거리 (제1축간거리+제2축간거리)
C : 오우버행

[그림 1-8] 기타 자동차의 오우버행 허용 한도

6) 축간거리

전·후 차축 중심간의 수평거리를 측정하며 3축이상의 자동차에 있어서는 앞쪽으로부터 제1·제2축간거리 등으로 분리하여 측정하여야 하며 무한궤도형의 자동차에 있어서는 무한궤도의 접지부 길이를 피견인자동차의 경우에는 연결부(5륜을 말한다)의 중심에서 후고정축 중심까지의 수평거리를 측정한다.

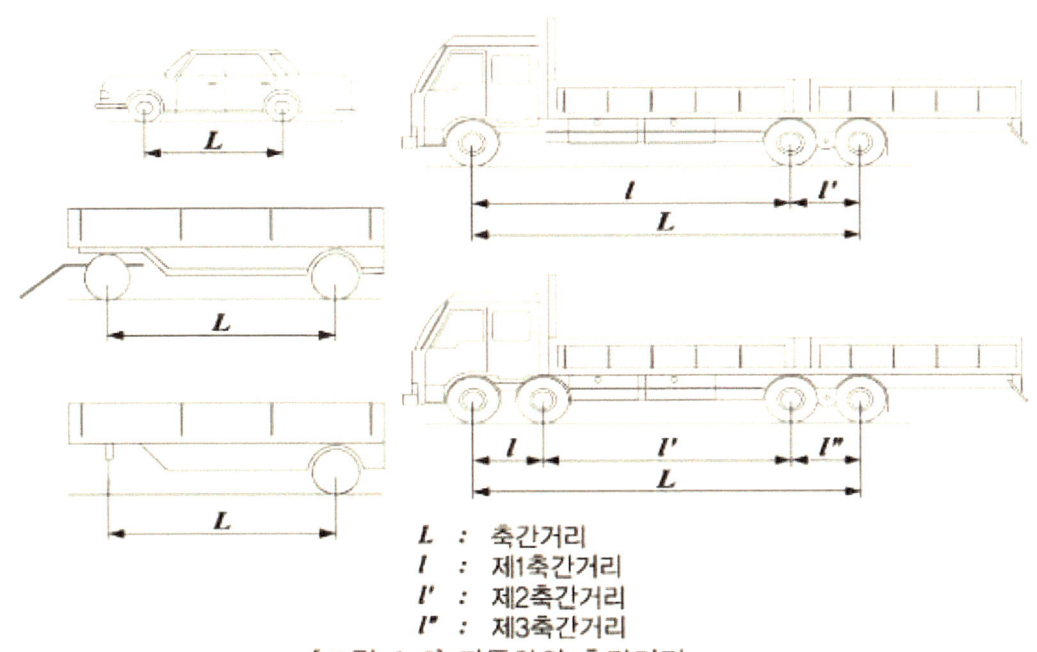

L : 축간거리
l : 제1축간거리
l' : 제2축간거리
l'' : 제3축간거리

[그림 1-9] 자동차의 축간거리

7) 윤간거리

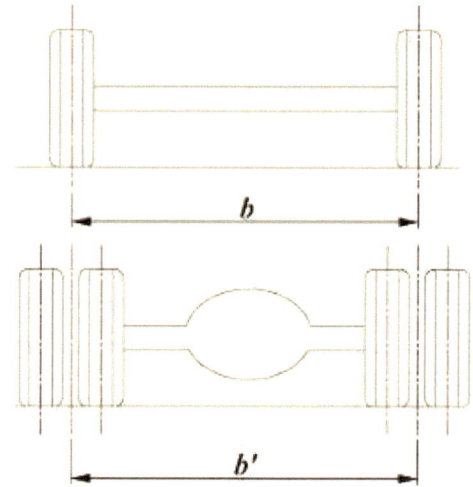

b : 단륜의 윤간거리
b' : 복륜의 윤간거리
[그림 1-10] 자동차의 윤간거리

좌우의 바퀴가 접하는 수평면에서 바퀴의 중심선과 직각인 바퀴중심간의 거리를 측정하며 복륜의 자동차의 경우에는 복륜 중심간의 거리를 측정한다.

8) 하대옵셋

하대 내측길이의 중심(하중중심이 중앙에 있지 아니한 경우에는 그 하중의 중심점)에서 후차축의 중심(후차축이 2축인 경우에는 전·후 차축의 중앙, 하중중심이 두차축의 중앙에 있지 않은 경우에는 그 하중중심점)까지의 차량중심선 방향의 수평거리를 측정한다. 다만, 탱크로리 등의 형상이 복잡한 경우에는 용적중심을, 견인자동차의 경우에는 연결부(오륜)의 중심을 하대 바닥면의 중심으로 한다.

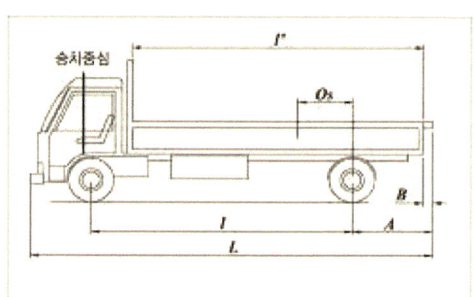

A : 뒤 차축 중심에서 차체 최후단까지의 거리
B : 하대 내측의 뒤끝에서 차체 최후단까지의 거리
L : 차량의 전체길이
L : 축간거리

4. 자동차의 안전기준 확인 방법

L' : 하대 내측길이

$$Os(하대옵셋) : \frac{\ell'}{2} - (A-B)$$

그림 1-11. 자동차의 하대옵셋

9) 최저지상고

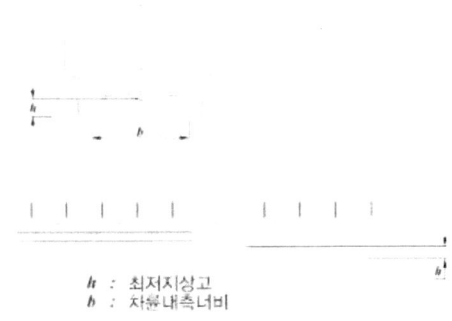

h : 최저지상고
b : 차륜내측너비
[그림 1-12] 자동차의 최저지상고

기준면과 자동차 중앙부분의 최하부와의 거리를 측정한다. 다만, 자동차 하부에 부착된 고무 등 유연한 재질의 에어 디플렉터, 언더커버 등은 측정시 제외한다. 이 경우 중앙부분이란 차륜내측 너비의 80퍼센트를 포함하는 너비로서 차량 중심선에 좌우가 대칭이 되는 너비를 말한다.

10) 상면지상고
기준면에서 적재함 바닥까지의 수직거리를 측정한다. 다만, 작은 돌기물 및 국부적인 요철부분 등은 제외한다.

11) 물품 적재장치의 치수
가. 적재장치의 내측길이
일반형 화물자동차는 차량중심선에 평행한 적재함 내부의 앞뒤 끝면 사이의 최단거리, 밴형화물자동차의 경우에는 승객실 최후방 좌석 등받이(머리지지대 제외)높이의 격벽에서 적재장치의 최후단 바닥의 좌우 중간점까지의 차량길이 방향 수평거리를 측정한다.
나. 적재장치의 내측너비
적재함의 내측너비는 차량중심선에 직각인 좌우 내측측벽 사이의 최단거리를 측정하여야 하며 밴형 및 상자형은 적재장치 내측높이의 2분의1의 위치에서 차량 중심선에 직각인 수평한 내측직선간의 거리를 측정 하여야 한다. 다만, 창유리와 교차할 경우에는 창유리 아래의 가장자리와 연결되는 내측측면 벽간의 거리를 측정한다.

다. 적재장치의 내측높이

일반형 화물자동차는 적재함 바닥면으로부터 측벽상단(보조대를 설치하였을 경우에는 보조대의 상단)밴형 또는 상자형의 자동차는 적재함 천전까지의 최대 수직거리를 측정한다. 다만, 적재함 바닥에 파형의 굴곡이 있는 경우에는 아래 그림에 있어 a부의 총면적이 b부의 총면적보다 적을 때는 파형굴곡 아래면에서 a와 b부의 면적이 같거나, a부의 면적이 b부의 면적보다 클 때에는 파형굴곡 윗면에서 측정한다.

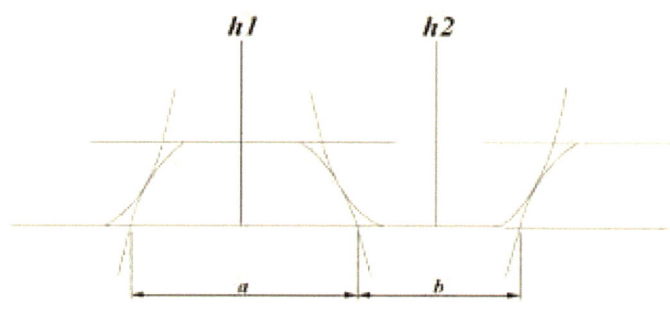

a, b : 파형 굴곡면의 면적
h1, h2: 적재장치의 내측높이

[그림 1-13] 자동차 적재장치의 높이

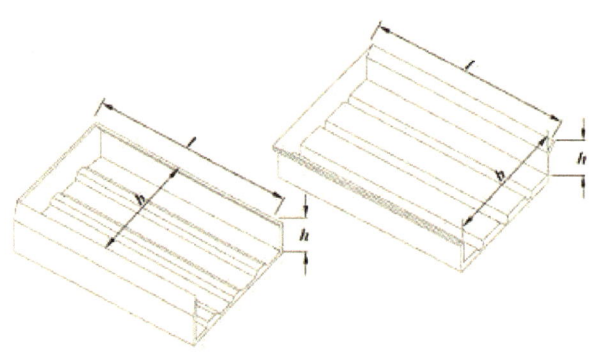

l : 적재장치의 내측길이
b : 적재장치의 내측너비
h : 적재장치의 내측높이

[그림 1-13-1] 물품적재장치의 길이, 너비, 높이

라. 밴형화물자동차의 격벽 및 보호봉 설치방법
  ㉠ 격벽등의 구조
    승차장치와 물품적재장치 사이의 격벽은 용접, 리벳 및 기타 동등한 기능을 할 수 있는 체결방법으로 폐쇄하되 작업공정상 불가한 부분은 예외로 한다.

4. 자동차의 안전기준 확인 방법

ⓒ 보호봉 설치방법 및 간격
물품적재장치의 창문에 설치되는 보호봉 설치시 격벽 고정방법을 준용하되 설치 간격 등은 다음의 표에 따른다.

규 격	설치간격	배 열
지름 2센티미터 이상의 강제봉	15센티미터 이하	가로 또는 세로
지름 1센티미터 이상 2센티미터 미만의 강제봉	10센티미터 이하	가로 또는 세로

12) 객실 내측 치수
 가. 객실길이
  전열 외측좌석의 좌우 중심점을 지나는 차량길이 방향의 수직 종단면이 계기판넬과 접촉하는 점에서부터 최후방 좌석의 등받이 상단 높이까지의(머리지지대 제외, 밴형화물자동차의 경우에는 격벽까지) 차량길이 방향 수평거리를 측정한다.
 나. 객실 너비
  승용자동차 및 밴형 화물자동차는 객실 중앙부분에서 차량중심면에 직각인 방향의 최대거리를, 승합자동차는 창문아래 지점을 기준으로 차량중심면에 직각방향의 최대거리를 측정한다.
 다. 객실 높이
  차량 중심선 주위의 국부적인 요철면과 좌석전용 부분으로 이용되는 면을 제외한 바닥면(통로 및 입석부분으로 사용되는 부분을 말한다)과 실내 등을 제외한 천정내장재 사이의 최대수직거리를 측정한다.

13) 승강구
 가. 승강구 높이
  승강구를 최대로 개방한 상태에서 발판의 기준면에서 상단의 요철부분 등을 포함한 상단의 가장 낮은 부분과의 최대 수직거리를 측정한다.
 나. 승강구 너비
  승강구를 최대로 개방한 상태에서 승하차용 손잡이를 제외한 상태로 승강구 높이의 중간부분에서 최단 수평거리를 측정한다.

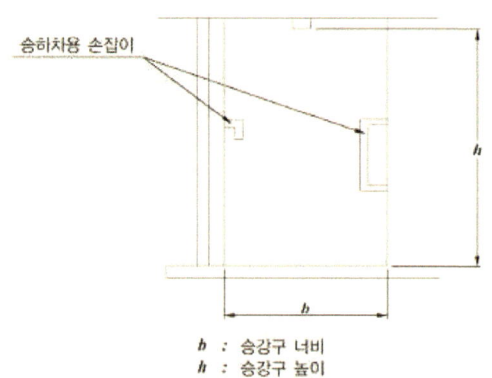
[그림 1-14] 자동차의 승강구 높이 및 너비

14) 비상구

비상구의 너비 및 높이는 13) 승강구 측정기준을 준용하며, 후면창문을 제외한 옆면의 비상구 대용창의 유효 규격은 창문틀을 기준으로 측정한다.

15) 통로의 유효너비

통로로 유효하게 이용될 수 있는 최단거리를 측정하되 통로가 좌석사이에 있는 경우에는 좌석(접이식 좌석을 설치한 경우에는 접은 상태)사이의 최단거리를 측정하고 통로가 좌석과 창문 사이에 있는 경우에는 창문의 아래지점과 좌석사이의 최단거리를 측정한다.

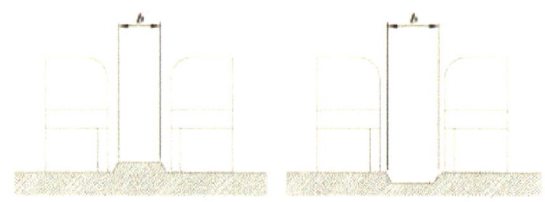
[그림 1-15] 통로와 좌석 심면과의 높이가 다른 경우의 통로 유효너비

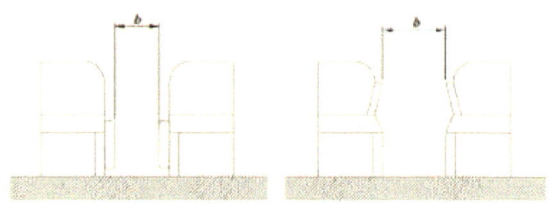
[그림 1-16] 좌석의 일부가 통로상에 노출하여 있는 경우의 통로 유효너비

4. 자동차의 안전기준 확인 방법

16) 제1단 발판높이

기준면에서 승강구 제1단 발판의 가장 높은 부분까지의 최대 수직거리를 측정한다.

17) 운전자 및 승객의 좌석
 가) 승용자동차의 좌석규격

자동차 안전기준 별표5의32 제1호 및 제2호의 인체모형이 운전자의 좌석과 승객좌석에 착석이 가능한지 확인한다. 인체모형의 몸통은 좌석등받이에, 대퇴부는 인체모형의 발위치에 허용되는 범위에 따라 좌석 쿠션에 기대어 놓는다. 개별좌석의 쿠션의 중심위에 인체모형을 놓고 좌석 쿠션 중앙선에 수직으로 평행하도록 인체모형의 중앙봉합면을 고정 한다.

 (1) 운전자 위치설정
 (가) 먼저 무릎 선회축 볼트머리의 외면간격을 측정 했을때 왼쪽 볼트머리의 외면은 인체모형의 중앙봉합면으로부터 150 mm 떨어지고 볼트머리 외면간격은 368 mm 떨어지도록 인체모형의 양 무릎을 놓는다.
 (나) 인체모형의 오른발은 뒤꿈치의 가장 뒷부분을 페달면의 바닥판에 놓고 가속페달에 압력을 가하지 않은 상태로 올려 놓는다. 가속 페달에 발을 놓을 수 없는 경우에는 먼저 하퇴부에 수직이 되도록 발을 고정하고 발 뒤꿈치의 가장 뒷부분을 바닥판에 얹어 가속페달 중앙선방향으로 가능한한 앞쪽으로 멀리 발을 놓는다. 자동차 표면과의 접촉으로 지장을 받지 않는한 대퇴부와 하퇴부의 중심선들이 몸통을 움직이지 않으면서 단일한 수직면내에 가능한한 가깝게 일치하도록 오른쪽 다리를 놓는다.
 (다) 왼발은 발뒤꿈치의 가장 뒷 부분을 발판 및 바닥판으로 그려지는 면들의 교차점에 가능한 한 가까이 바닥판에 놓은 상태로 발판위에 놓되 타이어 설치를 위하여 오목하게 된 돌출부에는 놓지 않는다. 발판에 발을 놓을 수 없는 경우에는 먼저 하퇴부에 수직이 되도록 발을 고정하고 뒤꿈치를 바닥판에 얹어 가능한한 앞쪽으로 멀리 발을 놓는다. 브레이크나 클러치 페달과의 접촉을 피해야할 필요가 있을때는 하퇴부를 축으로 하여 인체 모형의 왼발을 돌린다. 여전히 페달에 간섭될 경우에는 엉덩이를 축으로 하여 페달의 간섭을 피하는데 필요한 최소거리 만큼 왼쪽 다리를 바깥쪽으로 돌려준다. 차량 표면과의 접촉으로 지장을 받지 않는 한 대퇴부와 하퇴부의 중심선들이 단일한 수직면내에 가능한 한 가깝게 일치하도록 왼쪽 다리를 놓는다. 왼쪽 발이 오른쪽 발의 높이 이상으로 올라가지 못하도록 발 받침대가 있는 자동차의 경우에는 다리 상부와 하부의 중심선들이 단일 수직면에 있도록 발받침대에 왼발을 올려 놓는다.

(2) 승객 위치 설정
 (가) 평평한 바닥판/발판으로 된 자동차
  ① 먼저 무릎선회축의 볼트머리 외면간격을 측정했을때 298 mm 떨어지도록 양 무릎을 놓는다.
  ② 왼발과 오른발의 발뒤꿈치가 가능한 한 발판과의 교점에 가까운 바닥판에 놓이도록 자동차의 발판에 놓는다. 발이 발판에 평행하게 놓이지 않는 경우에는 하퇴부의 중심선들에 각각 수직이 되도록 발을 고정하고 뒤꿈치를 바닥판에 얹어 가능한한 앞쪽으로 멀리 발을 놓는다.
  ③ 대퇴부와 하퇴부의 중심선들이 길이방향 수직면들내에 있도록 왼쪽 및 오른쪽 다리를 놓는다.
 (나) 승객 공간내에 타이어 설치를 위한 돌출부가 있는 자동차
  ① 먼저 무릎 선회축의 볼트머리 외면간격을 측정했을때 298 mm 가 되도록 양 무릎을 놓는다.
  ② 양발을 바닥판/발판의 오목한 부위에 놓되 타이어 설치를 위하여 오목하게 된 돌출부에는 놓지 않는다. 발이 발판에 평평하게 놓이지 않는 경우에는 먼저 하퇴부 중심선들에 각각 수직이 되도록 양발을 고정하여 뒤꿈치가 바닥판에 놓이도록 양발을 고정하고 나서 발 뒤꿈치를 바닥판에 얹어 가능하면 앞쪽으로 멀리 발을 놓는다.
  ③ 자동차의 길이방향 수직면이 양쪽다리의 대퇴부 및 하퇴부 중심선들을 각기 통과하도록 유지할 수 없는 경우에는 그 중심선들이 단일 길이 방향 수직면내에 가능한 한 가까이 있도록 왼쪽 다리를 놓고 그 중심선들이 단일한 수직면 내에 가능한 한 가까이 있도록 오른쪽 다리를 놓는다.

나) 승합·화물·특수자동차의 좌석규격
 (1) 좌석의 가로
    좌석의 앞면으로부터 20센티미터 위치에서 좌석 좌우간의 폭을 측정하며 팔받침이 좌석폭을 침입하는 경우는 해당폭을 좌석폭에서 제외한다. 다만 좌석상면으로부터 팔받침아래쪽이 10센티미터 이상, 팔받침위쪽이 30센티미터 이하의 높이로 설치된 팔받침이 좌석 내측으로 각각 5센티미터 이내의 폭으로 설치된 경우에는 팔받침이 없는 것으로 본다.

4. 자동차의 안전기준 확인 방법

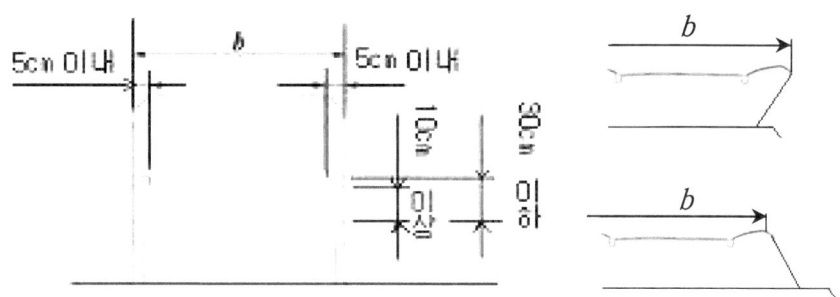

b : 좌석의 가로
[그림 1-17] 자동차 좌석의 가로

(2) 좌석의 세로
   좌석의 가로폭 중앙부의 앞쪽에서부터 뒤쪽까지(좌석 등받이가 있는 경우에는 등받이의 전면)까지의 수평거리를 측정한다.

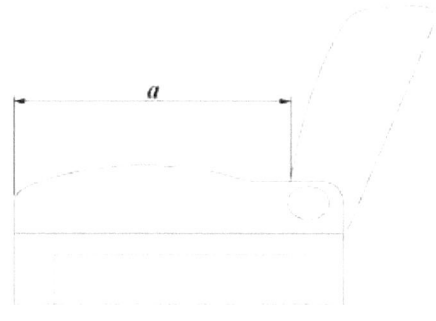

a : 좌석의 세로
[그림 1-18] 자동차 좌석의 세로

(3) 좌석의 높이
   실내 상면에서 좌석 가로부 중앙부분의 최고점까지의 수직높이를 측정한다.

h : 좌석의 높이
[그림 1-19] 자동차 좌석의 높이

(4) 좌석의 설치간격

좌석의 설치 간격은 앞좌석 등받침 중앙의 뒷면과 뒷좌석 등받침 앞면 중앙과의 수평거리를 측정하고, 마주보는 좌석의 경우에는 각 좌석의 등받이 중앙앞면에서 두 좌석간 거리의 중앙 부분까지를 측정한다.

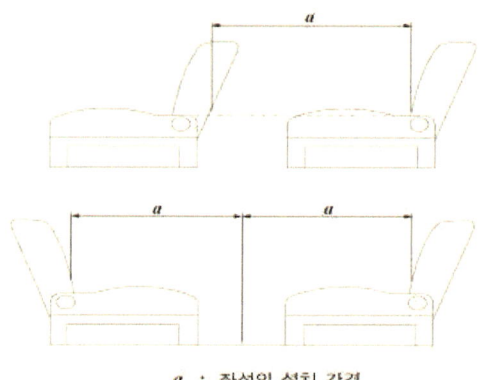

a : 좌석의 설치 간격

[그림 1-20] 자동차 좌석의 설치 간격

18) 후사경의 돌출거리

가. 후사경 최외측 끝단에 추를 매달아 기준면과 수직인 점에 측정지점(A)을 정하고 자동차 차체 최외측에 추를 매달아 기준면과 수직인 점을 측정지점(B)을 정한 후 차량 중심면에 수직인 선과 평행하게 A와 B점을 통과하는 직선의 최대거리를 측정한다.

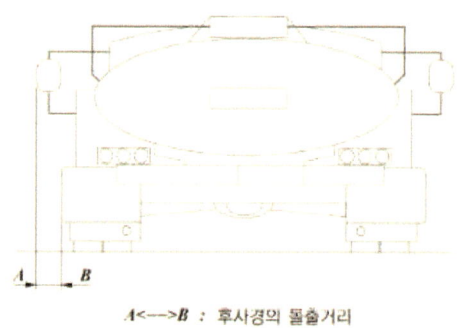

A<-->B : 후사경의 돌출거리

[그림 1-21] 자동차의 돌출거리

나. 피견인자동차의 너비가 견인자동차의 너비보다 넓은 경우 그 견인자동차의 후사경에 한하여는 피견인자동차의 가장 바깥쪽으로부터 돌출된 최대거리를 측정한다.

4. 자동차의 안전기준 확인 방법

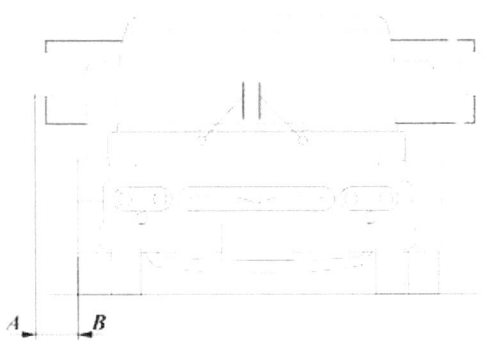

$A \longleftrightarrow B$: 피견인자동차의 너비가 견인자동차의
너비보다 넓을 경우 후사경의 돌출가능거리
[그림 1-22] 자동차 후사경의 돌출거리

19) 배기관 개구방향

자동차의 개구부와 차량중심선 또는 기준면과의 각도를 각도게이지 등으로 측정한다.

α : 배기관이 하향인 경우의 배기관 개구 방향 각도
β : 배기관이 좌향인 경우의 배기관 개구 방향 각도
[그림 1-23] 자동차 배기관의 개구방향

20) 가스용기 후단과 차체 최후부간의 거리

가스용기의 후단과 범퍼등 차체의 최후단과의 최소거리를 차량중심선에서 평행하게 측정한다.

21) 등록번호표의 부착위치

차체 최후단(범퍼 연결장치 등을 포함한다)으로부터 등록번호표 중심사이와의 최대거리를 차량 중심선에 평행하게 측정한다.

22) 조종장치의 배치간격

차량중심선과 평행한 조향핸들 중심면을 기준으로 좌우에 설치되어 있는 조종장치와의 최대거리를 측정한다. 이 경우 모든 조종장치는 중립상태로 한다.

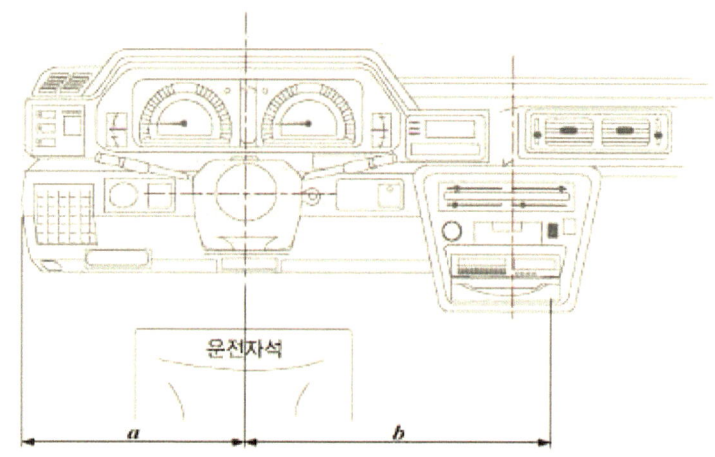

a, b : 조향핸들 중심에서 좌,우측에 설치되어 있는 조정장치와의 간격
[그림 1-24] 자동차 조정장치의 배치간격

23) 기타 장치의 설치간격

연료주입구, 가스 배출구와 유출구, 전기단자, 전기개폐기 등의 상호 간격은 각 장치의 중심에서 직선거리를 측정한다.

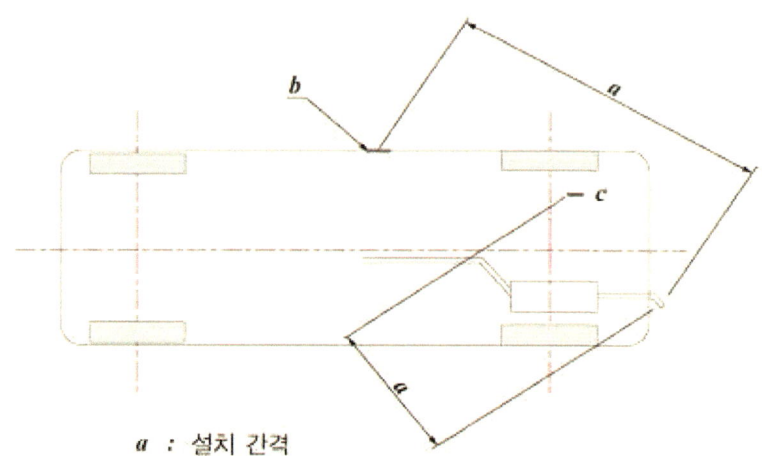

a : 설치 간격
b : 주유구
c : 노출된 전기 단자 및 전기 개폐기
[그림 1-25] 기타 장치의 측정방법

24) 측정기기

금속제자, 줄자, 광선자, 하이트 게이지, 곧은자, SCRIBING, BLOCK, 추 등을 사용하며 또는 이와 동등이상의 정도를 얻을수 있는 3차원 측정기 등을 사용하여 측정한다.

3. 중량측정조건

3.1 측정조건
1) 자동차는 공차 또는 적차상태로 한다.
2) 공차상태의 중량분포로서 적차상태의 중량분포를 산출하기가 어려울 때에는 공차상태와 적차상태를 각각 측정한다. 이 경우 좌석정원의 인원은 정위치에, 입석정원의 인원은 입석에 균등하게 승차하며, 물품은 물품적재장치에 균등하게 적재한 것으로 한다.
3) 연결자동차는 연결한 상태에서 측정한다.
4) 측정단위는 kg 으로 하고 끝단위는 0 또는 5로 끝맺음 한다.

3.2 측정방법
1) 차량중량 및 공차시 축중

자동차를 수평상태로하여 각 차축마다 중량을 측정하고 그 합을 차량중량으로 한다.
2) 차량총중량 및 적차시 축중

자동차를 수평한 상태로하여 각 차축마다 중량을 측정하거나 3.1에 측정한 차량중량 및 공차시 축중을 기초로하여 다음 산식에 의해 계산한다.

가. 차량총중량

차량총중량은 다음 산식에 의한다.

(산식 2-1) 차량총중량=차량중량 + 최대적재량 + {승차정원 × 65 kg (13세미만의자인 경우에는 1.5인을 승차정원 1인으로 계산한다)}

또는 $W = wf + wr + P_1 + P_2 + \cdots\cdots + P_n$

W : 차량총중량

wf : 공차상태의 전축중

wr : 공차상태의 후축중

P_1, P_2, P_n : 적재물 또는 승차인원의 하중

나. 2차축식

가) 적차상태의 전축중 : 적차상태의 전축중은 다음 산식에 의한다.

(산식 2-2) $Wf = wf + \dfrac{p_1a_1 + p_2a_2 + p_3a_3 + \cdots + p_na_n}{L}$

나) 적차상태의 후축중 : 적차상태의 후축중은 다음 산식에 의한다.
(산식 2-3) Wr= W - Wf

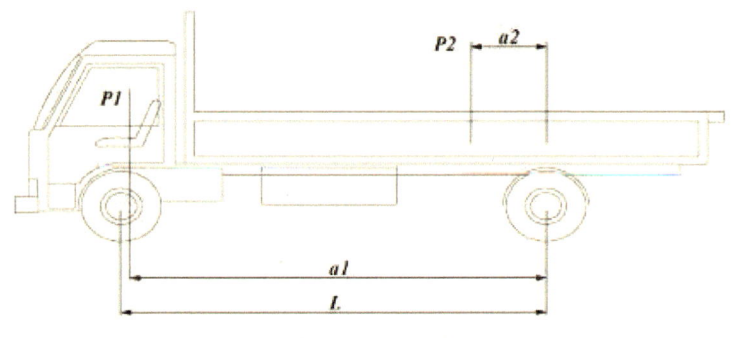

[그림 2-1] 2차축식 예1

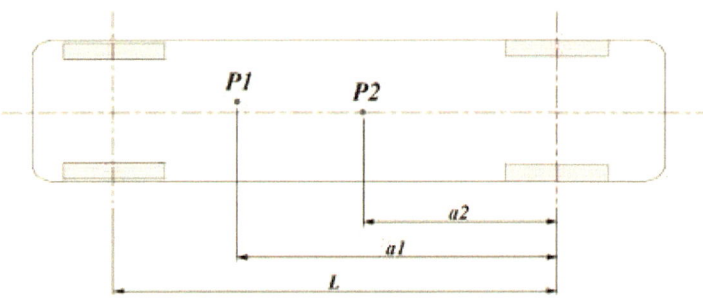

[그림 2-2] 2차축식 예2

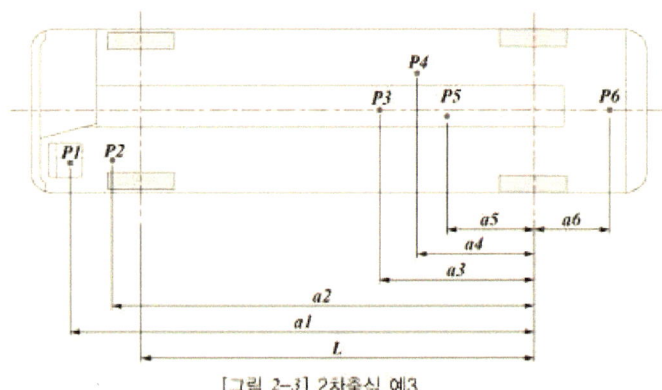

[그림 2-3] 2차축식 예3

W : 차량 총중량
Wf : 적차상태의 전축중
Wr : 적차상태의 후축중
wf : 공차상태의 전축중

wr : 공차상태의 후축중

$P_1, P_2, \cdots P_n$: 승차인원 하중 및 적재화물 하중

$a_1, a_2, \cdots a_n$: 하중작용점부터 후차축까지의 수평 거리(후축에 대하여 전축과 반대방향에 있을 경우에는 마이너스(부)의 값으로 함)

L : 축간거리

다. 후2차축식

가) 적차상태의 전축중 : 적차상태의 전축중은 다음 산식에 의한다.

(산식 2-4) $Wf = wf + \dfrac{p_1a_1 + p_2a_2 + \cdots + p_na_n}{L-K}$

나) 적차상태의 후 전축중 : 적차상태의 후 전축중은 다음산식에 의한다.

(산식 2-5) $Wrf = wrf + (p_1 + p_2 - pf) \times \dfrac{L/2+K}{L}$

다) 적차상태의 후 후축중 : 적차상태의 후 후축중은 다음 산식에 의한다.

(산식 2-6) $Wrr = W - (Wf + Wrt)$

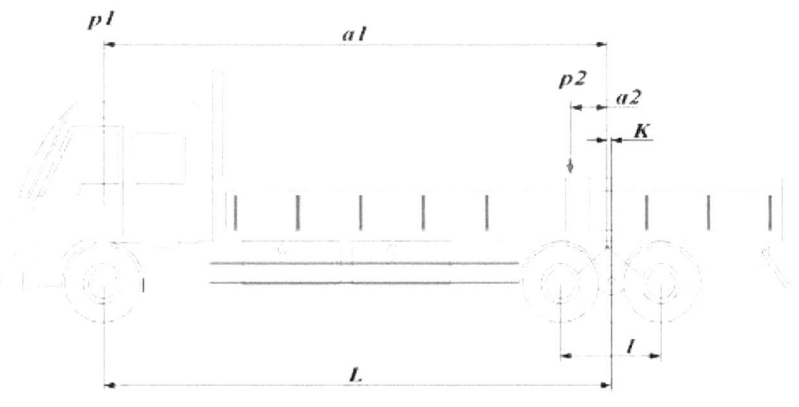

[그림 2-4] 후2차축식의 예

W : 차량총중량

Wf : 적차상태의 전축중

wf : 공차상태의 전축중

Wrf : 적차상태의 후 전축중

Wrr : 적차상태의 후 후축중

wrf : 공차상태의 후 전축중

p1 : 승차인원 하중

p2 : 적재물품 하중

pf : p1과 p2의 전축에 걸리는 하중 몫(적차전축중-공차시전축중)
L : 축간거리(전축중심과 뒤 2축 중심간의 수평거리)
K : 트러니언축과 뒤 2축 중심간의 수평거리
L : 후2축간의 거리
a1 : 승차인원하중의 무게중심으로부터 트러니언축 중심에 이르는 수평거리
a2 : 적재물품하중의 무게중심으로부터 트러니언축 중심에 이르는 수평거리

라. 전2차축식

가) 적차상태의 전축중 : 적차상태의 전축중은 다음 산식에 의한다.

(산식 2-7) $Wf = wf + \dfrac{1/2(wff-wfr)}{L} + pf$

나) 적차상태의 후축중 : 적차상태의 후축중은 다음 산식에 의한다.

(산식 2-8) $Wr = W - Wf$

다) p1과 p2의 전축에 걸리는 몫

(산식 2-9) $pf = \dfrac{p1a1 + p2a2 + \cdots + pnan}{W}$

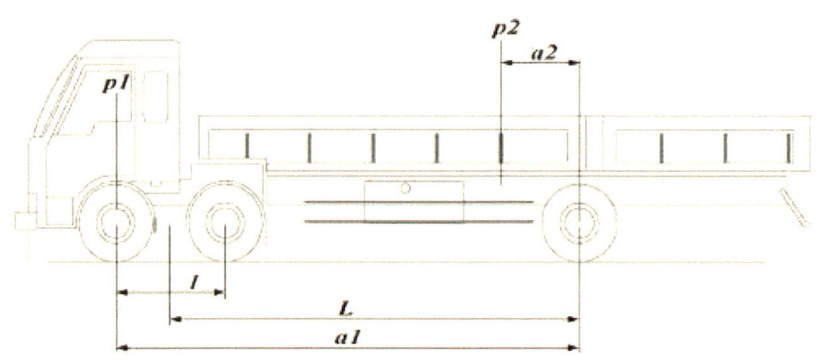

[그림 2-5] 전2차축식의 예

Wf : 적차상태의 전축중
wf : 공차상태의 전축중
L : 전 2축간의 축간거리
wff : 공차상태의 전 전축중
wfr : 공차상태의 전 후축중
pf : p1과 p2의 전축에 걸리는 몫

4. 자동차의 안전기준 확인 방법

Wr : 적차상태의 후축중
W : 차량총중량
p1 : 승차인원의 하중
p2 : 적재물품의 하중
a1 : 승차인원하중의 무게중심으로부터 후축에 이르는 수평거리
a2 : 적재물품하중의 무게중심으로부터 후축에 이르는 수평거리

마. 연결자동차
  가) 견인자동차의 차량총중량 : 견인자동차의 차량총중량은 다음 산식에 의한다.
(산식 2-10) 견인자동차의 차량총중량 = 차량중량 + 적차상태 피견인자동차의 제5륜하중 +
           (승차정원 × 65 kg)
  나) 피견인자동차의 차량총중량 : 피견인자동차의 차량총중량은 다음 산식에 의한다.
(산식 2-11) 피견인자동차의 차량총중량 = 공차상태의 제5륜하중 + 공차상태의
           후륜하중 + 최대적재량

3) 피견인자동차의 중량측정방법
  가. 공차상태에서 연결자동차와 연결한 상태로 각 축중을 측정한다.
  나. 피견인자동차를 분리한 상태에서 견인자동차의 각 축중을 측정한다.
(산식 2-12) 연결자동차의 중량 = W1+W2+W3
(산식 2-13) 견인자동차의 중량 = W4+W5
(산식 2-14) 피견인자동차의 중량 = (산식2-12) - (산식2-13)

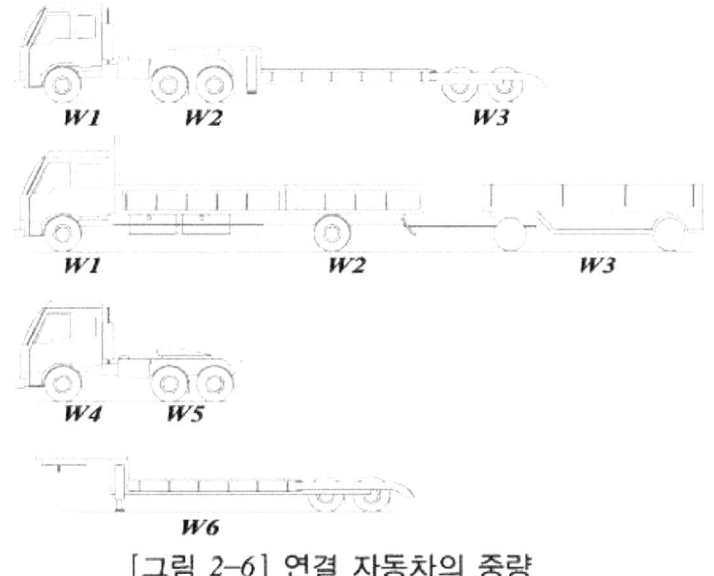

[그림 2-6] 연결 자동차의 중량

W1 : 연결시 견인자동차의 전축중
W2 : 연결시 견인자동차의 후축중
W3 : 연결시 피견인자동차의 후축중
W4 : 견인자동차의 전축중
W5 : 견인자동차의 후축중
W6 : 피견인자동차의 차량중량

4) 타이어 부하율
　타이어 부하율은 다음 산식에 의한다. 이 경우 타이어의 허용하중은 타이어 제작자가 표시한 최대허용하중(최대허용하중이 표시되지 아니한 경우에는 당해 타이어 제작국가의 공업규격에서 정한 최대허용하중을 말한다)으로 한다.

(산식 2-15) 타이어부하율(%)

$$= \frac{\text{적차(또는공차)시 전(또는후)륜의 분담하중}}{\text{전(또는 후)륜의 타이어허용하중} \times \text{전(또는 후) 타이어의 개수}} \times 100$$

5) 조향륜의 하중분포
　가. 공차상태 조향륜의 하중분포 : 공차상태에서의 조향륜의 하중분포는 다음 산식에 의한다.

(산식 2-16) 공차상태 조향륜의 하중분포(%)

$$= \frac{\text{적차시 조향륜의 윤중의 합}}{\text{차량중량}} \times 100$$

　나. 적차상태 조향륜의 하중분포 : 적차상태에서의 조향륜의 하중분포는 다음 산식에 의한다.

(산식 2-17) 적차상태 조향륜의 하중분포(%)

$$= \frac{\text{적차시 조향륜의 윤중의 합}}{\text{차량 총중량}} \times 100$$

6) 측정기기
　차축부하시험기, 저울 등으로 측정한다.

25의2. 승합자동차의 승차장치

25의2.1. 적용범위
   본 규정은 승차정원 16인승 이상의 승합자동차(수인호송용, 경력수송용, 구급용, 어린이 운송용 승합자동차 등은 제외한다.)의 승차장치에 대한 일반 규정 및 세부 측정 방법에 대하여 규정한다.

25의2.2. 측정 조건
25의2.2.1. 자동차는 공차상태로 하고 직진상태로 수평한 수평면(이하 "기준면"이라 한다)에 놓여진 상태로 한다.
25의2.2.2. 타이어의 공기압력은 보통의 주행에 필요한 표준공기압(압력범위가 있는 경우에는 그 중간값, 표준공기압이 없는 경우에는 제작자가 제시한 공기압력)으로 한다.
25의2.2.3. 측정단위는 밀리미터로 한다.

25의2.3. 일반 규정
25의2.3.1. 안전기준 제23조 제1항 제1호에서 정한 보호시설의 경우 급제동 시 움푹 패인 승강구 발판 부근으로 떨어지기 쉬운 좌석 승객을 보호하기 위하여 설치하는 시설로서 승차정원 23인 이하의 자동차에는 좌석안전띠를 설치하는 경우 보호시설을 설치한 것으로 본다.
25의2.3.1.1. 보호시설은 승객의 발아래 바닥면으로부터 최소한 800밀리미터 이상의 높이와 내측벽으로부터 좌석의 중심선을 초과하여 100밀리미터 또는 움푹 패인 승강구 발판의 자동차 너비방향으로 가장 먼 수직면까지의 거리 중 작은 범위까지의 너비를 갖추어야 한다.
25의2.3.2. 안전기준 제23조 제1항 제2호에서 정한 보호시설의 경우 2층대형승합자동차의 아래층과 위층을 연결하는 계단에 설치하는 시설로서 위층부분에는 차실 바닥면으로부터 최소한 800밀리미터 이상의 높이를 가지고 가장 낮은 모서리부는 바닥면으로부터 100밀리미터 이하 인 폐쇄형을 갖추어야 한다.
25의2.3.3. 안전기준 제23조 제1항 제4호에서 정한 보호시설의 경우 2층대형승합자동차의 위층의 앞면창유리 방향으로 설치되는 가장 앞좌석에 승차하는 승객의 앞부분에 설치하는 시설로서 부드러운 재질의 보호시설을 설치하여야 한다. 이 경우 보호시설의 가장 높은 모서리부분은 승객의 발아래 바닥면으로부터 800mm와 900mm 사이의 높이에 설치되어야 한다.
25의2.3.4. 실내에 선반 등 수화물 공간을 설치하는 경우에는 자동차의 제동과 선회 시 떨어지지 않도록 보호하여야 한다.

25의2.3.5. 안전기준 제23조 제3항 단서에 따라 승합자동차에 설치하는 조명 시설
25의2.3.5.1. 차실 내에는 다음의 공간에 조명이 비추어지도록 할 것
25의2.3.5.1.1. 모든 승객 공간, 승무원 공간, 화장실 공간 및 굴절버스의 굴절 부문
25의2.3.5.1.2. 모든 계단(승강구 계단에 설치된 조명은 승강구가 열릴 때 작동되어야 한다.)
25의2.3.5.1.3. 승강구 주변 공간과 모든 출입구 주변(별도 탑승 장치가 설치되어있다면 작동될 때를 포함한다.)
25의2.3.5.1.4. 모든 출입구의 내부 표시 및 내부 조종장치
25의2.3.5.1.5. 장애물이 있는 모든 장소
25의2.3.5.1.6. 천정개방형이층버스의 이층으로 이동하는 계단의 상부
25의2.3.5.2. 하나의 고장이 발생했을 때 다른 하나에 영향을 주지 않는 최소한 2개의 내부 조명 회로가 있어야한다.(입·출구만의 조명을 제공하는 회로는 하나의 내부 조명 회로로 볼 수 있다.)
25의2.3.5.3. 좌석승객 전용이거나 좌석승객 전용이면서 일부 입석이 있는 승합자동차의 경우 다음의 기준에 적합한 비상조명 장치를 갖추어야한다.
25의2.3.5.3.1. 운전자가 운전석에 착석한 상태에서 작동이 가능할 것
25의2.3.5.3.2. 승강구 또는 비상구의 비상 조작장치를 작동시킬 때 작동될 것
25의2.3.5.3.3. 일단 작동이 되면 운전자가 작동을 멈추기 전까지는 최소 30분 동안 작동을 유지할 것
25의2.3.5.3.4. 사고가 발생되더라도 작동에 영향을 최소화 할 수 있도록 적절한 위치에 전력 공급 장치를 설치할 것
25의2.3.5.3.5. 색상은 백색일 것
25의2.3.5.3.6. 승객 공간의 길이 전체에 걸쳐 최대 또는 최소 밝기에 대한 평균 밝기의 비율인 균조도는 0.15와 2.0 사이일 것
25의2.3.5.3.7. 승객 공간 내의 유효 통로의 중심을 기준으로 위쪽으로 750밀리미터이고 각각의 비상 조명 장치의 바로 아래인 지점에서의 조도는 최소 10룩스 이상일 것
25의2.3.5.3.8. 유효 통로(차실 바닥면 상부) 및 계단(계단 상부)의 중심에서 조도는 최소 1룩스 이상일 것
25의2.4.3.6. 25의2.3.5에서 정한 조명은 각각의 개별적인 공간에 조명을 설치해야 하는 것은 아님
25의2.4.3.7. 모든 작동장치는 운전자에 의해 수동으로 조작되거나 자동으로 작동되도록 할 것

25의2.4 측정방법
25의2.4.1 보호 시설
25의2.4.1.1. 25의2.3.1 내지 25의2.3.3의 일반 규정에서 정한 보호시설 설치 규정에 적합하게 설치되었는지를 측정한다.
25의2.4.2. 손잡이대 및 손잡이 설치 유효 개수 측정
　그림 25의2-1의 측정장치를 사용하여 손잡이대 또는 손잡이가 움직이는 팔 모형에 의해 접촉되는 지 여부를 측정한다.

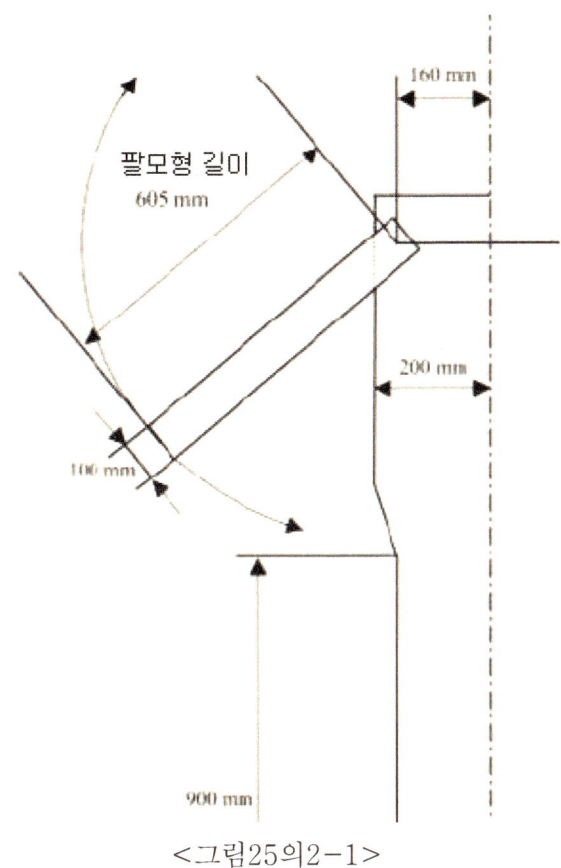

<그림25의2-1>

25의2.4.3. 실내 조명 측정
25의2.4.3.1. 조명의 균조도는 다음에 따라 평가되어야 한다.
25의2.4.3.2. 비상 조명 장치의 조도는 모든 통로의 중심 위 750mm의 높이에서 승객공간에 있는 각 조명 아래에서 직접적으로 측정되어야 한다.
25의2.4.3.3. 승객 공간의 균조도는 모든 통로의 중심 위 750mm의 높이에서 승객 공간 내의 전체적으로 측정되어야 한다.

$$\text{최대 균조도} = \frac{\text{최대 밝기}}{\text{평균 밝기}}$$

$$\text{최소 균조도} = \frac{\text{최소 밝기}}{\text{평균 밝기}}$$

25의2.4.3.4. 비상 조명 장치의 최소 조도는 모든 통로 및 모든 계단의 중심을 기준으로 실내 바닥에서 측정되어야 한다.

25의2.4.3.5. 조도는 2미터를 초과하지 않는 거리에서 최소 30분 이상 측정되어야 한다.

25의3. 승합자동차의 승강구

25의3.1. 적용범위
 본 규정은 승차정원 16인승 이상의 승합자동차(수인호송용, 경력수송용, 구급용, 어린이 운송용 승합자동차 등은 제외한다.)의 승강구에 대한 일반 규정 및 세부 측정 방법에 대하여 규정한다.

25의3.2. 측정 조건
25의3.2.1. 자동차는 공차상태로 하고 직진상태로 수평한 수평면(이하 "기준면"이라 한다)에 놓여진 상태로 한다.
25의3.2.2. 타이어의 공기압력은 보통의 주행에 필요한 표준공기압(압력범위가 있는 경우에는 그 중간값, 표준공기압이 없는 경우에는 제작자가 제시한 공기압력)으로 한다.
25의3.2.3. 측정단위는 밀리미터로 한다.

25의3.3. 일반 규정
25의3.3.1. 안내양 착석을 위하여 설치 한 하나 이상의 접이식 좌석으로서 다음의 경우에 한하여 승강구 접근 통과가 방해 될 수 있다.
25의3.3.1.1. 해당 좌석이 안내양의 착석만을 위한 좌석임을 명백하게 지시하는 내용이 해당 자동차에 명시되어 있을 경우
25의3.3.1.2. 좌석 미 사용시 자동적으로 접히는 구조로서 25의5.4.2.1. 내지 25의5.4.2.4.의 기준을 만족하는 경우
25의3.3.1.3. 승강구가 반드시 설치하여야 하는 비상탈출장치의 하나가 아닌 경우
25의3.3.1.4. 좌석의 사용여부에 관계없이 접혀지거나 펴질때 좌석의 어떤 부분도 운전자

좌석을 가장 최후단 위치로 놓았을 때, 그것의 중심을 지나는 수직면과 반대편 실외후사경의 중심을 지나는 수직면보다 앞에 있지 않은 경우

25의3.3.2. 승강구 부근에 좌석이 설치되어 있는 경우 그림 25의3-1과 같이 전·후 방향을 향한 좌석의 경우 눌리지 않은 좌석 쿠션의 상단 높이를 기준으로 전방 300mm까지를 포함하지 아니하고, 옆면을 보는 좌석의 경우 225mm 까지 포함하지 않아야 한다.

25의3.4. 측정방법

25의3.4.1. 승강구 설치 거리

승객공간이 10제곱센티미터 이상인 승합자동차에 승강구를 2개 이상 설치하는 경우에 만족하여야 하는 설치 거리의 경우 다음의 경우에는 만족한 것으로 볼 수 있으며, 승강구 측정 장치가 동시에 2개가 통과할 수 있는 규격의 승강구의 경우 가장 먼곳을 기준으로 측정한다.

25의3.4.1.1. 굴절자동차로서 다른 승객 공간의 2개의 승강구가 연결 상태의 전체 승객 공간의 40% 이상의 거리로 분리되어 있는 것으로 측정 될 경우

25의3.4.1.2. 이층대형승합자동차로서 자동차의 양 측면에 설치되는 경우

25의3.4.2. 승강구 접근성

25의3.4.2.1. 승강구가 설치된 측면 벽으로부터 안쪽 공간에서 안전기준 별표5의30에서 규정된 측정장치1 또는 2가 자유롭게 통과될 수 있는지를 확인한다.

25의3.4.2.2. 측정장치는 승강구 첫 계단과 접하는 위치의 출발점으로부터 이동될 때 승강구와 평행을 유지하여야 하며, 승객의 이동방향과 동일한 각도를 유지하여야 한다.

25의3.4.2.3. 측정장치의 중심선이 시작점으로부터 300mm 거리를 가로지르고, 계단 또는 차실 바닥의 표면에 있을 때, 그 위치에서 유지되어야한다.

25의3.4.2.4. 통로 간격을 시험하기 위한 안전기준 별표5의29에서 규정하고 있는 통로 측정장치는 통로에서 시작되어 승객이 차량을 나가는 방향으로 움직이며, 원통의 중심선이 가장 높은 계단의 윗단면을 포함하는 수직면에 도달할 때까지 또는 상부 원통을 접하는 면이 측정장치에 도달할 때까지 어느것이든지 먼저인 것까지 이동되며, 그 위치에서 유지되어야 한다.

25의3.4.2.5. 25의5.4.2.4에서 규정한 위치의 원통과 25의5.4.2.3에서 규정한 위치의 측정 장치 사이는 그림 25의3-2에서 보여지는 공간이 제공되어야하며, 이 공간은 수직 판넬과 원통이 자유롭게 통과할 수 있어야한다. 이 판넬은 원통의 접점으로 부터 움직여서 그것의 외면이 측정장치 내면에 접할때까지 이동되어야 한다.

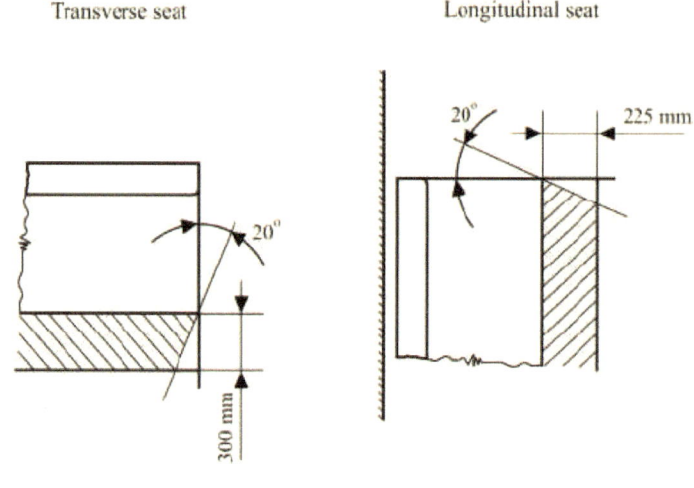

< 그림 25의3-1 >

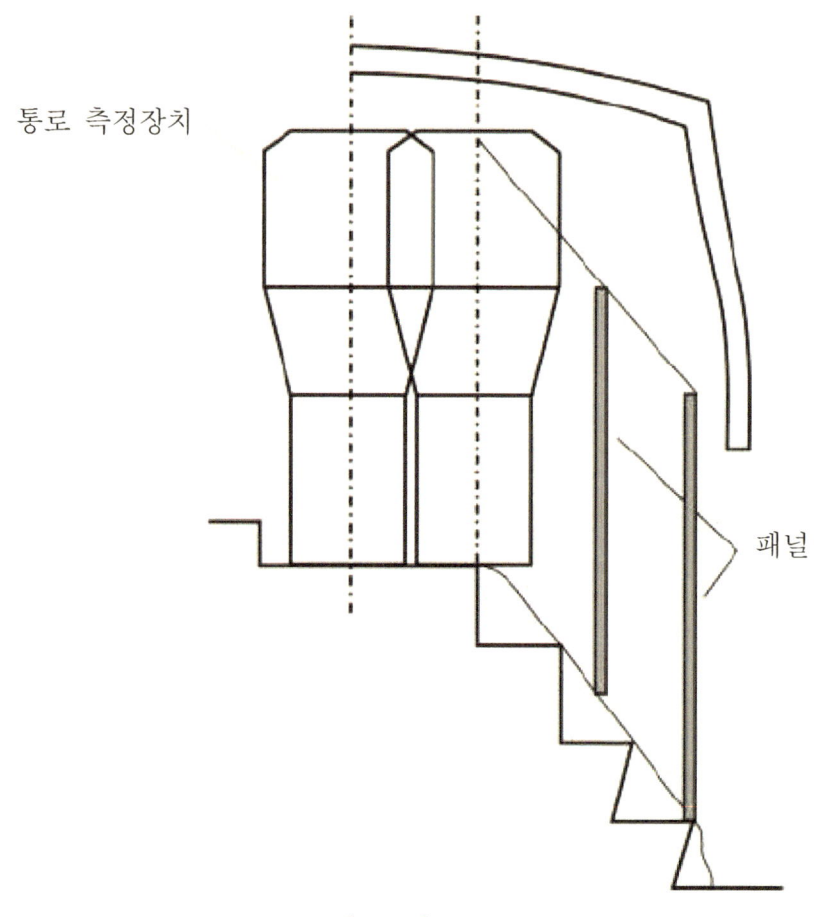

<그림 25의3-2>

25의4. 승합자동차의 비상탈출장치

25의4.1. 적용범위
　본 규정은 승차정원 16인승 이상의 승합자동차(수인호송용, 경력수송용, 구급용, 어린이 운송용 승합자동차 등은 제외한다.)의 비상문, 비상창문, 비상탈출구에 대한 일반 규정 및 세부 측정 방법에 대하여 규정한다.

25의4.2. 측정 조건
25의4.2.1. 자동차는 공차상태로 하고 직진상태로 수평한 수평면(이하 "기준면"이라 한다)에 놓여진 상태로 한다.
25의4.2.2. 타이어의 공기압력은 보통의 주행에 필요한 표준공기압(압력범위가 있는 경우에는 그 중간값, 표준공기압이 없는 경우에는 제작자가 제시한 공기압력)으로 한다.
25의4.2.3. 측정단위는 밀리미터로 한다.

25의4.3. 비상탈출장치의 설치 기준
25의4.3.1 2층대형승합자동차와 굴절버스에 승강구를 2개 이상 설치하거나 승강구와 비상구를 각각 1개 이상 설치할 경우 2층대형승합자동차의 아래층과 위층, 굴절버스의 전·후방 차실 구분없이 전체 차실을 기준으로 설치하여야 한다.
25의4.3.2 안전기준 별표5의31 제1호 나목 7)에 따라 자동차의 앞면 또는 뒷면에 1개 이상 설치하여야 하는 비상탈출장치에 대하여 굴절버스의 경우 전방 차실은 적용하지 아니한다.
25의4.3.3 안전기준 별표5의31 제1호 나목 11)에 따른 운전석 공간의 비상탈출장치
25의4.3.3.1 운전석 공간의 경우 운전자 좌석을 최후방으로 조절했을 때, 별표 5의29에서 규정하는 통로 측정장치의 앞부분 모서리가 운전자석 등받이 전면부에 접하는 수평면까지 이동할 수 없고, 별표2의 제25호의5 승합자동차의 통로 중 그림 25의5-6에서 규정하고 있는 패널이 운전자석 쿠션 전면부에서 통과하지 못하는 경우 25의4.3.3.1.1과 25의4.3.3.1.2의 규정을 만족하여야 한다.
25의4.3.3.1.1 운전석 공간에는 2개의 출구를 설치하여야 한다. 이 경우 출구는 동일한 측면에 설치해서는 안되며, 출구 중 하나를 비상창문으로 할 수 있다.
25의4.3.3.1.2 운전자 좌석과 나란하게 좌석이 설치되어 있는 경우 25의4.3.3.1.1의 출구는 모두 문으로 설치하여야 한다. 다만, 승객석에서 운전자 문을 통해 외부로 탈출할 수 있는 접근성이 확인되는 경우 운전자 좌석과 나란하게 설치된 좌석용 문을 비상문으로 볼 수 있으며, 운전자 좌석과 나란하게 설치된 좌석의 측면에 비상창문을 설치하더라도 비상문이 설치 된 것으로 볼 수 있다. 여기서,

승객석에서 운전자 문을 통해 외부로 탈출할 수 있는 접근성이 확인되는 경우라 함은 600 mm × 400 mm 크기로서 각 모서리는 200 mm의 반경을 가진 규격의 얇은 판의 측정장치를 이용하여 자동차를 탈출하려는 승객이 이동할 것으로 예상되는 진행방향으로 수직을 유지한 상태로 측정할 때 어떠한 장애물도 없는 경우를 말한다.

25의4.3.3.1.3 안전기준 제29조에 따른 승강구는 운전석 공간에 설치되는 문의 반대편 측면에 설치되어야 한다.

25의4.3.3.1.4 안전기준 제29조에 따른 승강구 및 제30조에 따른 비상문 등의 규정은 25.4.3.2의 규정에 따라 설치되는 운전석 공간에 설치 된 출구에는 적용하지 아니한다.

25의4.3.3.1.5 25의4.3.3.1.1과 25의4.3.3.1.2의 규정에 따라 운전석 공간과 운전석과 나란한 좌석의 승객을 위해 제공된 출구는 안전기준 제29조에 따른 승강구 및 제30조에 따른 비상탈출장치로 볼 수 없다.

25의4.3.3.1.6 운전석 공간에서 승객 공간으로 접근이 가능한 비상문으로서 25의4.3.4의 규정에 적합하게 설치되어있는 경우 운전석 공간 내에 운전석과 나란한 좌석을 포함하여 최대 5개까지 좌석을 설치할 수 있다.

25의4.3.4 안전기준 별표5의31 제1호 나목 13)의 규정에 따라 설치된 비상구는 아래의 조건을 만족해야 한다.

25의4.3.4.1 운전자석에 설치하는 승강구가 A형 비상문의 규격에 적합 할 것

25의4.3.4.2 운전자석을 위해 지정된 공간이 적절한 통로를 통해 승객 공간으로 연결되는 경우로서 안전기준 별표5의29의 규정에서 정한 통로 측정 장치의 전면부가 운전석 등받이(자동차 길이방향으로 최후단까지 조절한 상태)의 전면부까지 승객공간으로부터 자유롭게 이동한 후 600 mm × 400 mm 크기로서 각 모서리는 200 mm 의 반경을 가진 규격의 얇은 사각형 규격의 측정장치가 운전석(운전석이 중간 위치로 조절 된 상태)과 조향 핸들 사이를 이동 할 수 있을 것

25의4.3.5 2층대형승합자동차로서 위층의 승객정원이 30인 초과인 경우 아래층에서 위층으로 올라가는 계단 1개와 1개의 비상계단을 추가로 설치하여야 한다.

25의4.4. A형 비상문

25의4.4.1. 비상문은 다음 기준에 따라 원통형 측정장치가 자유롭게 통과 될 수 있어야 한다. 다만, 승차정원 23인승 이하의 자동차에 설치되는 비상 출구로 사용되는 운전자 승강구에는 적용하지 아니한다.

25의4.4.1.1. 통로와 비상문 사이의 공간은 직경 300 mm, 높이 700 mm 원통과 그 위에

4. 자동차의 안전기준 확인 방법

직경 550 mm 원통의 높이 합이 1400 mm 인 원통이 자유롭게 통과되어야 한다. 윗 원통의 직경은 수평으로부터 30도를 초과하지 않는 경사진 모서리가 포함되었을 때 상단 부분에서 400 mm 까지 줄어들 수 있음

25의4.4.1.2. 첫 번째 원통은 두 번째 원통의 돌출부 내에 있을 것

25의4.4.1.3. 비상문 근처에 접이식 좌석이 설치된 경우, 좌석을 접은 상태에서 원통형 측정장치가 자유롭게 통과할 것

25의4.4.1.4. 원통의 대체물로서 별표5의29의 통로측정장치를 사용할 수 있음

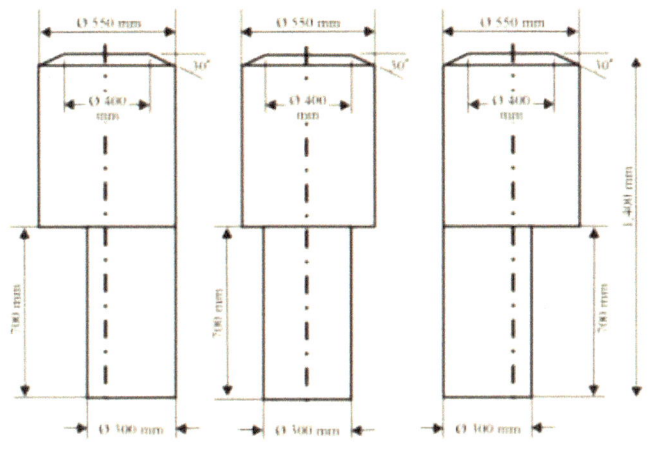

25의4.5. B형 비상문

25의4.5.1. 비상문을 제외한 출구의 수가 3개 이상인 중형승합자동차의 비상문이 열렸을 때 유효 폭과 유효 높이 측정 방법

25의4.5.1.2 자동차를 탈출하려는 승객이 이동할 것으로 예상되는 진행방향으로 너비가 1200 mm이고 높이가 400 mm 인 판넬을 진행방향과 수직을 유지한 상태에서 어떠한 장애물도 없이 통과하는 지 여부를 확인 할 것.

25의4.5.1.3 조절이 가능한 좌석이 있는 경우 조절하지 않은 표준위치로 할 것

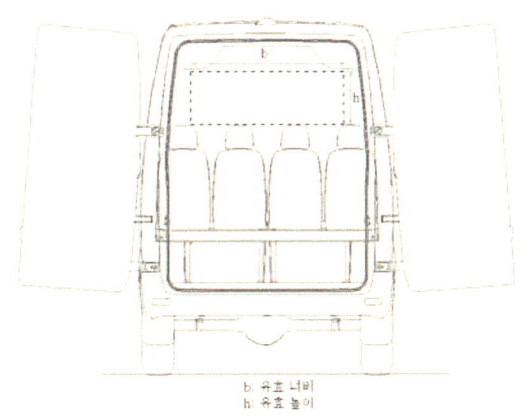

25의4.5.2 차실바닥면과 비상문 아랫부분 사이는 올라가는 계단을 설치하지 아니하여야 하며 동일 높이, 경사진 형태 또는 내려가는 계단으로는 설치하여도 된다.

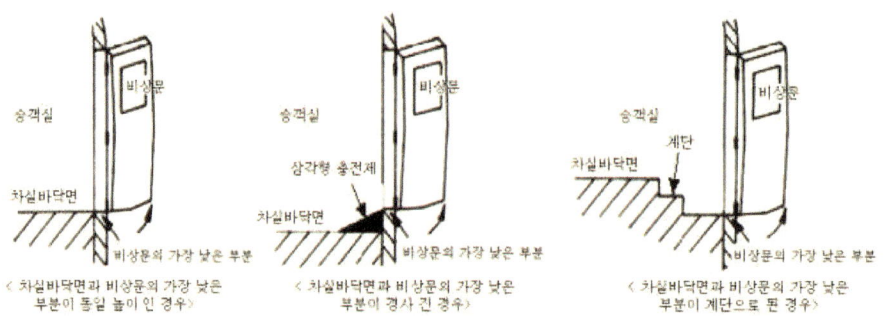

25의4.6. 비상창문

25의4.6.1. 통로로부터 비상 창문을 통해 자동차 외부까지 측정장치가 이동될 수 있을 것.

25의4.6.2. 측정장치 진행방향은 자동차를 탈출하려는 승객이 이동할 것으로 예상되는 진행방향으로 측정장치는 진행방향과 수직을 유지한 상태에서 이동되는지 여부를 확인할 것. 이때, 좌석 등 장애물이 있는 경우 제거한 상태에서 창문틀을 기준으로 측정한다.

25의4.6.3. 비상창문 측정장치 규격은 600 mm 와 400 mm로 모서리 곡률반경이 200 mm인 얇은 판일 것. 다만, 자동차 뒷면에 위치한 비상창문의 측정장치 규격은 1400 mm 와 350 mm로 모서리 곡률반경이 175 mm 일 것.

25의4.7. 비상탈출구

25의4.7.1. 천정형 비상탈출구

25의4.7.1.1. 승차정원 23인을 초과하는 자동차로서 입석인원이 좌석 승객 인원보다 많은 자동차를 제외하고 최소 한 개 이상의 비상탈출구는 각면의 각도가 20도이고 1600 mm 의 높이를 가지는 단절각뿔이 좌석 또는 그와 동등한 지지에 위치할 것. 단절각뿔의 축은 수직이어야 하며, 작은 부분은 비상탈출구의 틈새 부위와 접할 것.

4. 자동차의 안전기준 확인 방법

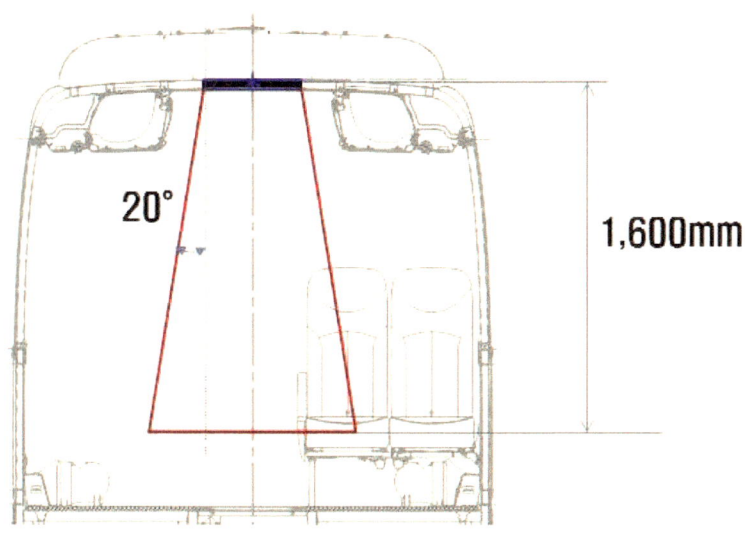

25의4.7.2. 바닥형 비상탈출구

25의4.7.2.1. 바닥형 비상탈출구는 비상탈출구를 통해 자동차외부로 쉽게 탈출하여야 하며 비상탈출구 위에 통로의 높이와 동일한 공간이 생길 수 있도록 설치할 것. 비상탈출구로부터 500 mm 이내의 범위에는 탈출에 방해가 되는 열원이나 구동부품이 없어야 한다.

25의4.7.2.2. 바닥형 비상탈출구 측정장치 규격은 600 mm 와 400 mm로 모서리 곡률 반경이 200 mm 인 얇은 판 형태이며 지상에서 1 m 위의 바닥에서 수평 방향으로 움직일 수 있어야 한다.

25의5. 승합자동차의 통로

25의5.1. 적용범위
  본 규정은 승차정원 16인승 이상의 승합자동차(수인호송용, 경력수송용, 구급용, 어린이 운송용 승합자동차 등은 제외한다.)의 통로에 대한 일반 규정 및 세부 측정 방법에 대하여 규정한다.

25의5.2. 측정 조건
25의5.2.1. 자동차는 공차상태로 하고 직진상태로 수평한 수평면(이하 "기준면"이라 한다)에 놓여진 상태로 한다.
25의5.2.2. 타이어의 공기압력은 보통의 주행에 필요한 표준공기압(압력범위가 있는 경우에는 그 중간값, 표준공기압이 없는 경우에는 제작자가 제시한 공기압력)으로 한다.
25의5.2.3. 측정단위는 밀리미터로 한다.

25의5.3. 일반 규정
25의5.3.1. 통로 측정장치의 통과 일반 기준
25의5.3.1.1. 안전기준 별표5의29에 따른 측정장치는 두 개의 원통과 그것들 사이에 끼워진 끝이 잘린 피라미드로 구성되어야 한다. 측정장치가 양방향에서 통과할 때 손잡이끈, 좌석안전띠 등 유동성이 있는 물체들과는 접할 수 있다.
25의5.3.1.2. 여객자동차운수사업법시행령 제3조 제1호의 규정에 의한 노선여객자동차운송사업 중 시외버스운송사업에 사용되는 자동차로서 시외우등고속(직행 및 일반을 포함한다)의 실내의 천정에 설치되는 선반의 경우 측정장치와 접할 수 있다.
25의5.3.1.3. 통로 위 천정에 설치 된 모니터 등 영상 장치와 접하지 않아야 한다. 다만, 좌석 승객 운송 전용 승합자동차의 경우에는 모니터 등 영상 장치를 이동시키는데 소요되는 힘이 최대 20뉴턴이하 인 경우에는 그러하지 아니하다.
25의5.3.1.4. 좌석 또는 좌석의 열 전방에 출구가 없는 경우 다음의 기준에 적합하여야 한다.
25의5.3.1.4.1. 전방을 향한 좌석의 경우 측정 장치의 전면 끝부분은 가장 앞 열의 좌석등받이의 가장 앞쪽까지 도달 한 후 그 위치에서 유지할 수 있어야 하며, 그 상태에서 전체 높이가 1400mm(하단은 900mm)이고 폭이 450mm(하단은 300mm)로서 두께가 20mm 인 패널이 자동차 길이 방향의 전방으로 660mm까지 자유롭게 통과하여 이동 할 수 있어야 한다. 다만, 중형승합자동차로서 전방조종자동차이면서 원동기가 전방에 위치한 경우에는 패널의 전체 높이를 1100mm로 할 수 있다.
25의5.3.1.4.2. 중형승합자동차로서 전방조종자동차이면서 원동기가 전방에 위치한 경우에는 원동기 및 변속장치가 설치된 부근의 경우 측정장치의 높이를 1500mm로 하여 통과하는지 여부를 확인 할 수 있다.

25의5.3.1.4.3. 측면을 향한 좌석의 경우 측정장치의 전면부가 최소한 가장 앞 좌석의 중심을 통과하는 수직 평면까지는 도달하여야 한다.

25의5.3.1.4.4. 후방을 향한 좌석의 경우 측정장치의 전면부가 최소한 가장 앞 좌석의 쿠션의 앞부분까지 접하는 수직 평면까지는 도달하여야 한다.

25의5.3.1.4.5. 통로 좌·우측에 설치되는 좌석에 대해서는 측면으로 움직일 수 있으나 측정장치를 침범해서는 아니된다. 다만, 23인승을 초과하는 좌석승객운송전용 승합자동차 경우 측정장치의 하단 폭을 220밀리미터로 줄여서 적용 할 수 있다.

25의5.3.1.4.6. 굴절버스의 경우 승객이 통과하는 전·후 객실의 연결 부분을 측정장치가 자유롭게 통과할 수 있어야하며, 부드러운 표면을 포함하여 어떠한 부분도 측정장치로 침범이 되어서는 아니된다.

25의5.3.1.4.7. 통로에는 계단을 설치할 수 있으며 계단 윗부분의 너비는 통로의 너비보다 작아서는 아니되고 계단의 높이는 350밀리미터(입석승객운송전용 승합자동차와 승차정원 23인승 이하의 승합자동차의 경우 250mm) 이하여야 한다.

25의5.3.1.4.8. 통로의 표면은 거친 면으로 하거나 미끄러지지 아니하도록 마감하여야 한다.

25의5.3.1.4.9. 통로의 경사는 자동차 길이방향으로 8퍼센트(좌석승객운송전용 승합자동차의 경우에는 12.5퍼센트), 자동차 너비방향으로 5퍼센트 이하여야 한다.

25의5.3.1.4.10. 좌석이 설치되어 있는 경우 그림 25의5-1과 같이 전·후방향을 향한 좌석의 경우 눌리지 않은 좌석 쿠션의 상단 높이를 기준으로 전방 300mm 까지를 포함하지 아니하고, 옆면을 보는 좌석의 경우 225mm 까지 포함하지 않아야 한다.

25의5.3.1.4.11. 통로에 접이식 좌석을 설치한 경우 해당 좌석을 접을 경우 측정장치가 자유롭게 통과할 수 있는 지 여부를 확인한다.

25의5.3.1.4.12. 승차정원 23인승 이하 승합자동차의 경우 같이 다음의 경우를 모두 만족한다면 통로 규정을 만족한 것으로 볼 수 있다.

25의5.3.1.4.12.1. 자동차의 세로축과 평행하게 측정되었을 때, 그림25의5-2와 같이 특정지점에서의 간격이 220mm 이상이고 차실바닥 또는 계단 위 500mm 이상 지점에서의 간격이 550mm 이상인 경우

25의5.3.1.4.12.2. 자동차의 세로축과 수직하게 측정되었을 때, 그림25의5-3과 같이 특정지점에서의 간격이 300mm 이상, 차실바닥 위 1200mm 윗 지점 또는 천장 밑 300mm 아래 특정지점에서의 간격이 550mm 이상일 때

25의5.4 측정방법

25의2.4.1. 안전기준 별표5의29에서 규정 한 측정장치가 안전기준 및 25의5.3의 일반기준에서 규정한 예외 규정을 제외하고 승객공간 내에서 어떠한 구조물 및 장치와의 접촉 없이 자유롭게 통과할 수 있는 지를 확인한다.

25의2.4.2. 좌석 또는 좌석의 열 전방에 출구가 없는 경우에 측정장치는 다음 그림 25의 5-4 내지 25의5-6을 참조하여 규정 된 측정장치 및 패널이 이동할 수 있는지를 확인한다.

25의2.4.3. 통로에 접이식 좌석을 설치한 경우 당해 접이식 좌석을 접은 후 측정장치가 자유롭게 통과하는지 여부를 확인한다.

25의2.4.4. 접근 경로에 있는 차실 바닥의 최대 경사도를 측정한다.

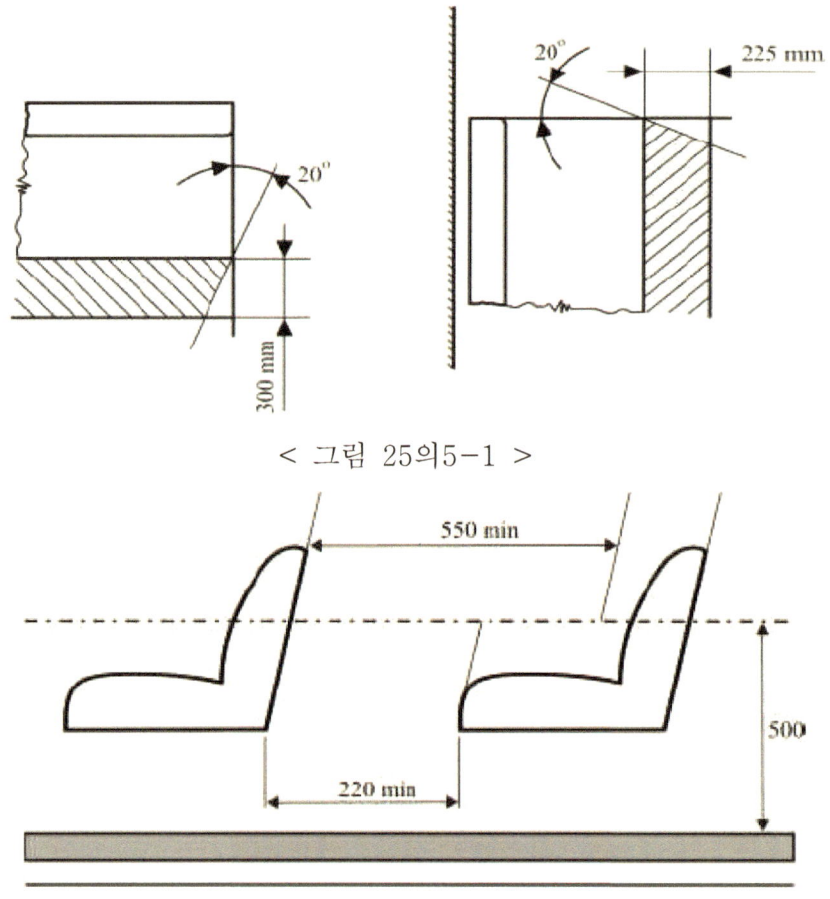

< 그림 25의5-1 >

< 그림 25의5-2 >

4. 자동차의 안전기준 확인 방법

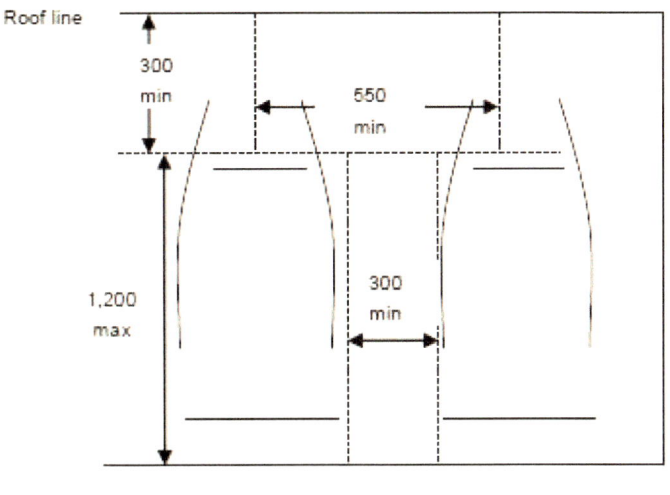

< 그림 25의5-3 >

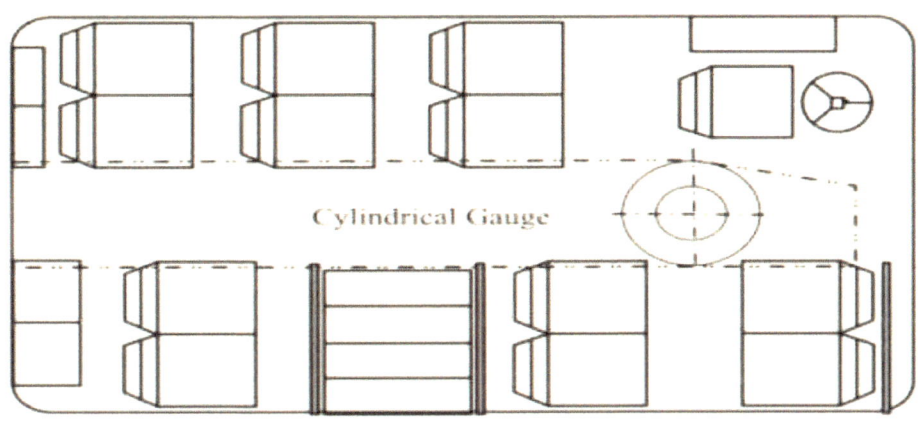

< 그림 25의5-4: 전방을 향한 좌석 >

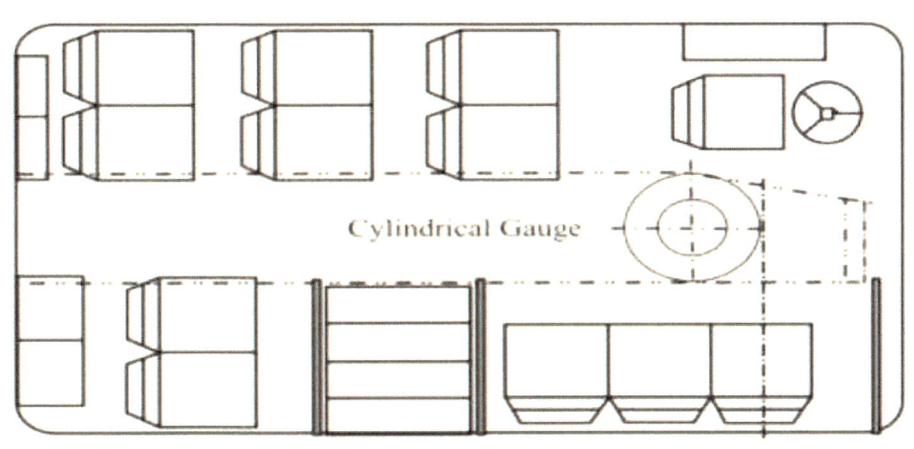

< 그림 25의5-5: 측면을 향한 좌석 >

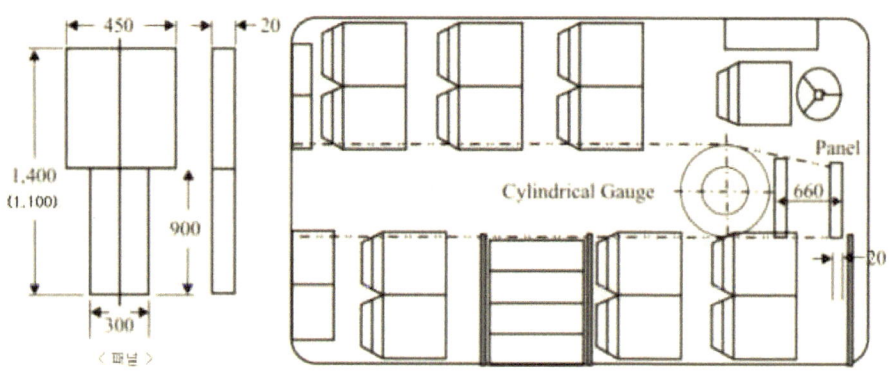

< 그림 25의5-6: 후방을 향한 좌석 >

4. 자동차의 안전기준 확인 방법

26. 최대안전경사각도 시험

1. 적용범위
   본 규정은 사고예방을 위한 승합자동차를 제외한 자동차의 최대안전 경사각도 시험방법을 규정한다.
2. 측정조건
   1) 자동차는 공차상태로 하고 좌석은 정위치에 창유리 등은 닫은 상태로 한다.
   2) 측정단위는 도(°)로 하고 소수 첫째자리까지 측정한다.
3. 측정방법
3.1 경사각도 측정기를 사용하는 경우
   1) 경사각도 측정기에 설치된 차륜 정지장치에 좌측 또는 우측의 모든 차륜을 밀착시키고 차륜 정지장치 반대측의 모든 차륜이 경사각도 측정기의 답판에서 떨어지는 순간 답판이 수평면과 이루는 각도를 좌측방향과 우측방향에 대하여 각각 측정한다. 이 경우, 공기 스프링장치를 가진 자동차에 대하여는 레벨링밸브가 작동하지 않은 상태로 한다.
   2) 차륜 정지장치는 다음 그림 중 하나를 선택하는 것으로 한다.

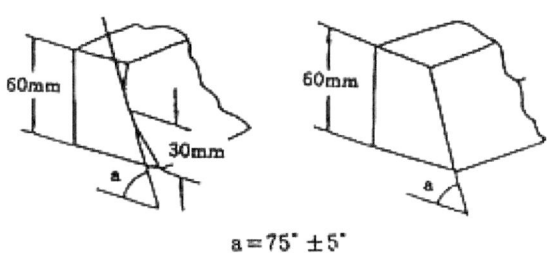

[그림 3-1] 차륜 정지장치

3.2 경사각도 측정기를 사용하지 않는 경우
   아래의 어느 한 방법에 의해 무게중심위치, 무게중심높이 및 안정폭을 구해 그들의 값에서 최대안전경사각도를 계산에 의해 구한다.
   1) 무게중심 위치와 무게중심높이
      가. 수평상태와 경사상태에 대한 접지하중을 측정하여 산출하는 경우
         가) 삼륜자동차(산식3-1) $L° = \dfrac{W_2}{W} L$

(산식3-2) $M = \dfrac{(W_{r_2} - W\ell_2)T_2}{2W}$

(산식3-3) $H = R + \dfrac{L(W'_2 - W_2)\sqrt{L^2 - h^2}}{W \times h}$

나) 4륜자동차 (산식3-4) $L° = \dfrac{W_2}{W} L$

(산식3-5) $M = \dfrac{(W_{r_1} - W\ell_1)T_1 + (W_{r_2} - W\ell_2)T_2}{2W}$

(산식3-6) $H = R + \dfrac{L(W'_2 - W_2)\sqrt{L^2 - h^2}}{W \times h}$

Lo : 자동차를 수평으로 한 경우에 제1축에서 무게중심까지의 자동차 중심선방향의 수평거리

M : 자동차를 수평으로 한 경우에 무게중심에서 자동차 중심선을 포함한 연직면에 수직한 거리

H : 자동차를 수평으로 한 경우에 기준면에서 무게중심까지의 높이

R : 타이어의 유효반경(전후 타이어의 유효반경이 다를때는 그 평균치)

L : 제1축에서 최후차축까지의 거리

Tn : 제n축의 윤거, 단 복륜에 대해서는 외측차륜의 윤거와 내측차륜의 윤거의 평균치

Wrn : 자동차를 수평으로 한 경우의 제n축 우측차륜의 접지하중(복륜의 경우에는 외측차륜과

4. 자동차의 안전기준 확인 방법

내측차륜의 접지하중의 합 또는 동시에 측정한 접지하중)

- W_n : 제n축의 접지하중
- WL_n : 자동차를 수평으로 한 경우에 제n축의 좌측차륜의 접지하중(복륜의 경우에는 상기와 동일)
- W : 차량중량
- h : 제1축 차륜을 들어올린 경우의 높이
- W'_n : 제1축 차륜을 h높이만큼 들어올린 경우의 제n축의 접지하중. 또한, 제1축 차륜을 드는 것 대신에 제2축을 들어올려 상기의 각 식에 근거를 두고 무게중심위치 및 높이를 구해도 좋다.

나. 경사각도 측정기에 의한 경우(경사각도 측정기의 측정 가능한 최대각도가 측정자동차의 최대안전경사각도 보다 작은 경우)경사각도 측정기의 답판중간에서 답판의 길이방향과 자동차 중심선이 평행이 되도록 고정한 후, 답판을 수평으로 한 경우와 자동차를 측방으로 같은 높이로 경사지게 한 경우에 각 지점의 하중변화량을 측정하여 다음 식에 의해 산출한다.

(산식3-10) $\quad L° = \dfrac{W_3 + W_3}{W} \ell - a$

(산식3-11) $\quad M = b - \dfrac{W_2 - W_4}{W} m$

(산식3-12) $\quad H = \dfrac{(W'_2 + W'_4) - (W_2 + W_4)}{W}$

- L_o : 자동차를 수평으로 한 경우에 제1축에서 자동차의 무게중심까지의 자동차 중심선 방향의 수평거리
- M : 자동차를 수평으로 한 경우에 중심선을 포함하는 수직평면에서 자동차의 무게중심까지의 거리
- H : 자동차를 수평으로 한 경우에 기준면에서 무게중심까지의 거리

L : 경사각도 측정기의 제1지점과 제3지점(제2지점과 제4지점)의 간격
m : 경사각도 측정기의 제1지점과 제2지점(제3지점과 제4지점)의 간격
a : 경사각도 측정기의 답판면에 투영된 제1지점과 제2지점을 연결한 직선과 자동차 제1축과 자동차 중심선의 교점과의 거리
b : 경사각도 측정기의 답판면에 투영된 제1지점과 제3지점을 연결한 직선과 자동차 제1축과 자동차 중심선의 교점과의 거리
Wn : 경사각도 측정기의 답판을 수평상태로 하여 자동차를 그 윗면에 올려놓았을 때 발생한 제n지점의 하중
W'n : 경사각도 측정기의 답판을 경사시킨 상태로 하여 자동차를 그 윗면에 올려놓았을 때 발생한 제n지점의 하중
W : 차량중량(=W1 + W2 + W3 + W4)
β : 경사각도측정기의 답판을 경사시킨 각도
t : 경사각도 측정기의 답판 윗면과 아래면과의 수직거리

다. 자동차 부분마다의 무게중심위치를 미리 알고서 산출하는 경우 자동차를 수평으로 했을 때 제1축을 기준면에 투영한 투영선과 자동차의 중심선과의 교점을 원점으로 해서, 중심선 방향을 X축, 좌우측차륜의 방향을 Y축, X, Y축에 수직인 Z축을 잡고 자동차의 각 부분마다 중량과 무게중심의 좌표를 실측 또는 계산으로 구하여 다음 식으로 전체 무게중심위치를 산출한다.

(산식3-13) $Lo = \dfrac{\sum_{n-1} n(WnXn)}{W}$

(산식3-14) $M = \dfrac{\sum_{n-1} n(WnYn)}{W}$

(산식3-15) $H = \dfrac{\sum_{n-1} n(WnZn)}{W}$

또한 이 방식을 응용하여 자동차의 각륜 아래에 중량계를 위치시켜, 답판의 길이방향과 자동차의 중심선이 평행이 되도록 고정한 후, 답판을 수평으로 한 경우와 자동차를 측방으로 경사지게 한 경우에 각 지점의 하중변화량을 측정하여 다음 산식에 의해 산출한다.

(산식3-16) $Lo = \dfrac{wr}{w} L$

4. 자동차의 안전기준 확인 방법

(산식3-17) $M = \dfrac{(wfr - wf\ell)T_1 + (wrr - wr\ell)T_2}{2 \times W}$

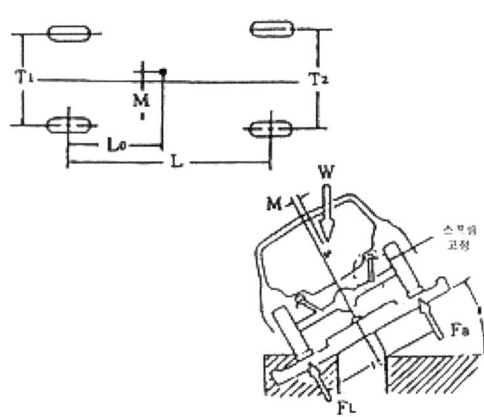

(산식3-18) $H = (F\ell - Fr)\left(\dfrac{\ell}{2 \times w \times \sin\theta}\right) + \dfrac{M}{\tan\theta}$

w   : 차량중량
wr : 후축중
wfr : 우측 전륜하중
wf L : 좌측 전륜하중
wrr : 우측 후륜하중
wr L : 좌측 후륜하중
Fr : 경사각 β일때의 우측륜의 하중
F L : 경사각 β일때의 좌측륜의 하중
Lo : 전축에서 길이방향으로 중심위치까지의 거리
M : 차량 중심선에서 길이방향으로 중심위치까지의 거리(mm)
L_1 : 축거
T_1 : 전륜윤거
T_2 : 후륜윤거
ℓ : $\dfrac{T_1 + T_2}{2}$

2) 안정폭

자동차의 차종 및 구조에 따라 다음의 각 식으로 좌측 및 우측의 안정폭을 계산한다.

가. 3륜 자동차

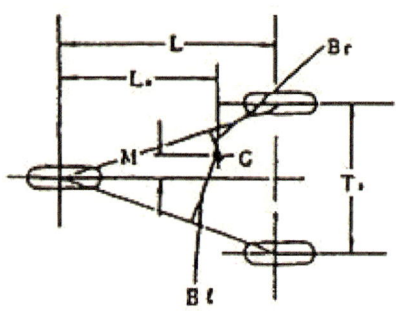

(산식3-19) $Br = \dfrac{\dfrac{Lo \cdot T_2}{2} - Lo \cdot M}{\sqrt{L^2 + \dfrac{T_2^2}{4}}}$

(산식3-20) $B\ell = \dfrac{\dfrac{Lo \cdot T_2}{2} + Lo \cdot M}{\sqrt{L^2 + \dfrac{T_2^2}{4}}}$

나. 4륜이상의 자동차

차륜의 배열 및 구조에 따라 (a)~(d)에 의해 안정폭에 관한 축간거리 L'및 윤거 T'$_1$, T'$_2$로 부터 안정폭을 산출한다.

(산식3-21) $Br = \dfrac{\dfrac{T'_2}{2}\left(\dfrac{T'_1}{T'_2 - T'_1} L' + L'_o\right) - \dfrac{T'_2}{T'_2 - T'_1} L' \cdot M}{\sqrt{\left(\dfrac{T'_2}{T'_2 - T'_1}\right)^2 L'^2 + \dfrac{T'^2_2}{4}}}$

(산식3-22) $B\ell = \dfrac{\dfrac{T'_2}{2}\left(\dfrac{T'_1}{T'_2 - T'_1} L' + L'_o\right) - \dfrac{T'_2}{T'_2 - T'_1} L' \cdot M}{\sqrt{\left(\dfrac{T'_2}{T'_2 - T'_1}\right)^2 L'^2 + \dfrac{T'^2_2}{4}}}$

4. 자동차의 안전기준 확인 방법

가) 4륜자동차

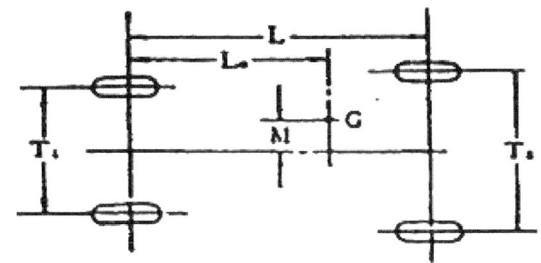

$L' = L$
$L'_0 = L_0$
$M' = M$
$T'_1 = T_1$
$T'_2 = T_2$

나) 4륜자동차(2중타이어)

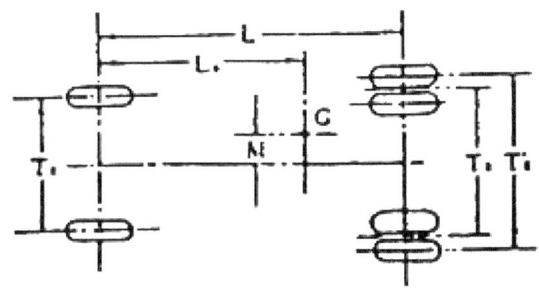

$L' = L$
$L'_0 = L_0$
$M' = M$
$T'_1 = T_1$
$T'_2 =$ 후축의 외측 차륜의 윤간거리

다) 전2축차

$L' = L$
$L'_0 = L_0$
$M' = M$
$T'_1 = T_1$
$T'_2 =$ 후축의 외측 차륜의 윤간거리

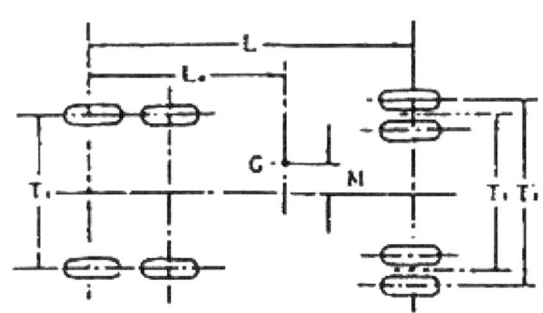

라) 후2축차(고정폭의 경우)

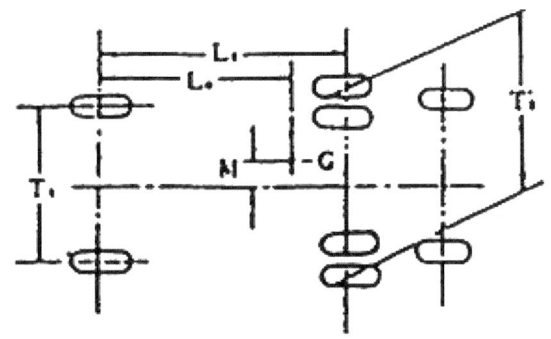

$L' = L$
$L'_0 = L_0$
$M' = M$
$M'_1 = T_1$
$T'_2 =$ 후축의 외측 차륜의 윤간거리

3) 최대안전 경사각도의 산출

3.2.1 및 3.2.2에서 서술한 어느 한 방법에 의해 구한 무게중심, 높이 및 안정폭에서 다음의 각 식에 의해 좌측 및 우측의 최대안전 경사각도를 구한다.

(산식3-23) 우측 : $\beta = \tan^{-1}\dfrac{Br}{H}$

(산식3-24) 좌측 : $\beta = \tan^{-1}\dfrac{B\ell}{H}$

β : 최대안전 경사각도(°)
H : 무게중심높이
Br : 우측 안정폭
BL : 좌측 안정폭

(3) 폴 트레일러(pole-trailer)는 공차상태에서 좌우의 최외측 차륜의 접지면 중심의 간격이 지면으로 부터 하대 상면까지 높이의 1.3배 이상일 경우에는 최대 안전경사각도의 기준을 만족하는 것으로 볼 수 있다.

4. 자동차의 안전기준 확인 방법

26의2. 승합자동차의 최대안전경사각도 시험

1. 적용범위
   본 규정은 사고예방을 위한 승합자동차의 최대안전 경사각도 시험방법을 규정한다.
2. 정의
   1) "승차인원 무게중심 위치"이라 함은 좌석 승차인원의 경우 착석기준점 전방 100밀리미터이고 상방 100밀리미터 인 지점을 말하며, 입석인원의 경우 차실 바닥으로부터 상방 875밀리미터 인 지점을 말한다.
   2) "차체 회전각"이라 함은 공차상태에서 승합자동차를 경사각도 측정기를 이용하여 당해 승합자동차의 차체가 기울어진 각을 말한다.
   3) "차체 회전 중심 높이"이라 함은 공차상태에서 승합자동차를 경사각도 측정기를 이용하여 기울였을 때 차체의 회전 중심이 되는 높이를 말한다.
3. 측정조건
   1) 자동차는 적차상태로 하고 좌석은 정위치에 창유리 등은 닫은 상태로 한다.
   2) 승차인원의 적재는 규정 된 중량을 승차인원 무게중심 위치에 적재한다.
   3) 측정단위는 도(°)로 하고 소수 첫째자리까지 측정한다.
4. 측정방법
   1) 공차상태에서 각 차륜의 중량을 측정한 후 승차인원 무게중심 위치를 감안한 적차상태에서의 각 차륜의 중량을 산정한다.
   2) 공차상태에서 시험 차량의 차체 중심에 각도기를 고정시킨 후 경사각도 측정기에 설치된 차륜 정지장치에 좌측 또는 우측의 모든 차륜을 밀착시키고 차체 회전 중심 높이를 확인하기 위하여 그림1과 같이 차체의 외측 끝단의 한 지점에서 측정기 답판까지의 높이(a)를 측정한다.

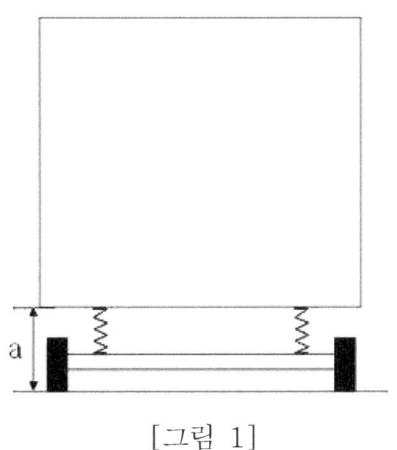

[그림 1]

3) 공차상태에서 경사각도 측정기를 기울여 차륜이 측정기에서 이탈되지 않는 최대 기울기에서 그림2와 같이 측정기의 기울기와 차체 기울기의 차이(ψ) 및 차체의 외측 끝단의 한 지점과 동일한 지점에서 측정기 답판까지의 수직 높이(a')를 측정한다. 단, 이때에 측정 지점은 2)에서 측정한 지점과 동일한 위치이어야 한다.

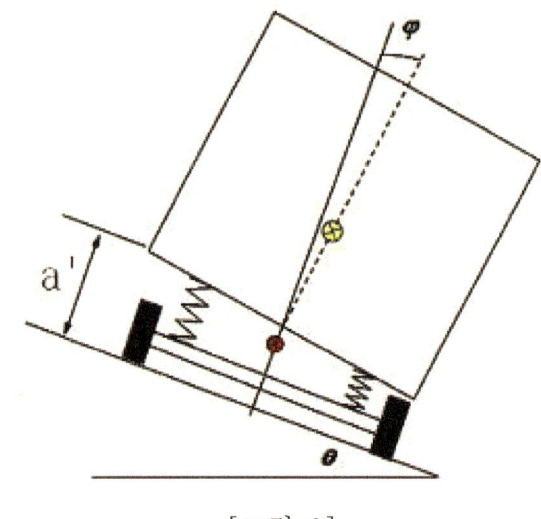

[그림 2]

4) 공차상태에서 경사각도 측정기를 기울여 시험자동차가 전복되기 직전까지의 좌측 또는 우측의 최대안전경사각도를 측정한다.
5) 차륜 정지장치는 다음 그림 중 하나를 선택하는 것으로 한다.

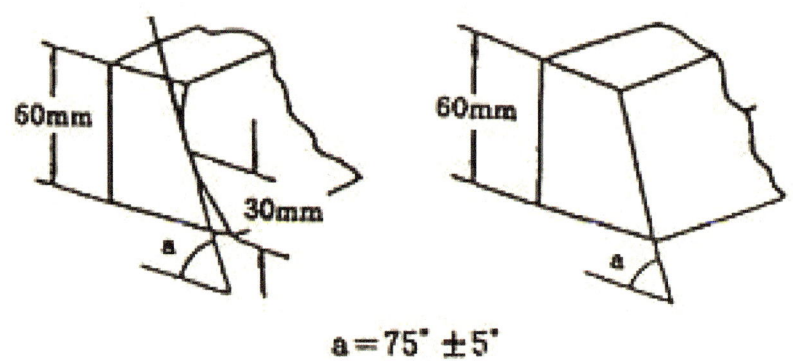

[그림 3] 차륜 정지장치

4. 자동차의 안전기준 확인 방법

6) 상기에서 측정 된 값을 이용하여 차체의 전복율을 아래 산식에 따라 구한다.
   (산식 1)

$$\text{전복율} \quad R_\varphi = \frac{(H'-h)M'g}{(H-h)Mg} \times \frac{\varphi}{\tan\theta}$$

7) 안정폭을 아래 산식에 따라 구한다.
   (산식 2)

$$\text{안정폭} \quad b_r = \frac{\cos(\tan^{-1}\frac{T_f - T_r}{2\times(W.B.)}) \times (W_f \times T_f + W_r \times T_r)}{W_f + W_r}$$

   여기서, W.B.: 축간거리
   T_f : 앞바퀴의 윤간 거리
   T_r : 뒷바퀴의 윤간 거리(복륜의 경우 최외측 타이어의 중심간의 거리)
   W_f : 앞바퀴에 걸리는 하중(좌측 또는 우측의 윤하중)
   W_r : 뒷바퀴에 걸리는 하중(좌측 또는 우측의 윤하중)

8) 아래 산식에 따라 적차상태의 최대안전경사각도를 계산한다.
   (산식 3)

$$\text{최대안전경사각도} \quad \theta = \tan^{-1}\left[\frac{b_r}{H}\left[\frac{1}{1+R_\varphi(1-h/H)}\right]\right]$$

   여기서, b_r : 안정폭
   H : 적차상태의 무게중심높이
   R_φ : 전복율
   h : 차체 회전 중심 높이 [$(a-h)^2 + b^2 = (a'-h)^2 + b'^2$]

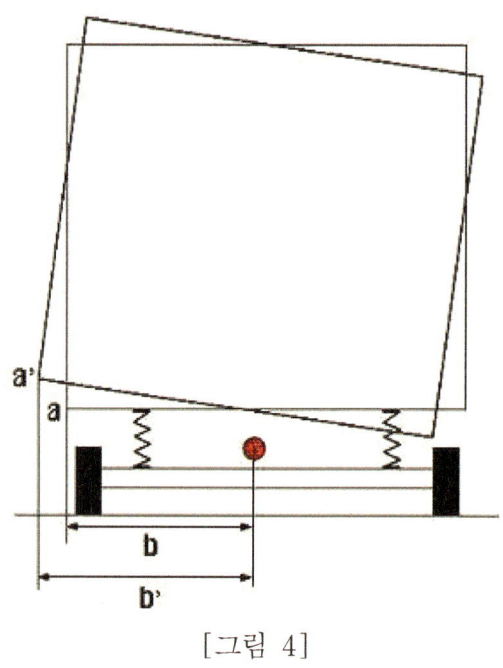

[그림 4]

5. 결과값 판정
 1) 상기 공차상태에서 최대안전경사각도를 측정하여 산식에 의해 구해진 적차 상태의 최대 안전경사각도가 안전기준 제8조 에서 정한 기준에 적합한지 여부를 확인한다.
 2) 1)호에도 불구하고 적차상태에서 경사각도 측정기를 사용하여 안전기준 제8조에서 정한 기준에 적합한 지 여부를 확인 할 수 있으며, 이 경우에는 승차인원 무게중심 위치에 적재를 하여야 한다.

4. 자동차의 안전기준 확인 방법

27. 전동식 창유리, 선루프, 격실문의 자동반전장치

1. 적용범위 : 이 규정은 전동식 창유리, 선루프, 격실문의 자동반전장치의 측정 방법에 대하여 규정한다.

2. 측정장비
2.1 반강체 원통
   · 지름 5mm, 25mm, 50mm, 200mm(탄성계수 : 1.0kg/mm)
2.2 위치계(Position Transducer)
   (300mm 범위) - 창문, 격실문, 선루프의 열림 측정
2.3 연속기록계(Continuous Recorder)
   시간에 대한 창유리, 격실문, 선루프의 작용력, 열림거리, 속도 측정

3. 측정조건
3.1 평탄하고 건조한 노면의 주차상태에서 측정한다.
3.2 엔진작동을 제어하는 key의 위치는 "ON", "ACCESSORY" ,"STARTER" 상태에서 측정한다.

4. 측정범위
   모든 상태 전 범위에 걸쳐서 측정한다.

5. 측정방법
5.1 전동식 창유리, 선루프, 격실문의 주작동스위치, 개별작동스위치 및 원격작동위치를 확인한다.
5.2 엔진작동을 제어하는 KEY가 "ON", "ACCESSORY" 위치에서 주작동스위치, 개별작동스위치, 원격작동스위치를 각각 사용하여 2회의 여닫기를 실시한다.
5.3 창유리. 선루프, 격실문이 열린 상태에서 닫히는 도중 어느 위치에서도 프레임과 창유리, 선루프, 격실문의 모서리 사이에 5mm, 25mm, 50mm, 200mm의 반강체원통을 넣어, 최초로 닿는 부분의 작용력과 반전거리를 측정한다.
5.4 반강체원통의 창유리, 선루프, 격실문 사이에서 접촉방식은 붙임 1과 같다.
5.5 측정된 작용력과 반전거리가 안전기준에 적합한지를 확인한다.

(붙임 1)

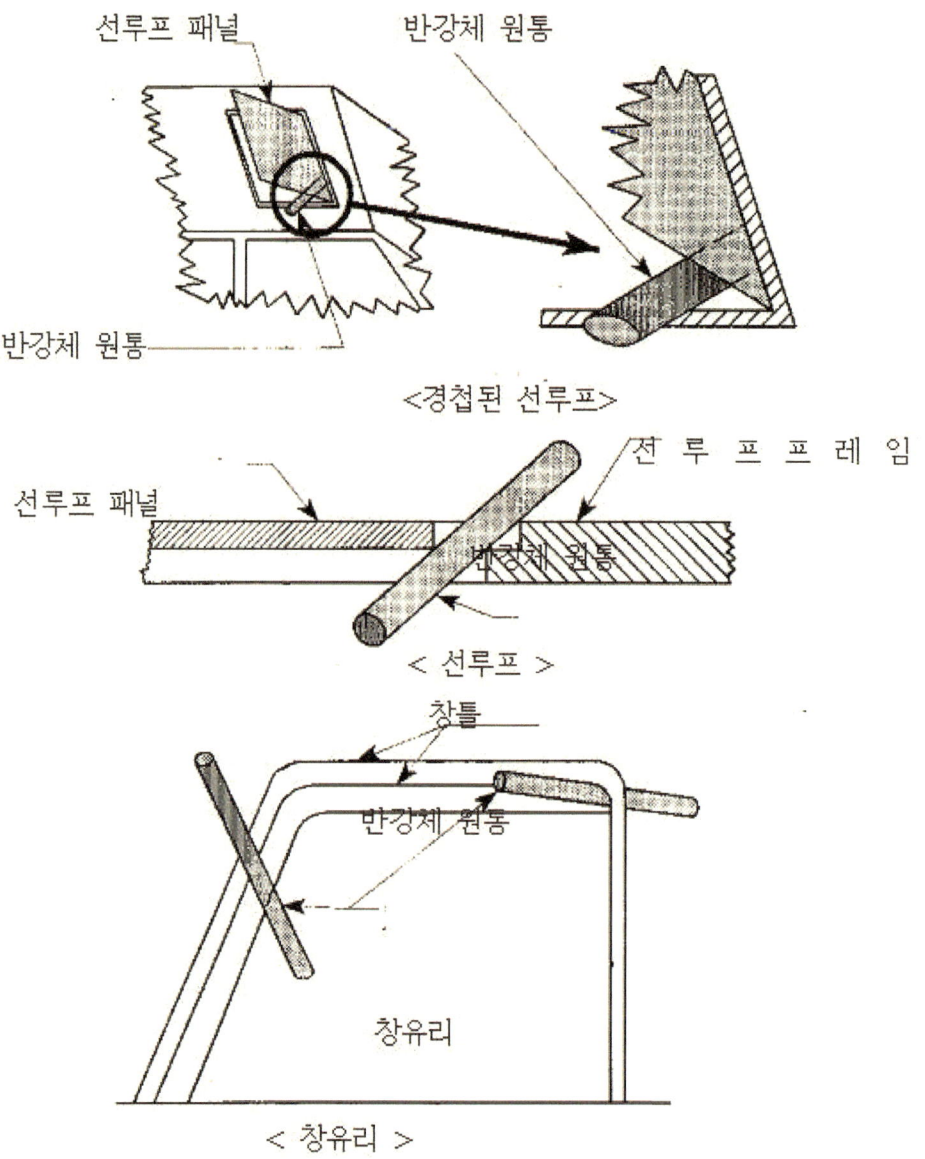

4. 자동차의 안전기준 확인 방법

29. 어린이운송용승합차의 승강구 주위 어린이 확인 방법

1. 적용범위
   이 규정은 어린이운송용승합차의 승강구 주위 승하·차하는 어린이를 확인하는 방법에 대하여 규정한다.
2. 측정기준
   안전기준 제50조 제3항의 기준에 적합하여야 한다.
3. 측정조건
3.1. 자동차는 공차상태로 하고 직진상태로 수평한 수평면(이하 "기준면"이라 한다)에 놓여진 상태로 한다.
3.2. 타이어의 공기압력은 보통의 주행에 필요한 표준공기압(타이어에 표시된 공기압력 또는 제작자가 제시한 공기압력)으로 한다.
3.3. 측정단위는 밀리미터로 한다.
3.4. 착석기준점은 별표2의 28. 제2.4에 따른다.
4. 측정방법
4.1. 차체 후부의 상단부분을 확인할 수 있도록 후사경을 고정한다.
4.2. 그림1과 같이 승강구의 가장 늦게 닫히는 부분의 차체로부터 자동차길이방향의 수직으로 300밀리미터 떨어진 지점에 직경 30밀리미터 및 높이 1천200밀리미터의 관측봉을 설치한다.
4.3. 그림2와 같이 운전자 좌석의 착석기준점으로부터 위로 635밀리미터의 위치에서 관측봉을 보았을 때 관측봉의 전부가 보이는지 확인한다.
4.4 추가 후사경 또는 장치를 장착하였을 경우에는 위의 4.2부터 4.3의 시험방법으로 재확인하여 관측봉의 전부가 보이는지 확인한다.

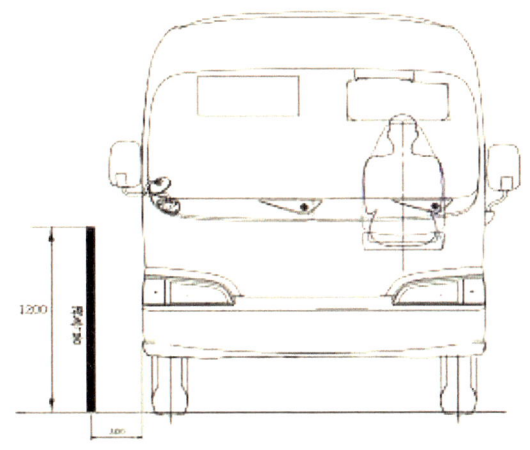

그림1. 관측봉 설치

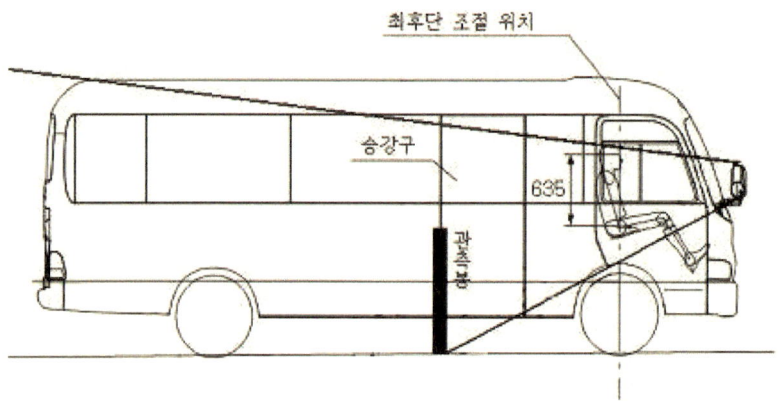

그림2. 운전자시계확보 범위 확인

30. 어린이 하차확인장치 시험

1. 적용범위
   본 규정은 운행종료 후 운전자에게 어린이운송용 승합자동차의 차실내에 어린이가 남아있는지를 확인하도록 유도하기 위해 설치하는 어린이 하차확인장치에 대한 세부기준 및 시험방법을 정한 것으로 안전기준 제53조의4에 따라 설치된 어린이 하차확인장치에 적용한다.

2. 정의
2.1. "동특성"이란 소리변동에 대한 소리측정기기의 응답속도를 말한다.
2.2. "F특성"이란 소리측정기기의 기능 중 동특성이 1/8초인 Fast(빠름) 특성을 말한다.
2.3. "청감보정회로"란 주파수에 대한 인체의 청감 특성을 보정하기 위해 소리측정기기에 보정특성을 구현한 것을 말한다.

3. 제출서류
3.1. 시험자동차 및 어린이 하차확인장치 제원(별지 제30호 서식)
3.2. 장착위치, 설계도면, 작동원리 및 기타 시험과 관련하여 필요한 자료

4. 시험기준
4.1. 안전기준 제53조의4의 기준에 적합해야 한다.
4.2. 음성메세지는 차량 내에 어린이가 남아 있을 수 있고 이에 대한 확인이 필요함을 알리는 내용이 포함되어야 하며, 차량 밖에서 명확히 알아들을 수 있는 음성이어야 한다.
    (예 : "어린이가 타고 있는지 확인 하세요")
4.3. 경보음의 경우, 1/3옥타브 대역으로 측정하였을 때 최대 소음도가 나타나는 중심주파수 대역은 발생 횟수별로 서로 동일해야 하고 발생 횟수는 분당 40회 이상 80회 이하여야 한다.

5. 시험조건
5.1. 시험자동차
   시험자동차는 공차상태여야 하고 배터리는 완충 상태여야 한다.
5.2. 측정장비(소리측정기기)
   소리를 측정하기 위해 사용되는 기기는 KS C IEC 61672-1에 따른 1등급 또는 동등 이상의 측정장비여야 하고 동특성은 "F특성"을 청감보정회로는 "A특성"을 이용하여 실시해야 한다. 측정장비는 교정기관을 통해 최소한 2년에 한 번 이상 적합성 여부를 확인해야 한다.

5.3. 교정기

소리측정기기에 대한 교정은 KS C IEC 60942에 따른 1등급 또는 동등 이상의 정밀도를 가지는 교정기에 의해 측정 전·후로 실시하며 측정 전·후 교정 값의 차이는 0.5 dB 이내여야 한다. 교정기는 교정기관을 통해 최소한 1년에 한 번 이상 적합성 여부를 확인해야 한다.

5.4. 시험장소

시험 장소는 ISO 10844:2014의 요건을 만족하는 장소 또는 건조하고 평탄한 아스팔트 노면이어야 하고, 측정 중심점으로부터 50 m 이내는 개방된 공간으로서 건물, 울타리 등의 대형 반사체가 없어야 한다.

5.5. 경고음 측정조건

5.5.1. 대기온도는 5℃~40℃ 이어야 하고, 지상높이가 1.2 m인 위치에서의 풍속이 5 m/s 이내인 상태에서 측정해야 한다.

5.5.2. 시험장 주변소음은 일시적인 큰소리에 방해되지 않도록 한 상태에서 10초 이상 측정하고, 측정 중에 기록되는 최대값을 결과값으로 한다. 주변소음은 경고음발생장치에서 발생되는 소리의 크기보다 10 dB 이상 낮은 값이어야 한다.

6. 시험방법

6.1. 경고음 및 표시등 작동시간

자동차의 원동기를 정지시키거나 시동장치의 열쇠를 작동 위치에서 제거한 시점으로 부터 경고음 및 표시등이 작동되는 시간을 2회씩 측정한다. 이때 2회 측정값 모두 기준(3분) 이내여야 한다.

6.2. 경고음

6.2.1. 마이크로폰 설치위치

마이크로폰은 그림1과 같이 차체의 전방 또는 후방 끝단으로부터 2 m ± 0.05 m 떨어지고 지상으로부터 높이가 1.2 m ± 0.05 m 인 위치에 설치한다. 마이크로폰의 방향은 지면과 수평이 되도록 하고 자동차의 중심선과 일치시킨다.

6.2.2. 경고음의 크기 측정방법

자동차의 원동기를 정지시킨 상태에서 경고음 발생장치로 부터 발생되는 소리의 크기를 5초 이상 측정하되 소리크기의 변동주기(음성 메세지의 경우에는 한 문장을 하나의 변동주기로 본다)가 최소 3개 이상 포함되도록 한다. 5초 이상 측정 중 최대치(F_{max})를 소수점 첫째 자리로 반올림한 값을 1회의 측정값으로 기록한다. 연속하여 3회를 측정하고 3회의 측정값을 산술평균 후 소수점 첫째 자리로 반올림한 값을 최종 결과값으로 한다.

6.2.3. 경보음의 음색 측정방법

40의2.6.2.2항의 경고음의 크기에 대한 측정과 함께 소리의 음색(음성 메시지는 제외한다)에 대해 측정 및 기록한다. 1/3옥타브 대역으로 측정하였을 때 최대 소음도가 나타나는 1/3

옥타브 중심주파수 대역을 기록한다.
6.3. 표시등
안전기준 제45조에 따른 비상점멸표시등 또는 안전기준 제48조제4항에 따른 표시등의 적합성 여부를 확인한다.
6.4. 보조시동장치 확인시험
안전기준 제13조제6항에 따른 보조시동장치가 있는 자동차의 경우에는 보조시동장치를 이용하여 어린이 하차확인장치의 경고음 및 표시등의 작동 여부를 확인한다.

7. 시험결과
시험결과를 별지 제30호 서식의 "어린이 하차확인장치 시험결과 기록표"에 기록한다.

⊕ : 마이크로폰   (단위 : 미터)

[그림 1] 마이크로폰 설치방법

(별지 제30호 서식)

어린이 하차확인장치 시험결과 기록표

제 작 사 : _____   차대번호 : _____

차   명 : _____   풍 향 : _____   풍 속: _____ m/s

차량형식 : _____   날 씨 : _____   기 온: _____ ℃

1. 어린이 하차확인장치 제원

항 목	내 용	항 목	내 용
표시등 유형		확인버튼 작동방식	
경고음 유형 (경고음 또는 음성)		확인버튼 설치위치	
경고음발생장치 설치위치		경보음 사용주파수 (1/3 옥타브)	

2. 시험결과

2.1. 소리의 크기

측정회수	주변소음 [dB(A)]	측정치 [dB(A)]	결과 [dB(A)]	기준 [dB(A)]	판정
1					
2					
3					

2.2. 경보음의 음색(음성메세지 제외)

측정회수	가장 높은 1/3옥타브 중심주파수(Hz)	발생횟수(40~80회/분)	판정
1			
2			
3			

4. 자동차의 안전기준 확인 방법

2.3. 경고음 및 표시등 작동시간

측정회수	경고음 작동시간(초)	표시등 작동시간(초)	판정	기준
1				3분 이내
2				

2.4. 경고음의 형식
2.4.1. 경고음은 발생과 정지가 반복되는 형식일 것 _____
2.4.2. 경고음을 일정한 간격으로 발생시킬 것 _____
2.4.3. 음성메세지의 적합성 및 명료성 _____

3. 표시등 적합여부(안전기준 제45조에 따른 비상점멸표시등 또는 제48조의 제4항에 따른 표시등) _____

4. 확인버튼 설치위치
　　차실 가장 뒷열에 있는 좌석 부근에 설치되어 있을 것 _____

담당자 의견 _____

담당자 _____　　시험일자 _____

확인자 _____　　시험장소 _____

TS 자동차 튜닝 업무 매뉴얼

5

자동차 및 자동차부품의 성능과 기준에 관한 규칙

자동차 및 자동차부품의 성능과 기준에 관한 규칙

(약칭: 자동차규칙)
[시행 2021. 8. 27.] [국토교통부령 제882호, 2021. 8. 27., 타법개정]

국토교통부(첨단자동차과) 044-201-3853

제1장 총 칙

제1조(목적) 이 규칙은 「자동차관리법」 제29조제3항·제4항, 제29조의3제1항·제4항, 제30조제1항, 제32조제1항, 제50조제2항 및 같은 법 시행령 제8조 및 제8조의2에 따라 자동차 및 이륜자동차의 구조 및 장치에 적용할 안전기준, 자동차자기인증기준과 자동차 및 자동차의 부품 또는 장치의 안전 및 성능에 관한 시험에 적용할 기준 및 방법을 정함을 목적으로 한다. <개정 1997. 1. 17., 2003. 2. 25., 2005. 8. 10., 2009. 1. 23., 2014. 2. 21., 2017. 1. 9., 2019. 12. 31., 2020. 12. 24.>

제2조(정의) 이 규칙에서 사용하는 용어의 뜻은 다음과 같다. <개정 1995. 7. 21., 1997. 1. 17., 1997. 8. 25., 1999. 2. 19., 2001. 4. 28., 2004. 8. 6., 2005. 8. 10., 2006. 4. 14., 2006. 10. 26., 2008. 1. 14., 2008. 12. 8., 2009. 1. 23., 2010. 3. 29., 2010. 11. 10., 2011. 3. 16., 2011. 8. 31., 2012. 2. 15., 2012. 7. 9., 2014. 6. 10., 2017. 1. 9., 2017. 11. 14., 2018. 7. 11., 2019. 12. 31., 2020. 12. 24., 2021. 8. 27.>

1. "공차상태"란 자동차에 사람이 승차하지 않고 물품(예비부분품 및 공구, 그 밖의 휴대물품을 포함한다)을 적재하지 않은 상태로서 연료·냉각수 및 윤활유를 가득 채우고 예비타이어(예비타이어를 장착한 자동차만 해당한다)를 설치하여 운행할 수 있는 상태를 말한다.
2. "적차상태"라 함은 공차상태의 자동차에 승차정원의 인원이 승차하고 최대적재량의 물품이 적재된 상태를 말한다. 이 경우 승차정원 1인(13세 미만의 자는 1.5인을 승차정원 1인으로 본다)의 중량은 65킬로그램으로 계산하고, 좌석정원의 인원은 정위치에, 입석정원의 인원은 입석에 균등하게 승차시키며, 물품은 물품적재장치에 균등하게 적재시킨 상태이어야 한다.
3. "축하중"이라 함은 자동차가 수평상태에 있을 때에 1개의 차축에 연결된 모든 바퀴의 윤중을 합한 것을 말한다.
4. "윤중"이라 함은 자동차가 수평상태에 있을 때에 1개의 바퀴가 수직으로 지면을 누르는

중량을 말한다.
5. "차량중심선"이란 차량좌표계[직진상태인 자동차의 수평상태를 기준으로 x축(앞쪽 '-', 뒤쪽 '+'), y축(오른쪽 '-', 왼쪽 '+') 및 z축(아래쪽 '-', 위쪽 '+')으로 구성되는 좌표계로서 별표 1에 따른 좌표계를 말한다. 이하 같다]에서 가장 앞의 차축의 중심점(앞차축이 설치되지 않은 3륜자동차의 경우에는 앞바퀴의 접지부분 중심점을 앞차축의 중심점으로 본다)과 가장 뒤의 차축의 중심점을 통과하는 직선[이륜자동차(측차를 붙인 이륜자동차를 포함한다)의 경우에는 앞·뒷바퀴(측차를 붙인 이륜자동차의 경우에는 측차를 제외한다)의 타이어접지부분 중심점을 통과하는 직선]을 말한다.
5의2. "수직종단면"이란 차량좌표계에서 x축과 z축을 포함하는 단면(x-z)을 말한다.
5의3. "수직횡단면"이란 차량좌표계에서 y축과 z축을 포함하는 단면(y-z)을 말한다.
5의4. "수평면"이란 차량좌표계에서 x축과 y축을 포함는 단면(x-y)을 말한다.
6. "차량중량"이라 함은 공차상태의 자동차의 중량을 말하며, 미완성자동차의 경우에는 미완성자동차 제작자가 해당 자동차의 안전 및 성능에 관한 시험 등에 적용하기 위하여 제시하는 자동차의 중량을 말한다.
7. "차량총중량"이라 함은 적차상태의 자동차의 중량을 말하며, 미완성자동차의 경우에는 미완성자동차 제작자가 해당 자동차의 안전 및 성능을 고려하여 제시하는 중량으로서 단계제작자동차 제작자가 최대로 제작할 수 있는 최대허용총중량을 말한다.
8. "풀트레일러"란 자동차 및 적재물 중량의 대부분을 해당 자동차의 차축으로 지지하는 구조의 피견인자동차를 말한다.
8의2. "저상트레일러"란 중량물의 운송에 적합하고 세미트레일러의 구조를 갖춘 것으로서, 대부분의 상면지상고가 1,100밀리미터 이하이며 견인자동차의 커플러 상부높이보다 낮게 제작된 피견인자동차를 말한다.
8의3. "세미트레일러"란 그 일부가 견인자동차의 상부에 실리고, 해당 자동차 및 적재물 중량의 상당 부분을 견인자동차에 분담시키는 구조의 피견인자동차를 말한다.
8의4. "센터차축트레일러"란 균등하게 적재한 상태에서의 무게중심이 차량축 중심의 앞쪽에 있고, 견인자동차와의 연결장치가 수직방향으로 굴절되지 아니하며, 차량총중량의 10퍼센트 또는 1천 킬로그램보다 작은 하중을 견인자동차에 분담시키는 구조로서 1개 이상의 축을 가진 피견인자동차를 말한다.
8의5. "모듈트레일러"란 초대형 중량물의 운송을 위하여 단독으로 또는 2대 이상을 조합하여 운행할 수 있도록 되어 있는 구조로서 하중을 골고루 분산하기 위한 장치를 갖춘 피견인자동차를 말한다.
9. "연결자동차"라 함은 견인자동차와 피견인자동차를 연결한 상태의 자동차를 말한다.
10. "접지부분"이라 함은 적정공기압의 상태에서 타이어가 지면과 접촉되는 부분을 말한다.
11. "조향비"라 함은 조향핸들의 회전각도와 조향바퀴의 조향각도와의 비율을 말한다.

12. 삭제 <2001. 4. 28.>
13. "승차정원"이라 함은 자동차에 승차할 수 있도록 허용된 최대인원(운전자를 포함한다)을 말한다.
14. "최대적재량"이라 함은 자동차에 적재할 수 있도록 허용된 물품의 최대중량을 말한다.
14의2. "공유구역"이란 손조작식 조종장치 또는 표시장치의 식별표시가 표시되는 구역 중에서 2개 이상의 식별표시, 식별부호 또는 그 밖의 메시지를 표시하지만 동시에 표시하지 않는 구역을 말한다.
15. "유효조광면적"이라 함은 등화렌즈의 바깥둘레를 기준으로 산정한 면적에서 반사기 렌즈의 면적과 등화부착용 나사머리부의 면적등을 제외한 면적을 말한다.
16. "간접시계장치"란 거울 또는 카메라모니터 시스템을 이용하여 자동차의 앞면, 뒷면 또는 옆면의 시계(視界)범위를 확보하기 위한 장치를 말한다.
16의2. "카메라모니터 시스템"이란 카메라와 모니터를 결합하여 간접시계확보를 하는 장치를 말한다.
17. "조향기둥"이라 함은 조향핸들축을 둘러싸고 있는 외장부분을 말한다.
18. "조향핸들축"이라 함은 조향회전력을 조향핸들에서 조향기어로 전달하는 축을 말한다.
19. "머리충격부위"라 함은 좌석을 앞뒤로 조절할 수 있는 경우에는 착석기준점 및 착석기준점 앞 127밀리미터의 지점(조절범위가 127밀리미터 이하인 경우에는 그 최대치)에서 위로 19밀리미터지점에서, 좌석을 앞뒤로 조절할 수 없는 경우에는 착석기준점에서 지름이 165밀리미터인 구형의 머리모형을 지닌 측정장치의 머리모형의 가장 윗부분을 736밀리미터(제98조의 규정에 의한 좌석등받이 시험의 경우에는 600밀리미터)에서 838밀리미터까지 조절할 때에 그 머리모형이 정적으로 접할 수 있는 표면중 유리면외의 차실안의 표면을 말한다.
20. "착석기준점"이라 함은 좌석(좌석을 앞뒤로 조절할 수 있는 경우에는 가장 뒤의 위치의 좌석을, 좌석을 위·아래로 조절할 수 있는 경우에는 가장 낮은 위치의 좌석을, 좌석의 등받이를 조절할 수 있는 경우에는 표준설계각도로 조절한 상태의 좌석을 말한다)에 착식시킨 인체모형의 상체와 골반사이의 회전중심점 또는 제작자등이 정하는 이에 상당하는 표준설계위치를 말한다.
21. "골반충격부위"라 함은 착석기준점에서 위로 178밀리미터, 아래로 102밀리미터, 앞으로 204밀리미터, 뒤로 51밀리미터로 결정되는 지면과 수직인 직사각형을 좌우로 이동할 경우 포함되는 부분을 말한다.
22. 삭제 <1995. 12. 30.>
23. "전방조종자동차"라 함은 자동차의 가장 앞부분과 조향핸들중심점까지의 거리가 자동차 길이의 4분의 1 이내인 자동차를 말한다.
24. "어린이보호용 좌석부착장치"란 어린이보호용 좌석을 부착구를 이용하여 자동차의 차체

또는 좌석 등에 고정시킬 수 있도록 되어 있는 장치를 말한다.
25. "바퀴잠김방지식 제동장치"라 함은 바퀴의 회전량을 감지·분석하여 바퀴의 제동력을 조절하여 줌으로써 제동시 바퀴의 미끄러짐량을 자동적으로 조절하여 주는 장치를 말한다.
25의2. "주제동장치"라 함은 주행 중에 주로 사용하는 제동장치를 말한다.
25의3. "비상제동장치"라 함은 주행 중에 주제동장치의 계통 중 하나의 계통에서 고장이 발생하는 경우 운전자가 자동차를 정지시키기 위하여 사용할 수 있는 제동장치를 말한다.
25의4. "자동제어제동"이란 운전자의 제동장치 조작과는 관계 없이 전자제어시스템에 의하여 자동차의 속도를 감소시키는 제동을 말한다.
25의5. "선택적 제동"이란 운전자의 제동장치 조작과는 관계 없이 전자제어시스템에 의하여 자동차의 균형을 유지시키는 제동을 말한다.
25의6. "긴급제동신호장치"란 자동차의 주행 중 급제동 시 제동감속도에 따라 자동으로 경고를 주는 장치 또는 그러한 기능을 갖춘 것을 말한다.
25의7. "자동차안정성제어장치"란 자동차의 주행 중 각 바퀴의 브레이크 압력과 원동기 출력 등을 자동으로 제어하여 자동차의 자세를 유지시킴으로써 안정된 주행성능을 확보할 수 있도록 하는 장치를 말한다.
25의8. "제동력지원장치"란 급제동시 제동페달에 가하여지는 힘이나 속도를 감지하여 제동력을 최대로 증가시키는 장치를 말한다.
26. "천연가스"라 함은 탄화수소가스와 증기의 혼합물로서 주로 메탄이 가스형태로 구성되어 있는 자동차용 연료를 말한다.
27. "천연가스용기"라 함은 자동차에 부착되어 자동차의 연료로 사용되는 천연가스를 저장하는 용기를 말한다.
28. "천연가스연료장치"라 함은 천연가스를 저장하는 용기와 엔진에 연료를 공급하기 위한 모든 장치를 말한다.
29. 삭제 <2001. 4. 28.>
30. 삭제 <2001. 4. 28.>
31. "천연가스연료장치의 고압부분"이라 함은 압축천연가스용기부터 첫번째 압력조정기까지의 부분중 첫번째 압력조정기를 제외한 부분을 말한다.
32. "어린이운송용 승합자동차"란 「도로교통법」 제2조제23호 각 목에 해당하는 시설에서 어린이(13세 미만을 말한다. 이하 같다)를 운송할 목적으로 운행하는 승차정원이 9인 이상인 자동차를 말한다.
33. "하이브리드자동차"라 함은 「환경친화적자동차의 개발 및 보급촉진에 관한 법률」 제2조제5호의 규정에 의한 하이브리드자동차를 말한다.

34. "2층대형승합자동차"라 함은 운전자 및 승객을 위하여 제공되는 차실의 전체 또는 일부분을 2층 구조로 하면서 위층에는 입석을 하지 아니하는 대형승합자동차를 말한다.
35. "굴절버스"란 각각 독립적인 차실을 갖춘 견인자동차와 피견인자동차를 연결하여 굴절이 되는 자동차로서 승객이 차실 사이를 자유롭게 이동할 수 있고, 연결부분이 쉽게 분리되지 아니하도록 되어 있는 자동차를 말한다.
36. 삭제 <2014. 6. 10.>
37. "보조제동장치"란 주제동장치의 부하를 감소시키기 위한 장치로서 장시간에 걸쳐 제동의 효과를 유지할 수 있는 리타더 및 배기제동장치 등을 말한다. 다만, 연동제동장치를 갖춘 「자동차관리법 시행규칙」 별표 1에 따른 초소형승용자동차(이하 "초소형승용자동차"라 한다), 초소형화물자동차(이하 "초소형화물자동차"라 한다) 및 이륜자동차의 경우에는 연동제동장치와 별도로 작동되는 주제동장치를 말한다.
38. "연동제동장치"란 초소형승용자동차 및 초소형화물자동차(이하 "초소형자동차"라 한다)와 이륜자동차의 모든 바퀴의 브레이크가 하나의 조종장치에 의하여 작동되는 주제동장치를 말한다.
39. "분할제동장치"란 초소형자동차와 이륜자동차의 주제동장치 내의 둘 이상의 계통 중 하나의 계통에 고장이 발생하더라도 다른 계통의 작동에 영향을 주지 아니하는 주제동장치로서, 하나의 조종장치로 모든 바퀴의 브레이크를 작동시키는 주제동장치를 말한다.
40. "보행자머리모형"이란 보행자보호를 위한 시험에 사용되는 성인머리모형 및 어린이머리모형을 말한다.
41. "보행자다리모형"이란 보행자보호를 위한 시험에 사용되는 상부다리모형 및 하부다리모형을 말한다.
42. "보행자머리충격부위"란 횡단경계선 1,000밀리미터부터 1,700밀리미터까지와 좌·우 측면기준선이 경계가 되는 어린이머리모형충격부위 및 횡단경계선 1,700밀리미터부터 2,100밀리미터와 좌·우 측면기준선이 경계가 되는 성인머리모형충격부위로 구성된 자동차 앞면 구조물 표면(창유리는 제외한다)을 말한다.
43. "보행자다리충격부위"란 보행자의 다리가 충격하는 자동차앞면에 설치된 범퍼시험영역을 말한다.
44. "횡단경계선"이란 줄자의 한쪽 끝을 범퍼 앞면에서 수직한 지면에 놓고 다른 한쪽 끝을 자동차 앞면 구조물 표면에 놓은 상태로 후드와 범퍼를 따라 좌우로 움직일 때 앞면 구조물 표면에 발생하는 접점의 연장선을 말한다.
45. "측면기준선"이란 직선자를 자동차의 너비방향면에 평행하고 지면에 수직하게 하여 자동차의 측면방향으로 45도 기울여서 자동차 측면표면과 접촉을 시킨 상태로 자동차의 측면을 따라 앞뒤로 움직일 때 직선지와 자동차구조물간의 가장 높은 접점의 연장선을 말한다.

46. "범퍼모서리"란 자동차의 길이방향면과 60도의 각도를 이루는 수직면이 범퍼의 외부 표면에 접촉하는 지점을 말한다.
47. "범퍼시험영역"이란 양쪽 두개의 범퍼모서리에서 자동차 중심방향으로 자동차너비방향과 평행하게 66밀리미터 이동한 지점과 자동차 수직종단면이 교차하는 지점에 의하여 경계가 되는 점퍼의 앞면표면을 말한다.
48. "범퍼하부기준선높이"란 직선자를 자동차길이방향면에 평행하고 지면에 수직하게 하여 직선자를 자동차길이방향 뒤쪽으로 25도 기울여 지면 및 범퍼표면과 접촉시킨 상태로 자동차의 앞면을 따라 좌우로 움직일 때 직선자와 범퍼간의 가장 낮은 접점의 연장선을 말한다.
49. 삭제 <2011. 10. 6.>
50. "전기자동차"란 「환경친화적자동차의 개발 및 보급촉진에 관한 법률」 제2조제3호에 따른 전기자동차를 말한다.
50의2. "저속전기자동차"란 「자동차관리법」 제35조의2에 따른 전기자동차를 말한다.
51. "전기회생제동장치"란 자동차를 감속시킬 때 발생하는 운동에너지를 전기에너지로 변환할 수 있는 제동장치를 말한다.
52. "고전원전기장치"란 자동차의 구동을 목적으로 하는 구동축전지, 전력변환장치, 구동전동기, 연료전지 등 작동전압이 직류 60볼트 초과 1,500볼트 이하이거나 교류(실효치를 말한다) 30볼트 초과 1,000볼트 이하의 전기장치를 말한다.
53. "구동축전지"란 자동차의 구동을 목적으로 전기에너지를 저장하는 축전지 또는 이와 유사한 기능을 하는 전기에너지 저장매체를 말한다.
54. "구동전동기"란 자동차의 구동을 목적으로 전기에너지를 회전운동하는 기계적 에너지로 변환하는 장치를 말한다.
55. "활선도체부"란 통상 사용상태에서 전기적으로 통전(通電)되는 도체(導體) 또는 도전성(導電性)부위를 말한다.
56. "타이어공기압경고장치"란 자동차에 장착된 타이어 공기압의 저하를 감지하여 운전자에게 타이어 공기압의 상태를 알려주는 장치를 말한다.
57. "수륙양용(水陸兩用)자동차"란 「자동차관리법」 제2조제1호에 따른 자동차로서 수상에서 항행할 수 있는 구조와 장치 등을 갖춘 자동차를 말한다.
58. "연료전지자동차"란 수소를 사용하여 발생시킨 전기에너지를 동력원으로 사용하는 자동차를 말한다.
59. "연료전지"란 수소를 사용하여 전기에너지를 발생시키는 장치를 말한다.
60. "차로이탈경고장치"란 자동차가 주행하는 차로를 운전자의 의도와는 무관하게 벗어나는 것을 운전자에게 경고하는 장치를 말한다.
61. "비상자동제동장치"란 주행 중 전방충돌 상황을 감지하여 충돌을 완화하거나 회피할

목적으로 자동차를 감속 또는 정지시키기 위하여 자동으로 제동장치를 작동시키는 장치를 말한다.
62. "비상탈출구"란 비상시 승객이 자동차 바깥으로 탈출하는데 사용하는 천정 또는 바닥의 개구부를 말한다.
63. "비상탈출장치"란 승강구, 비상문, 비상창문 및 비상탈출구를 말한다.
64. "자율주행시스템"이란 운전자 또는 승객의 조작 없이 주변 상황과 도로 정보 등을 스스로 인지하고 판단하여 자동차를 운행할 수 있게 하는 자동화 장비, 소프트웨어 및 이와 관련한 일체의 장치를 말한다.

제3조(구조 및 장치의 안전성 확보) 자동차 및 이륜자동차의 구조 및 장치는 안전운행을 확보할 수 있도록 제작되거나 정비되어야 한다.

제3조의2(자동차의 안전운행에 필요한 장치의 범위) 「자동차관리법 시행령」 제8조제2항제21호에서 "국토교통부령이 정하는 장치"란 제2조제64호에 따른 자율주행시스템을 말한다.
[본조신설 2020. 12. 24.]

제2장 자동차 및 이륜자동차의 안전기준

제1절 자동차의 안전기준

제4조(길이·너비 및 높이) ① 자동차의 길이·너비 및 높이는 다음의 기준을 초과하여서는 아니 된다. <개정 1997. 1. 17., 2017. 1. 9., 2020. 12. 1.>
1. 길이 : 13미터(연결자동차의 경우에는 16.7미터를 말한다)
2. 너비 : 2.5미터[간접시계장치·환기장치 또는 밖으로 열리는 창의 경우 이들 장치의 너비는 「자동차관리법」 제3조제1항제1호에 따른 승용자동차(이하 "승용자동차"라 한다)에 있어서는 25센티미터, 기타의 자동차에 있어서는 30센티미터. 다만, 피견인자동차의 너비가 견인자동차의 너비보다 넓은 경우 그 견인자동차의 간접시계장치에 한하여 피견인자동차의 가장 바깥쪽으로 10센티미터를 초과할 수 없다]
3. 높이 : 4미터

② 제1항에 따라 자동차의 길이·너비 및 높이를 측정할 때 다음 각 호의 기준에 따라야 한다. <개정 2018. 12. 31.>
1. 공차상태일 것
2. 직진상태에서 수평면에 있는 상태일 것
3. 차체 밖에 부착하는 간접시계장치, 안테나, 밖으로 열리는 창, 긴급자동차의 경광등 및 환기장치 등의 바깥 돌출부분은 이를 제거하거나 닫은 상태일 것
4. 적재 물품을 고정하기 위한 장치 등 국토교통부장관이 고시하는 항목은 측정대상에서

제외할 것

제5조(최저지상고) 공차상태의 자동차에 있어서 접지부분외의 부분은 지면과의 사이에 10센티미터 이상의 간격이 있어야 한다. 다만, 특수작업용자동차, 경주용자동차등 국토교통부장관이 당해 자동차의 제작목적상 필요하다고 인정하는 자동차의 경우에는 그러하지 아니하다. <개정 1995. 7. 21., 2008. 3. 14., 2013. 3. 23., 2018. 12. 31.>

제6조(차량총중량등) ① 자동차의 차량총중량은 20톤(승합자동차의 경우에는 30톤, 화물자동차 및 특수자동차의 경우에는 40톤), 축하중은 10톤, 윤중은 5톤을 초과하여서는 아니된다. <개정 2004. 8. 6., 2021. 8. 27.>

② 제1항의 규정에 의한 차량총중량·축하중 및 윤중은 연결자동차의 경우에도 또한 같다. <개정 2021. 8. 27.>

③ 초소형승용자동차의 경우 차량중량은 600킬로그램을, 초소형화물자동차의 경우 차량중량은 750킬로그램을 초과하여서는 아니 된다. <신설 2018. 7. 11.>

제7조(중량분포) ① 자동차의 조향바퀴의 윤중의 합은 차량중량 및 차량총중량의 각각에 대하여 20퍼센트(3륜의 경형 및 소형자동차의 경우에는 18퍼센트)이상이어야 한다. <개정 1995. 12. 30.>

② 견인자동차는 피견인자동차(풀트레일러를 제외한다)를 연결한 상태에서 제1항의 기준에 적합하여야 한다.

제8조(최대안전경사각도) 자동차(연결자동차를 포함한다)는 다음 각 호에 따라 좌우로 기울인 상태에서 전복되지 아니하여야 한다. 다만, 특수용도형 화물자동차 또는 특수작업형 특수자동차로서 고소작업·방송중계·진공흡입청소 등의 특정작업을 위한 구조·장치를 갖춘 자동차의 경우에는 그러하지 아니하다.

1. 승용자동차, 화물자동차, 특수자동차 및 승차정원 10명 이하인 승합자동차: 공차상태에서 35도(차량총중량이 차량중량의 1.2배 이하인 경우에는 30도)
2. 승차정원 11명 이상인 승합자동차: 적차상태에서 28도

[전문개정 2008. 12. 8.]

제9조(최소회전반경) ① 자동차의 최소회전반경은 바깥쪽 앞바퀴자국의 중심선을 따라 측정할 때에 12미터를 초과하여서는 아니된다. <개정 2012. 2. 15.>

② 제1항에도 불구하고 승합자동차의 경우에는 해당 자동차가 반지름 5.3미터와 12.5미터의 동심원 사이를 회전하였을 때 그 차체가 각 동심원에 모두 접촉되어서는 안 된다. <신설 2012. 2. 15., 2020. 2. 28.>

[전문개정 1999. 6. 28.]

제10조(접지부분 및 접지압력) 적차상태의 자동차의 접지부분 및 접지압력은 다음 각호의 기준에 적합하여야 한다.

1. 접지부분은 소음의 발생이 적고 도로를 파손할 위험이 없는 구조일 것

2. 삭제 <1999. 2. 19.>

3. 무한궤도를 장착한 자동차의 접지압력은 무한궤도 1제곱센티미터당 3킬로그램을 초과하지 아니할 것

4. 삭제 <1999. 2. 19.>

제11조(원동기 및 동력전달장치) ① 자동차의 원동기는 다음 각 호의 기준에 적합하여야 한다. <개정 1995. 7. 21., 1997. 8. 25., 2009. 1. 23.>

1. 원동기 각부의 작동에 이상이 없어야 하며, 주시동장치 및 정지장치는 운전자의 좌석에서 원동기를 시동 또는 정지시킬 수 있는 구조일 것

2. 삭제 <2011. 10. 6.>

3. 삭제 <1997. 8. 25.>

4. 삭제 <1997. 8. 25.>

② 자동차의 동력전달장치는 안전운행에 지장을 줄 수 있는 연결부의 손상 또는 오일의 누출등이 없어야 한다. <개정 2009. 6. 18.>

③ 경유를 연료로 사용하는 자동차의 조속기(연료 분사량 조정기를 말한다)는 연료의 분사량을 임의로 조작할 수 없도록 봉인을 해야 하며, 봉인을 임의로 제거하거나 조작 또는 훼손해서는 안 된다. <신설 1995. 7. 21., 2021. 8. 27.>

④ 초소형자동차의 최고속도가 매시 80킬로미터를 초과하지 않도록 원동기 및 동력전달장치를 설계·제작하여야 한다. <신설 2018. 7. 11.>

제12조(주행장치) ① 자동차의 공기압타이어는 별표 1의 기준에 적합하여야 한다. <개정 2014. 1. 2., 2017. 1. 9.>

② 자동차의 타이어 및 기타 주행장치의 각부는 견고하게 결합되어 있어야 하며, 갈라지거나 금이 가고 과도하게 부식되는 등의 손상이 없어야 한다.

③ 자동차(승용자동차를 제외한다)의 바퀴 뒤쪽에는 흙받이를 부착하여야 한다.
<개정 1995. 7. 21.>

④ 승용자동차와 차량총중량 3.5톤 이하의 승합(피견인자동차로 한정한다)·화물·특수자동차에 장착되는 휠은 제112조의11에 따른 기준에 적합하여야 하고, 브레이크라이닝 마모상태를 휠의 탈거(脫去) 없이 확인할 수 있는 구조이어야 한다. 다만, 초소형자동차는 제외한다.
<신설 2017. 1. 9., 2018. 7. 11.>

제12조의2(타이어공기압경고장치) ① 승용자동차와 차량총중량이 3.5톤 이하인 승합·화물·특수자동차에는 타이어공기압경고장치를 설치하여야 한다. 다만, 복륜(複輪)인 자동차, 피견인자동차 및 초소형자동차는 제외한다. <개정 2018. 7. 11.>

② 타이어공기압경고장치는 다음 각 호의 기준에 적합해야 한다. <개정 2020. 12. 24., 2021. 8. 27.>

1. 최소한 시속 40킬로미터부터 해당 자동차의 최고속도까지의 범위에서 작동될 것

2. 경고등은 다음 각 목의 기준에 적합할 것
　가. 시동장치의 열쇠가 원동기 작동 위치에 있는 상태에서 점등되고 정상상태 시 소등될 것. 다만, 공유구역에 표시되는 식별표시에서는 그렇지 않다.
　나. 운전자가 낮에도 운전석에서 맨눈으로 쉽게 식별할 수 있을 것
[본조신설 2011. 3. 16.]

제13조(조종장치등) ① 자동차에 설치된 다음 각호의 조종장치 및 표시장치는 운전자가 좌석안전띠(이하 "안전띠"라 한다)를 착용한 상태에서 쉽게 조작 및 식별할 수 있도록 배치하여야 한다. <개정 1995. 7. 21., 1997. 1. 17., 2003. 2. 25., 2010. 3. 29.>
1. 주시동장치·정지장치·가속제어장치 및 기타 원동기의 조작장치
2. 제동장치 및 동력전달장치의 조작장치
3. 변속장치·창닦이기·세정액분사장치·서리제거장치·안개제거장치·전조등·등화점등장치·비상경고신호등·방향지시등 및 경음기의 조작장치
4. 속도계·방향지시등·주행빔·연료장치·원동기냉각수·윤활유·제동경고등·충전장치 및 경제운전의 표시장치

② 가속제어장치의 복귀장치는 가속페달에서 작용력을 제거할 때에 원동기의 가속제어장치를 가속위치에서 공회전위치로 복귀시킬 수 있는 장치가 최소한 2개 이상이어야 하며, 변속장치의 조종레버(변속레버에 표시가 곤란한 경우에는 운전자가 식별하기 쉬운 위치)에는 변속단수별 조작위치를 표시하여야 한다.

③ 자동변속장치는 다음 각 호의 기준에 적합하여야 한다. <개정 1997. 1. 17., 2005. 8. 10., 2009. 6. 18., 2010. 11. 10., 2018. 7. 11., 2019. 12. 31.>
1. 중립위치는 전진위치와 후진위치 사이에 있을 것
2. 조종레버가 조향기둥에 설치된 경우 조종레버의 조작방향은 중립위치에서 전진위치로 조작되는 방향이 시계방향일 것
3. 주차위치가 있는 경우에는 후진위치에 가까운 끝부분에 있을 것. 다만, 순서대로 조작되지 아니하는 조종레버를 갖춘 경우에는 그러하지 아니하다.
4. 조종레버가 전진 또는 후진위치에 있는 경우 원동기가 시동되지 아니할 것. 다만, 다음 각 목의 어느 하나에 해당하는 자동차의 경우에는 그러하지 아니하다.
　가. 하이브리드자동차
　나. 전기자동차
　다. 원동기의 구동이 모두 정지될 경우 변속기가 자동으로 중립위치로 변환되는 구조를 갖춘 자동차
　라. 주행하다가 정지하면 원동기의 시동을 자동으로 제어하는 장치를 갖춘 자동차
5. 전진변속단수가 2단계 이상일 경우 매시 40킬로미터 이하의 속도에서 어느 하나의 변속단수의 원동기제동효과는 최고속변속단수에서의 원동기제동효과보다 클 것

④ 자동차에 별표 2에서 정하고 있는 손조작식 조종장치를 설치하는 경우에는 동표에서 정하는 조종장치의 식별단어·약어 또는 식별부호(이하 "식별표시"라 한다)를 표시하여야 하며, 조명기준에 적합하여야 한다. 다만, 조향기둥 좌우측에 위치한 방향지시등·비상점멸표시등·창닦이기 및 세정액분사장치등의 레버식조종장치의 경우에는 그러하지 아니하다. <개정 2014. 1. 2., 2017. 1. 9.>

⑤ 자동차의 차실안에 별표 2에서 정하고 있는 표시장치를 설치하는 경우에는 동표에서 정하는 식별표시를 표시하여야 하며, 조명 및 색상기준에 적합하여야 한다. 다만, 자동차장치의 작동여부 및 상태의 정상여부를 나타내 주는 표시장치(이하 "자동표시기"라 한다)가 자동표시기외의 표시장치와 함께 사용되는 경우 당해자동표시기에 대하여는 그러하지 아니하다.

⑥ 자동차에 보조시동장치(전파등을 이용한 원격시동장치를 말한다)를 설치할 경우에는 조종레버가 전진 또는 후진위치에 있는 경우 원동기가 시동(크랭킹의 경우를 제외한다)되지 아니하는 구조로 설치하여야 한다. <신설 1995. 7. 21.>

⑦ 화물자동차 및 특수자동차에 상하로 움직일 수 있는 가변축을 설치하는 경우에는 가변축 인접축에 다음 각 호의 하중 중 작은 하중을 초과하는 하중이 가해지면 자동으로 가변축을 하향시키고 상승조작이 불가능하며 총중량의 하중을 받아 하향된 가변축이 받는 하중은 인접축이 받는 하중의 30퍼센트부터 100퍼센트까지의 하중을 분담하는 구조로 설치해야 한다. <개정 2020. 12. 24., 2021. 8. 27.>

1. 제6조에 따른 축하중
2. 「자동차관리법 시행규칙」 별지 제25호서식에 따른 자동차제원표에 적힌 축별설계허용하중(이하 "축별설계허용하중"이라 한다)

⑧ 험로(險路) 탈출 등을 위해 가변축의 일시적 조작이 필요한 경우에는 제7항에도 불구하고 다음 각 호의 기준에 적합한 가변축 수동조작장치를 설치할 수 있다. <신설 2020. 12. 24.>

1. 각 축이 분담하는 하중은 15톤의 범위에서 축별설계허용하중의 130퍼센트를 초과하지 않을 것
2. 수동조작장치를 사용하여 가변축을 상승조작할 때 자동차의 전방방향으로 가변축보다 앞쪽에 설치된 차축 중 최소 1개 이상의 차축은 지면에서 들리지 않을 것
3. 자동차가 험로를 탈출한 후 매시 30킬로미터를 초과하기 전에 하중을 분담하기 위해 가변축이 자동으로 하강하기 시작하는 구조일 것

제14조(조향장치) ① 자동차의 조향장치의 구조는 다음 각 호의 기준에 적합해야 한다. <개정 2003. 2. 25., 2010. 11. 10., 2021. 8. 27.>

1. 조향장치의 각부는 조작시에 차대 및 차체등 자동차의 다른 부분과 접촉되지 아니하고, 갈라지거나 금이 가고 파손되는 등의 손상이 없으며, 작동에 이상이 없을 것
2. 조향장치는 조작시에 운전자의 옷이나 장신구등에 걸리지 아니할 것

3. 다음 각 목의 자동차 구분에 따른 해당 속도로 반지름 50미터의 곡선에 접하여 주행할 때 자동차의 선회원(旋回圓)이 동일하거나 더 커지는 구조일 것
   가. 승용자동차: 시속 50킬로미터
   나. 승용자동차 외의 자동차: 시속 40킬로미터(최고속도가 시속 40킬로미터 미만인 경우에는 해당 자동차의 최고속도)
4. 자동차를 최고속도(연결자동차의 경우에는 견인자동차의 최고속도를 말한다)까지 주행하는 동안 조향핸들이 비정상적으로 조작되거나 조향장치가 비정상적으로 진동되지 아니하고 직진 주행이 가능할 것. 다만, 제10호가목에 따른 조향장치에 의한 진동은 제외한다.
5. 자동차(연결자동차를 포함한다)가 정상적인 주행을 하는 동안 발생되는 응력(변형력)에 견딜 것
6. 조향장치(피견인자동차를 조향하는 제어장치를 포함한다)는 자기장이나 전기장에 의하여 작동에 영향을 받지 아니할 것
7. 조향장치의 결합구조를 조절하는 장치는 잠금장치에 의하여 고정되도록 할 것
8. 조향바퀴는 뒷바퀴에만 있어서는 아니 될 것. 다만, 세미트레일러는 그러하지 아니하다.
9. 조향장치 중 기계적인 강성이 필요한 모든 관련 부품은 제동장치 등과 같은 필수부품과 동등한 안전특성으로 충분한 크기를 갖추어야 하고, 그 부품의 고장으로 자동차를 조종하지 못할 것으로 우려되는 부품은 금속 또는 이와 동등한 특성을 갖는 재질로 제작되어야 하며, 정상적인 작동 중일 때에는 해당 부품에 심각한 변형이 발생하지 아니할 것
10. 조향장치의 기능을 저해시키는 고장(기계적인 부품의 고장은 제외한다)이 발생한 경우에는 운전자가 고장을 명백하게 확인할 수 있는 경고장치를 갖출 것. 다만, 다음 각 목의 어느 하나에 해당하는 경우에는 경고장치를 갖춘 것으로 본다.
    가. 고장 시 조향장치에 의도적으로 진동을 발생시키도록 하는 구조인 경우
    나. 고장 시 자동차(피견인자동차는 제외한다)의 조향조종력이 증가되는 구조인 경우
    다. 피견인자동차의 경우 고장 시 기계적인 표시기를 갖춘 구조인 경우

② 삭제 <2003. 2. 25.>
③ 조향핸들의 유격(조향바퀴가 움직이기 직전까지 조향핸들이 움직인 거리를 말한다)은 당해 자동차의 조향핸들지름의 12.5퍼센트이내이어야 한다.
④ 조향바퀴의 옆으로 미끄러짐이 1미터 주행에 좌우방향으로 각각 5밀리미터 이내이어야 하며, 각 바퀴의 정렬상태가 안전운행에 지장이 없어야 한다.

제14조의2(차로이탈경고장치) 승합자동차(경형승합자동차는 제외한다) 및 차량총중량 3.5톤을 초과하는 화물·특수자동차에는 차로이탈경고장치를 설치하여야 한다. 다만, 다음 각 호의 어느 하나에 해당하는 자동차는 그러하지 아니하다. <개정 2018. 7. 11.>
1. 삭제 <2018. 7. 11.>
2. 피견인자동차

3. 「자동차관리법 시행규칙」 별표 1에 따른 덤프형 화물자동차
4. 「자동차관리법 시행규칙」 별지 제25호 서식에 따른 자동차제원표에 입석정원이 기재된 자동차
5. 그 밖에 국토교통부장관이 자동차의 구조나 운행여건 등으로 차로이탈경고장치를 설치하기가 곤란하거나 불필요하다고 인정하는 자동차

[본조신설 2017. 1. 9.]
[시행일] 제14조의2 다음 각 목의 구분에 따른 날
  가. 공기식 주제동장치를 설치한 승합자동차: 2019년 1월 1일
  나. 가목 외의 승합자동차 및 3.5톤 초과 화물·특수자동차: 2021년 7월 1일

제15조(제동장치) ① 자동차(초소형자동차 및 피견인자동차를 제외한다)에는 주제동장치와 주차 중에 주로 사용하는 제동장치(이하 "주차제동장치"라 한다)를 갖추어야 하며, 그 구조와 제동능력은 다음 각 호의 기준에 적합해야 한다. <개정 2006. 4. 14., 2009. 1. 23., 2011. 12. 23., 2014. 6. 10., 2018. 7. 11., 2020. 12. 24., 2021. 8. 27.>

1. 주제동장치와 주차제동장치는 각각 독립적으로 작용할 수 있어야 하며, 주제동장치는 모든 바퀴를 동시에 제동하는 구조일 것
2. 주제동장치의 계통 중 하나의 계통에 고장이 발생하였을 때에는 그 고장에 의하여 영향을 받지 아니하는 주제동장치의 다른 계통 등으로 자동차를 정지시킬 수 있고, 제동력을 단계적으로 조절할 수 있으며 계속적으로 제동될 수 있는 구조일 것
3. 제동액 저장장치에는 제동액에 대한 권장규격을 표시할 것
4. 주제동장치에는 라이닝 등의 마모를 자동으로 조정할 수 있는 장치를 갖출 것. 다만, 차량총중량이 3.5톤을 초과하는 화물자동차 및 특수자동차로서 모든 바퀴로 구동할 수 있는 자동차의 주제동장치와 차량총중량이 3.5톤 이하인 화물자동차 및 특수자동차의 후축의 주제동장치의 경우에는 그러하지 아니하다.
5. 주제동장치의 라이닝 마모상태를 운전자가 확인할 수 있도록 경고장치(경고음 또는 황색 경고등을 말한다)를 설치하거나 자동차의 외부에서 맨눈으로 확인할 수 있는 구조일 것.
6. 에너지저장장치에 의하여 작동되는 주제동장치에는 2개(에너지 저장장치에 의하지 아니하고 운전자의 힘으로만 기계적으로 주제동장치가 작동될 수 있는 구조의 경우는 1개) 이상의 독립된 에너지저장장치를 설치하여야 하고, 각 에너지저장장치는 제4항의 기준에 적합한 경고장치를 설치할 것
7. 주차제동장치는 기계적인 장치에 의하여 잠김상태가 유지되는 구조일 것
8. 주차제동장치는 주행중에도 제동을 시킬 수 있는 구조일 것
9. 공기식(공기배력유압식을 포함한다) 주제동장치를 설치한 자동차는 다음 각목의 기준에 적합한 구조를 갖출 것
  가. 각 계통별 에너지저장장치의 공기압력을 나타내는 압력계는 운전자가 보기 쉬운

위치에 설치할 것
  나. 2개 이상의 독립된 계통을 갖춘 공기식 주제동장치는 제동조종장치와 제동바퀴 사이에서 공기누설이 발생할 경우 누설된 공기를 대기중으로 배출시키는 구조일 것
10. 주제동장치의 급제동능력은 건조하고 평탄한 포장도로에서 주행중인 자동차를 급제동할 때 별표 3의 기준에 적합할 것
11. 주제동장치의 제동능력과 조작력은 별표 4의 기준에 적합할 것
12. 주차제동장치의 제동능력과 조작력은 별표 4의2의 기준에 적합할 것

② 초소형자동차에는 주제동장치와 주차제동장치를 갖추어야 하며, 그 구조와 제동능력은 다음 각 호의 기준에 적합해야 한다. <신설 2018. 7. 11., 2021. 8. 27.>
1. 주제동장치로 발조작식 분할제동장치 또는 발조작식 연동제동장치 및 보조제동장치를 갖출 것. 다만, 주차제동장치가 보조제동장치 성능에 적합할 경우 주차제동장치를 보조제동장치로 사용할 수 있다.
2. 주제동장치와 주차제동장치는 각각 독립적으로 작동할 수 있어야 하고, 주제동장치는 모든 바퀴를 동시에 제동하는 구조일 것
3. 제동력을 전달하기 위하여 유압유체를 사용하는 마스터실린더를 갖춘 경우에는 다음 각 목의 기준에 적합한 제동액 저장장치를 갖출 것
  가. 덮개로 밀봉하여 제동액을 외부와 격리시키는 구조일 것
  나. 브레이크 라이닝 간극(間隙)을 최대로 한 상태에서 새로운 라이닝이 완전히 마모될 때까지의 유체 소요량의 1.5배에 상당하는 저장장치 용량을 갖출 것
  다. 덮개를 열지 않고도 유량 수준을 확인할 수 있는 구조일 것
4. 주제동장치에는 라이닝 등의 마모를 자동으로 감지하여 조정할 수 있는 장치를 갖출 것
5. 주제동장치의 라이닝 마모상태를 운전자가 확인할 수 있도록 경고장치(경고음 또는 황색 경고등을 말한다)를 설치하거나 자동차의 외부에서 맨눈으로 확인할 수 있는 구조일 것
6. 주차제동장치에는 기계적인 장치에 의하여 잠김상태가 유지되도록 하고, 주행 중에도 제동할 수 있는 구조일 것
7. 바퀴잠김방지식 주제동장치를 갖춘 초소형자동차에는 황색경고등이 설치되어야 하며, 시동장치의 열쇠를 작동위치로 조작할 때 켜졌다가 고장이 없으면 꺼지고, 고장이 있으면 켜진 상태가 지속되도록 할 것
8. 주제동장치의 급제동능력은 건조하고 평탄한 포장도로에서 주행 중인 자동차를 급제동할 때 별표 3의 기준에 적합할 것
9. 주제동장치의 제동능력과 조작력은 별표 4의 기준에 적합할 것
10. 주차제동장치의 제동능력과 조작력은 별표 4의2의 기준에 적합할 것

③ 피견인자동차(차량총중량이 0.75톤 이하인 피견인자동차를 제외한다)의 제동장치는 다음 각호의 기준에 적합한 구조이어야 한다. <개정 2018. 7. 11.>

1. 제1항제1호·제4호(차량총중량이 3.5톤 이하인 피견인자동차를 제외한다)·제5호·제7호 및 제10호 내지 제12호의 기준에 적합할 것
2. 피견인자동차의 주제동장치는 견인자동차의 주제동장치와 연동하여 작동하는 구조일 것
3. 피견인자동차의 제동장치는 주행중 견인자동차와의 연결장치가 분리되는 경우 피견인자동차를 자동적으로 정지시키는 구조일 것. 다만, 차량총중량이 1.5톤 이하인 피견인자동차가 체인·와이어로프 등 보조연결장치에 의하여 조절되고 연결봉이 지면에 닿지 아니하는 경우에는 그러하지 아니하다.
4. 피견인자동차의 주차제동장치는 견인자동차에서 분리되어 있는 경우 독립적으로 작동시킬 수 있는 구조일 것

④ 자동차(초소형자동차 및 피견인자동차는 제외한다)의 주제동장치에는 제동액의 기준유량(공기식의 경우에는 기준공기압을 말한다)이 부족할 경우 등 제동기능의 결함을 운전자에게 알려주는 경고장치를 설치하여야 하고, 경고장치는 다음 각호 중 제1호 및 제2호 또는 제1호 및 제3호의 기준에 적합하여야 한다. <개정 2018. 7. 11.>

1. 경고장치에 사용되는 경고음 또는 경고등은 다른 경고장치의 경고음 또는 경고등과 구별이 될 수 있을 것. 다만, 주차제동장치의 표시장치와 겸용으로 사용하는 경우에는 그러하지 아니하다.
2. 경고장치의 경고등은 충분한 밝기를 갖춘 적색의 등화로서 운전자가 쉽게 확인할 수 있는 위치에 설치할 것
3. 경고장치의 경고음은 운전자의 귀의 위치에서 측정할 때에 승용자동차의 경우에는 65데시벨 이상, 그 밖의 자동차의 경우에는 75데시벨 이상일 것. 다만, 경유를 연료로 사용하는 승용자동차의 경우에는 70데시벨 이상이어야 한다.

⑤ 차량총중량이 3.5톤 이하인 피견인자동차(세미트레일러형을 제외한다)는 다음 각 호의 기준에 적합한 관성제동구조의 주제동장치(이하 "관성제동장치"라 한다) 또는 제7항의 기준에 적합한 전기식 주제동장치와 주차제동장치를 설치할 수 있다. <개정 2010. 3. 29., 2011. 12. 23., 2014. 6. 10., 2018. 7. 11.>

1. 주행중에 사용하는 관성제동장치와 주차중에 사용하는 주차제동장치를 모두 갖출 것
2. 삭제 <2014. 6. 10.>
3. 관성제동장치와 주차제동장치는 각각 독립적으로 작용할 수 있어야 하며, 관성제동장치는 모든 바퀴를 동시에 제동할 수 있는 구조일 것
4. 연결자동차의 급제동능력이 제1항제10호의 기준에 적합할 것
5. 삭제 <2014. 6. 10.>
6. 삭제 <2014. 6. 10.>
7. 주차제동장치의 제동능력(견인자동차와 피견인자동차를 연결한 경우와 분리한 경우를 모두 포함한다)은 11도 30분의 경사면에서 정지상태를 유지할 수 있을 것

8. 관성제동장치의 구조는 별표 4의4의 기준에 적합할 것
9. 국토교통부장관이 정하여 고시하는 관성제동장치 세부기준 및 시험방법에 적합할 것

⑥ 자동차에는 다음 각 호의 기준에 적합한 바퀴잠김방지식 주제동장치를 설치하여야 한다. 다만, 초소형자동차와 차량총중량이 3.5톤 이하인 캠핑용트레일러·피견인자동차는 제외한다. <개정 2008. 12. 8., 2012. 2. 15., 2018. 7. 11.>

1. 바퀴잠김방지식 주제동장치가 고장이 발생하였을 때 운전자가 쉽게 확인할 수 있는 황색경고등을 설치할 것
2. 바퀴잠김방지식 주제동장치가 설치된 피견인자동차를 견인하는 견인자동차의 경우에는 피견인자동차의 바퀴잠김방지식 주제동장치가 고장이 발생하였을 때 견인자동차의 운전자가 쉽게 확인할 수 있는 별도의 황색경고등을 설치할 것
3. 제1호 및 제2호의 황색경고등은 시동장치의 열쇠를 작동위치로 조작한 때에 켜졌다가 고장이 없는 경우에는 꺼지고, 고장이 있는 경우에는 켜진 상태가 지속되는 구조일 것
4. 피견인자동차의 바퀴잠김방지식 주제동장치는 견인자동차의 바퀴잠김방지식 주제동장치와 연동하여 작동하는 구조일 것

⑦ 전기식(제동력 전달계통이 전기식인 경우를 말한다) 주제동장치가 설치된 차량총중량 3.5톤 이하인 피견인자동차를 견인하는 견인자동차는 다음 각 호의 기준에 적합한 구조를 갖추어야 한다. <개정 2014. 6. 10., 2018. 7. 11., 2021. 8. 27.>

1. 전원공급장치(발전기와 축전지를 말한다)는 피견인자동차의 전기식 주제동장치에 충분한 전류를 공급하는 용량을 갖출 것
2. 제동장치의 전기회로는 과부하시에도 단락(斷絡)이 발생하지 않을 것
3. 2개 이상의 독립된 계통을 갖춘 주제동장치의 경우에는 하나의 계통에서 고장이 발생하였을 때 다른 계통으로 피견인자동차를 부분적 또는 전체적으로 제동시킬 수 있을 것
4. 전기식 주제동장치를 작동시키기 위한 제동작동회로는 여유부하를 갖추고 있는 경우에 한하여 견인자동차의 제동등과 병렬로 연결을 할 수 있을 것

⑧ 연결자동차의 제동장치는 다음 각 호의 기준에 적합하여야 한다. <개정 2006. 4. 14., 2018. 7. 11.>

1. 제1항 및 제3항부터 제7항까지의 기준에 적합할 것
2. 공기식(공기배력유압식을 포함한다) 주제동장치가 설치된 견인자동차는 견인자동차와 피견인자동차 사이의 공기라인에 고장이 발생한 경우 자동적으로 공기가 차단되는 구조일 것
3. 견인자동차의 주제동장치는 피견인자동차의 제동장치에 고장이 발생하거나 견인자동차와 피견인자동차 사이의 공기라인이 차단되는 경우에도 견인자동차를 정지시킬 수 있는 구조일 것
4. 차량총중량이 3.5톤을 초과하는 피견인자동차를 견인하는 견인자동차의 제동장치는 다음

각 목의 기준에 적합할 것
    가. 주제동장치의 계통 중 하나의 계통에 고장이 발생하였을 때에는 그 고장에 의하여 영향을 받지 아니하는 주제동장치의 다른 계통 등으로 피견인자동차의 제동력을 조절하여 정지시킬 수 있을 것
    나. 피견인자동차와 연결된 공기라인 중 하나의 공기라인에 고장이 발생하였을 때에 피견인자동차가 자동으로 제동되거나 견인자동차에서 피견인자동차를 부분적 또는 전체적으로 제동시킬 수 있을 것
    다. 스프링제동장치가 설치된 경우에는 공기압력의 손실로 인하여 스프링제동장치가 자동적으로 작동될 때 피견인자동차도 자동적으로 제동될 것
4의2. 차량총중량이 3.5톤을 초과하는 피견인자동차를 견인하는 견인자동차의 주제동장치·비상제동장치 또는 주차제동장치는 피견인자동차의 주제동장치와 동시에 연동하여 작동되는 구조일 것. 다만, 피견인자동차의 제동이 연결자동차의 안정성을 위하여 단독으로 자동작동하는 경우에는 그러하지 아니하다.
5. 견인자동차와 공기식(공기배력유압식을 포함한다. 이하 이 호에서 같다) 제동장치를 갖춘 피견인자동차가 연결된 상태에서의 주차제동능력은 피견인자동차의 공기식 제동장치와 연동되지 아니한 상태에서 견인자동차의 주차제동장치의 기계적인 작동만으로 주차제동이 가능할 것. 다만, 견인자동차의 주차제동장치의 기계적인 작동만으로 연결자동차의 주차제동이 가능하다는 사실을 운전자가 확인할 수 있는 구조를 갖추고 있는 경우에는 피견인자동차의 공기식 제동장치와 견인자동차의 주차제동장치를 연동하여 작동하게 할 수 있다.
⑨ 제동등은 다음 각 호의 경우에 점등되고, 제동력이 해제될 때까지 점등상태가 유지되어야 한다. 다만, 선택적 제동에 의한 경우에는 제동등이 점등되지 아니하여야 하며, 보조제동장치에 의한 제동의 경우에는 감가속도에 따라 점등되거나 점등되지 아니하도록 할 수 있다. <신설 2008. 1. 14., 2018. 7. 11.>
1. 운전자의 조작에 의하여 주제동장치가 작동된 경우
2. 자동제어제동에 의하여 주제동장치가 작동된 경우. 다만, 감가속도가 매 제곱초 0.7미터(0.7㎧) 미만인 경우 점등되지 아니할 수 있다.
⑩ 제9항에도 불구하고 긴급제동신호장치 또는 전기회생제동장치(승용자동차에 한정한다)를 갖춘 자동차의 제동등(보조제동등을 포함한다. 이하 이 항에서 같다) 또는 방향지시등은 다음 각 호의 작동기준에 적합하여야 한다. <개정 2014. 6. 10., 2018. 7. 11.>
1. 긴급제동신호장치를 갖춘 자동차의 제동등 또는 방향지시등은 급제동 시 별표 5의2 제1호의 긴급제동신호의 작동기준에 적합하게 작동될 것
2. 가속페달 해제에 의하여 감속도가 발생하는 전기회생제동장치를 갖춘 자동차의 제동등은 별표 5의2 제2호의 제동등 작동기준에 적합하게 작동될 것

⑪ 전기회생제동장치를 갖춘 승용자동차의 제동장치는 다음 각 호의 기준에 적합하여야 한다. <신설 2009. 1. 23., 2018. 7. 11.>
1. 전기회생제동장치가 바퀴잠김방지식 주제동장치의 작동에 영향을 주지 아니할 것
2. 전기회생제동장치가 주제동장치의 일부로 작동되는 경우에는 다음 각 목의 기준에 적합한 구조를 갖출 것
   가. 주제동장치 작동 시 전기회생제동장치가 독립적으로 제어될 수 있는 경우에는 자동차에 요구되는 제동력(이하 이 호에서 "요구제동력"이라 한다)을 전기회생제동력과 마찰제동력 간에 자동으로 보상하는 구조일 것
   나. 전기회생제동력이 해제되는 경우에는 마찰제동력이 작동하여 1초 내에 해제 당시 요구제동력의 75퍼센트 이상 도달하는 구조일 것
   다. 주제동장치는 하나의 조종장치에 의하여 작동되어야 하며, 그 외의 방법으로는 제동력의 전부 또는 일부가 해제되지 아니하는 구조일 것
   라. 주제동장치의 제동력은 동력 전달계통으로부터의 구동전동기 분리 또는 자동차의 변속비에 영향을 받지 아니하는 구조일 것
⑫ 자동차(초소형자동차는 제외한다)에 장착되는 브레이크호스와 브레이크라이닝은 각각 제112조의2와 제112조의10에 따른 기준에 적합하여야 한다. <신설 2011. 12. 23., 2017. 1. 9., 2018. 7. 11.>
⑬ 자동차에는 별표 4의3의 성능기준에 적합한 제동력지원장치를 설치하여야 한다. 다만, 초소형자동차, 피견인자동차 및 차량총중량이 3.5톤을 초과하는 승합·화물·특수자동차는 제외한다. <신설 2012. 2. 15., 2018. 7. 11.>
⑭ 제동력 제어계통이 전기식인 승용자동차의 주제동장치는 별표 4의5의 주제동장치의 구조 및 성능기준에 적합하여야 한다. <신설 2014. 6. 10., 2018. 7. 11.>
[전문개정 2003. 2. 25.]

제15조의2(자동차안정성제어장치) ① 자동차에는 자동차안정성제어장치를 설치하여야 한다. 다만, 다음 각 호의 자동차는 제외한다. <개정 2017. 11. 14., 2018. 7. 11., 2019. 12. 31.>
1. 4축 이상 자동차
2. 피견인자동차
3. 「자동차관리법 시행규칙」 별표 1에 따른 덤프형 화물자동차, 특수용도형 화물자동차, 구난형 특수자동차 및 특수작업형 특수자동차
4. 초소형자동차
5. 굴절버스
6. 그 밖에 국토교통부장관이 자동차의 구조나 운행여건 등을 고려하여 자동차안정성제어장치의 설치가 곤란하거나 필요하지 않다고 인정한 자동차
② 자동차안정성제어장치는 다음 각 호의 기준에 적합하여야 한다.

1. 4개 바퀴(앞 차축 및 뒤 차축의 좌우 각각 한 개의 바퀴를 말한다)에 개별적으로 회전제동력(braking torque)을 발생시킬 수 있고, 이를 이용하여 제어하는 방식을 갖출 것
2. 주행 중 다음 각 목의 어느 하나에 해당하는 경우 외에는 항상 작동할 수 있을 것
   가. 운전자가 자동차안정성제어장치의 기능을 정지시킨 경우
   나. 자동차의 속도가 시속 20킬로미터 미만인 경우
   다. 시동 시 자가 진단하는 경우
   라. 자동차를 후진하는 경우
3. 바퀴잠김방지식 제동장치 또는 구동력 제어장치가 작동되더라도 지속적으로 작동될 것
4. 고장 발생 시 점등되는 경고등(警告燈)을 갖출 것
[본조신설 2010. 11. 10.]
[시행일:2023. 1. 1.] 제15조의2 개정규정 중 차량총중량이 4.5톤을 초과하면서 길이가 11미터 이하인 승합자동차, 차량총중량 4.5톤 초과 20톤 이하인 화물·특수자동차

제15조의3(비상자동제동장치) 승합자동차(경형승합자동차는 제외한다)와 차량총중량 3.5톤을 초과하는 화물·특수자동차에는 비상자동제동장치를 설치하여야 한다. 다만, 다음 각 호의 어느 하나에 해당하는 자동차의 경우에는 그러하지 아니하다. <개정 2018. 7. 11.>
1. 삭제 <2018. 7. 11.>
2. 피견인자동차
3. 「자동차관리법 시행규칙」 별표 1에 따른 덤프형 화물자동차
4. 「자동차관리법 시행규칙」 별지 제25호 서식에 따른 자동차제원표에 입석정원이 기재된 자동차
5. 그 밖에 국토교통부장관이 자동차의 구조나 운행여건 등으로 비상자동제동장치를 설치하기가 곤란하거나 불필요하다고 인정한 자동차

[본조신설 2017. 1. 9.]
[시행일] 제15조의3 다음 각 목의 구분에 따른 날
   가. 공기식 주제동장치를 설치한 승합자동차: 2019년 1월 1일
   나. 가목 외의 승합자동차 및 3.5톤 초과 화물·특수자동차: 2021년 7월 1일

제16조(완충장치) ① 자동차는 노면으로부터의 충격을 흡수할 수 있는 스프링 기타의 완충장치를 갖추어야 한다.
② 제1항의 규정에 의한 완충장치의 각부는 갈라지거나 금이 가고 탈락되는 등의 손상이 없어야 한다.

제17조(연료장치) ① 자동차의 연료탱크·주입구 및 가스배출구는 다음 각호의 기준에 적합하여야 한다. <개정 1997. 1. 17., 1997. 8. 25.>
1. 연료장치는 자동차의 움직임에 의하여 연료가 새지 아니하는 구조일 것
2. 배기관의 끝으로부터 30센티미터 이상 떨어져 있을 것(연료탱크를 제외한다)

3. 노출된 전기단자 및 전기개폐기로부터 20센티미터 이상 떨어져 있을 것(연료탱크를 제외한다)
4. 차실안에 설치하지 아니하여야 하며, 연료탱크는 차실과 벽 또는 보호판 등으로 격리되는 구조일 것

② 수소가스를 연료로 사용하는 자동차는 다음 각 호의 기준에 적합하여야 한다. <개정 2014. 6. 10.>
1. 자동차의 배기구에서 배출되는 가스의 수소농도는 평균 4%, 순간 최대 8%를 초과하지 아니할 것
2. 차단밸브(내압용기의 연료공급 자동 차단장치를 말한다. 이하 이 조에서 같다) 이후의 연료장치에서 수소가스 누출 시 승객거주 공간의 공기 중 수소농도는 1% 이하일 것
3. 차단밸브 이후의 연료장치에서 수소가스 누출 시 승객거주 공간, 수하물 공간, 후드 하부 등 밀폐 또는 반밀폐 공간의 공기 중 수소농도가 2±1% 초과 시 적색경고등이 점등되고, 3±1% 초과 시 차단밸브가 작동할 것

제18조(전기장치) 자동차의 전기장치는 다음 각호의 기준에 적합하여야 한다.
1. 자동차의 전기배선은 모두 절연물질로 덮어 씌우고, 차체에 고정시킬 것
2. 차실안의 전기단자 및 전기개폐기는 적절히 절연물질로 덮어 씌울 것
3. 축전지는 자동차의 진동 또는 충격등에 의하여 이완되거나 손상되지 아니하도록 고정시키고, 차실안에 설치하는 축전지는 절연물질로 덮어 씌울 것

제18조의2(고전원전기장치) 자동차의 고전원전기장치는 별표 5의 고전원전기장치 절연 안전성 등에 관한 기준에 적합하여야 한다.
[전문개정 2014. 6. 10.]

제18조의3(구동축전지) 자동차의 구동축전지는 다음 각 호의 기준에 적합하여야 한다. <개정 2013. 3. 23.>
1. 차실과 벽 또는 보호판 등으로 격리되는 구조일 것
2. 설계된 범위를 초과하는 과충전을 방지하고 과전류를 차단할 수 있는 기능을 갖출 것
3. 국토교통부장관이 고시하는 물리적·화학적·전기적 및 열적 충격조건에서 발화 또는 폭발하지 아니할 것

[본조신설 2009. 1. 23.]

제18조의4(캠핑용자동차의 전기설비 및 캠핑설비의 안전기준) ① 법 제29조제3항에 따른 캠핑용 자동차의 전기설비는 다음 각 호의 기준에 적합해야 한다. <개정 2020. 2. 28., 2021. 8. 27.>
1. 외부전원 인입구는 물의 유입을 방지할 수 있는 구조일 것
2. 충전기는 과부하 보호기능을 갖출 것
3. 직류(DC) 60볼트 또는 교류(AC) 30볼트 이상의 고전압 부품은 별표 5 제4호가목에 따른 경고표시를 부착할 것

4. 누전차단기 및 퓨즈 등 전원차단 기능을 갖출 것

② 법 제29조제3항에 따른 캠핑용자동차의 캠핑설비는 다음 각 호의 기준에 적합해야 한다. <신설 2020. 2. 28.>

1. 승차정원의 3분의 1 이상인 취침인원이 사용할 수 있는 취침시설(변환형 소파를 포함한다)을 갖추고 있을 것. 이 경우 취침인원을 산정할 때는 소수점 이하는 올리며, 취침인원 1인당 취침시설은 가로 1,700밀리미터, 세로 500밀리미터 이상이거나 그 면적이 8,500제곱센티미터 이상이어야 한다.
2. 캠핑용자동차 안에는 다음 각 목의 어느 하나에 해당하는 비상 탈출 공간, 비상 탈출구 또는 창문을 갖출 것
   가. 운전자가 있는 차실과 캠핑 공간 사이에 가로 450밀리미터 이상, 세로 550밀리미터 이상인 비상 탈출 공간
   나. 캠핑 공간의 출입문과 멀리 떨어진 위치에 비상 탈출을 위한 가로 450밀리미터 이상, 세로 550밀리미터 이상인 비상 탈출구 또는 창문
   다. 캠핑 공간 내 가로축 610밀리미터, 세로축 432밀리미터 크기의 타원체가 간섭 없이 통과할 수 있는 비상 탈출구 또는 창문
3. 캠핑 공간에 설치된 수납함은 주행 중 개폐되는 것을 방지하기 위한 장치나 구조를 갖출 것

[본조신설 2017. 1. 9.]

[제목개정 2020. 2. 28.]

제19조(차대 및 차체) ① 자동차의 차대 및 차체는 다음 각호의 기준에 적합하여야 한다. <개정 1995. 12. 30., 2017. 11. 14.>

1. 차대(차대가 없는 구조의 자동차는 차체를 말한다)는 안전운행을 확보할 수 있는 견고한 구조이어야 하며, 차체는 차대에 견고하게 붙여져서 진동 또는 충격등에 의하여 이완되지 아니하도록 할 것
2. 차체의 가연성부분은 배기관과 접촉되지 아니하도록 할 것
3. 자동차의 가장 뒤의 차축 중심에서 차체의 뒷부분 끝(범퍼 및 견인용 장치를 제외한다)까지의 수평거리("뒤 오우버행"을 말한다)는 가장 앞의 차축중심에서 가장 뒤의 차축중심까지의 수평거리의 2분의 1 이하일 것. 다만, 다음 각 목의 경우에는 각 목에서 정하는 기준에 적합하여야 한다.
   가. 경형 및 소형자동차의 경우에는 20분의 11 이하일 것
   나. 승합자동차, 화물자동차(화물을 차체밖으로 나오게 적재할 우려가 없는 경우에 한정한다), 특수자동차의 경우에는 3분의 2 이하일 것. 다만, 차량총중량 3.5톤 이하인 센터차축트레일러의 경우에는 4미터 이내로 할 수 있다.

② 화물자동차의 뒷면에는 정하여진 차량총중량 및 최대적재량(탱크로리에 있어서는 차량

총중량·최대적재량·최대적재용적 및 적재물품명)을 표시하고, 견인형특수자동차의 뒷면 또는 우측면에는 차량중량에 승차정원의 중량을 합한 중량을 표시하여야 하며, 기타의 자동차의 뒷면에는 정하여진 최대적재량을 표시하여야 한다. 다만, 차량총중량이 15톤 미만인 경우에는 차량총중량을 표시하지 아니할 수 있다. <개정 1995. 7. 21., 1999. 2. 19., 2006. 4. 14., 2008. 12. 8.>

③ 차량총중량이 8톤 이상이거나 최대적재량이 5톤 이상인 화물자동차·특수자동차 및 연결자동차는 포장노면위의 공차상태에서 다음 각 호의 기준에 적합한 측면보호대를 설치하여야 한다. 다만, 보행자 등이 뒷바퀴에 말려들 우려가 없는 구조의 자동차, 차체 등의 구조물과의 간섭으로 설치가 곤란한 자동차 및 조향축간 거리가 2,100밀리미터 이하인 자동차는 제외한다. <개정 2001. 4. 28., 2009. 6. 18., 2014. 6. 10.>

1. 측면보호대의 양쪽 끝과 앞·뒷바퀴와의 간격은 각각 400밀리미터 이내일 것. 다만, 측면보호대의 양쪽 끝과 앞·뒷바퀴와의 간격을 400밀리미터 이내로 설치하기가 곤란한 구조의 자동차의 경우 앞·뒷바퀴와 가장 가까운 위치에 설치한 때는 그러하지 아니하다.
2. 측면보호대의 가장 아랫 부분과 지상과의 간격은 550밀리미터 이하일 것
3. 측면보호대의 가장 윗부분과 지상과의 간격은 950밀리미터 이상일 것. 다만, 측면보호대 가장 윗부분과 차체 바닥면과의 간격이 350밀리미터 이하일 경우는 제외한다.
4. 측면보호대 가장 바깥쪽 면은 차체의 가장 바깥쪽 면보다 안쪽에 위치하여야 하며, 그 간격은 150밀리미터 이하일 것. 다만, 자동차의 길이방향으로 측면보호대의 뒷부분부터 최소한 250밀리미터에 해당하는 부분은 측면보호대의 가장 바깥쪽 면이 차체의 가장 바깥쪽 면부터 타이어의 가장 바깥쪽 면의 안쪽으로 30밀리미터까지에 해당하는 구간에 위치하도록 설치하여야 한다.
5. 측면보호대 각각의 단면 높이는 50밀리미터 이상이고, 측면보호대 사이의 높이 간격은 300밀리미터 이하이어야 한다.
6. 측면보호대에 1킬로뉴턴의 하중을 가할 때 자동차의 길이방향으로 측면보호대의 뒷부분부터 250밀리미터까지는 30밀리미터, 그 외 구간은 150밀리미터 이내로 변형되어야 한다.

④ 차량총중량이 3.5톤 이상인 화물자동차 및 특수자동차는 포장노면 위에서 공차상태로 측정하였을 때에 다음 각 호의 기준에 적합한 후부안전판을 설치하여야 한다. 다만, 다른 자동차가 추돌할 경우 그 자동차의 차체 앞부분이 들어올 우려가 없는 구조의 자동차, 세미트레일러를 견인할 목적으로 제작된 자동차, 목재·철재·기둥 등과 같이 길고 분리할 수 없는 화물운송용 특수트레일러 및 후부안전판이 차량용도에 전혀 적합하지 아니한 자동차의 경우에는 그러하지 아니하다. <신설 2001. 4. 28., 2003. 2. 25., 2014. 6. 10.>

1. 후부안전판의 양 끝 부분은 뒷차축 중 가장 넓은 차축의 좌·우 최외측 타이어 바깥면 (지면과 접지되어 발생되는 타이어 부풀림양은 제외한다) 지점을 초과하여서는 아니 되며, 좌·우 최외측 타이어 바깥면 지점부터의 간격은 각각 100밀리미터 이내일 것

2. 가장 아랫 부분과 지상과의 간격은 550밀리미터 이내일 것
3. 차량 수직방향의 단면 최소높이는 100밀리미터 이상일 것
4. 좌·우 측면의 곡률반경은 2.5밀리미터 이상일 것
5. 지상부터 2미터 이하의 높이에 있는 차체 후단부터 차량길이 방향의 안쪽으로 400밀리미터 이내에 설치할 것. 다만, 자동차의 구조상 400밀리미터 이내에 설치가 곤란한 자동차의 경우는 제외한다.
6. 화물 하역장치 등이 설치되어 해당 작동부로 인하여 후부안전판이 양쪽으로 분리되어 설치되는 경우에는 다음 각 목의 기준에 적합하여야 한다.
   가. 화물 하역장치 등과 후부안전판 끝부분과의 간격은 각각 25밀리미터 이하일 것
   나. 분리된 후부안전판 각각의 면적은 최소 350제곱센티미터 이상일 것. 다만, 자동차의 너비가 2미터 미만인 경우는 제외한다.

⑤ 「고압가스 안전관리법 시행령」 제2조의 규정에 의한 고압가스를 운반하는 자동차의 고압가스운송용기는 그 용기의 뒤쪽 끝(가스충전구에 안전장치를 한 경우에는 그 장치의 뒤쪽 끝을 말한다)이 차체의 뒷범퍼 안쪽으로 300밀리미터 이상의 간격이 되어야 하며, 차대에 견고하게 고정시켜야 한다. <개정 2001. 4. 28., 2005. 8. 10.>

⑥ 차체의 외형은 예리하게 각이 지거나 돌출되어 안전운행에 위험을 줄 우려가 있어서는 아니된다. 다만, 특수자동차로서 기능상 부득이 할 때에는 그러하지 아니하다.

⑦ 삭제 <2004. 12. 6.>

⑧ 어린이운송용 승합자동차의 색상은 황색이어야 한다. <신설 1997. 8. 25.>

⑨ 어린이운송용 승합자동차의 앞과 뒤에는 별표 5의3 제1호에 따른 어린이 보호표지를 붙이거나 뗄 수 있도록 하여야 한다. <신설 1997. 8. 25., 2008. 12. 8., 2014. 2. 21.>

⑩ 어린이운송용 승합자동차의 좌측 옆면 앞부분에는 별표 5의3 제2호에 따른 정지표시장치(이하 "정지표시장치"라 한다)를 설치하여야 한다. 이 경우 좌측 옆면 뒷부분에 1개를 추가로 설치할 수 있다. <신설 2014. 2. 21.>

⑪ 2층 전체 또는 일부분에 지붕이 없는 2층대형승합자동차(이하 "천정개방2층대형승합자동차"라 한다)의 위층에는 승객의 추락 등을 방지하기 위하여 다음 각 호의 기준에 적합한 보호 판넬 등을 설치하여야 한다. <신설 2014. 6. 10.>
1. 정면은 140센티미터 이상의 판넬을 설치할 것
2. 옆면은 110센티미터 이상, 뒷면은 120센티미터 이상의 판넬을 설치하거나 옆면과 뒷면에 70센티미터 이상의 판넬과 다음 각 목에 적합한 보호봉을 함께 설치할 것
   가. 보호봉(비상구 부분은 보호봉의 일부로 본다)은 차체에 견고하게 부착된 구조이고 보호봉의 단면 크기 두께는 2센티미터 이상, 4.5센티미터 이하일 것
   나. 인접한 판넬 또는 보호봉과의 간격은 20센티미터 이내의 구조일 것

제20조(견인장치 및 연결장치) ① 자동차(피견인자동차를 제외한다)의 앞면 또는 뒷면에는 자동차의

길이방향으로 견인할 때에 해당 자동차 중량의 2분의 1 이상의 힘에 견딜 수 있고, 진동 및 충격 등에 의하여 분리되지 아니하는 구조의 견인장치를 갖추어야 한다.

② 자동차(초소형자동차는 제외한다)에 피견인자동차를 견인하기 위한 연결장치를 설치할 때에는 다음 각 호의 기준에 적합하게 설치하여야 한다. <개정 2018. 7. 11.>

1. 피견인자동차가 연결되지 아니한 상태에서 자동차의 연결장치는 등록번호판을 가리지 아니하여야 한다. 다만, 연결장치가 공구의 사용 없이 쉽게 분리되거나 등록번호판이 가리지 아니하도록 위치를 조정할 수 있는 구조인 경우는 제외한다.
2. 견인자동차와 피견인자동차의 등화장치가 연동될 수 있는 전기 커넥터를 설치하여야 한다.
3. 차량총중량 0.75톤 이하인 피견인자동차(주행 중 견인자동차와의 연결장치가 분리될 경우에 자동적으로 정지시킬 수 있는 구조의 제동장치를 갖춘 피견인자동차는 제외한다)에는 주행 중 연결장치가 분리될 경우에 연결봉 등이 지면에 닿지 아니하는 구조의 보조연결장치(체인·와이어로프 등)를 설치하여야 한다.
4. 연결장치의 설치 및 강도 등은 국토교통부장관이 고시하는 기준에 적합하여야 한다.

[전문개정 2014. 6. 10.]

제21조(후드걸쇠장치) 자동차의 후드에는 견고한 후드걸쇠장치를 설치하여야 하며, 앞 방향으로 개폐되는 후드가 운행 중에 열릴 경우 운전자의 시야를 방해할 수 있는 구조의 자동차는 2차 잠금 또는 2개소 잠금이 가능한 구조이어야 한다.

[전문개정 2010. 3. 29.]

제22조(도난방지장치) ① 승용자동차와 차량총중량 4.5톤 이하의 승합·화물·특수자동차에는 다음 각 호의 어느 하나 이상의 기능을 갖춘 도난방지장치를 설치하여야 한다.

1. 자동차의 조향기능을 억제하는 기능
2. 자동차의 변속기능을 억제하는 기능
3. 자동차 변속장치의 위치조작을 억제하는 기능
4. 자동차 차축 또는 바퀴에 제동력이 작동하여 자동차의 움직임을 억제하는 기능
5. 전자적으로 동력원의 시동을 방지하는 기능

② 제1항 각 호에 따른 기능이 갖추어야 하는 세부기능 및 그에 대한 확인방법은 국토교통부장관이 정하여 고시한다.

[전문개정 2017. 1. 9.]

제23조(승차장치) ① 자동차의 승차장치는 승차인이 안전하게 승차할 수 있는 구조이어야 하고, 승차정원 16인 이상의 승합자동차의 승차장치는 다음 각 호의 기준에 적합하여야 한다. <개정 2017. 1. 9.>

1. 승강구 계단 부위에는 국토교통부장관이 정하여 고시하는 보호시설을 갖출 것
2. 2층대형승합자동차의 아래층과 위층을 연결하는 계단에는 국토교통부장관이 정하여

고시하는 보호시설을 갖출 것
3. 2층대형승합자동차의 아래층과 위층을 연결하는 계단의 각 수직면은 막혀있을 것
4. 2층대형승합자동차의 위층 앞면 창유리 방향으로 설치되는 1열 좌석 앞부분에는 국토교통부장관이 정하여 고시하는 보호시설을 갖출 것
5. 승차장치에 손잡이대 및 손잡이를 설치하는 경우에는 별표 5의27에 따른 기준에 적합할 것

② 운전자 및 승객이 타는 자동차는 외부와 차단된 차실(이하 "차실"이라 한다)을 갖추어야 한다. 다만, 소방자동차등 국토교통부장관이 그 용도상 필요없다고 인정하는 자동차의 경우에는 그러하지 아니하다. <개정 1995. 7. 21., 2008. 3. 14., 2013. 3. 23., 2018. 7. 11.>

③ 자동차의 차실에는 조명시설 및 외기와 내기를 순환시키는 환기시설(초소형자동차, 컨버터블 및 무개자동차는 제외한다)을 갖추어야 하며, 원동기의 냉각수(난방용수를 제외한다)·정류기·변환기·변압기 등 승객의 안전에 지장을 줄 우려가 있는 장치를 차실안에 설치하여서는 아니된다. 다만, 승합자동차의 차실에는 국토교통부장관이 별도로 정한 기준에 적합한 조명시설을 갖추어야 한다. <개정 1997. 8. 25., 2017. 1. 9., 2018. 7. 11.>

④ 삭제 <2017. 1. 9.>

⑤ 천정개방2층대형승합자동차에는 위층 탑승객의 착석여부를 운전석에서 확인 및 통제할 수 있는 영상장치와 안내방송 장치를 설치하여야 한다. <신설 2014. 6. 10.>

제24조(운전자의 좌석) ① 운전자의 좌석은 다음 각 호의 기준에 적합하여야 한다.
1. 운전에 필요한 시야가 확보되고 승객 또는 화물 등에 의하여 운전조작에 방해가 되지 아니하는 구조일 것
2. 운전자가 제13조제1항에 따른 조종장치의 원활한 조작을 할 수 있는 공간이 확보될 것
3. 운전자의 좌석과 조향핸들의 중심과의 과도한 편차로 인하여 운전조작에 불편이 없을 것

② 운전자의 좌석 규격은 다음 각 호의 기준에 적합하여야 한다.
1. 승용자동차의 경우에는 별표 5의32 제1호에 따른 50퍼센트 성인남자 인체모형이 착석 가능할 것
2. 승합·화물·특수자동차의 경우에는 가로·세로 각각 40센티미터(23인승 이하의 승합자동차와 좌석의 수보다 입석의 수가 많은 23인승을 초과하는 승합자동차의 좌석의 세로는 35센티미터) 이상일 것

③ 승차정원 16인 이상의 승합자동차에 설치하는 운전자의 좌석은 별표 5의28의 기준에 적합하여야 한다.

[전문개정 2017. 11. 14.]

제25조(승객좌석의 규격 등) ① 자동차(어린이운송용 승합자동차는 제외한다)의 승객좌석 규격은 다음 각 호의 기준에 적합하여야 한다. 다만, 구급자동차·소방자동차 및 특수구조의 자동차등 국토교통부장관이 해당 자동차의 제작목적상 좌석의 설치가 곤란하다고 인정하는 자동차의

경우에는 그러하지 아니하다. <개정 1995. 7. 21., 2008. 3. 14., 2012. 8. 31., 2013. 3. 23., 2017. 1. 9., 2017. 11. 14., 2019. 3. 21.>
1. 승용자동차의 경우에는 별표 5의32 제2호에 따른 5퍼센트 성인여자 인체모형이 착석 가능할 것
2. 승합·화물·특수자동차의 경우에는 가로·세로 각각 40센티미터(23인승 이하의 승합자동차와 좌석의 수 보다 입석의 수가 많은 23인승을 초과하는 승합자동차의 좌석의 세로는 35센티미터) 이상일 것
3. 승합·화물·특수자동차의 경우에는 앞좌석등받이의 뒷면과 뒷좌석등받이의 앞면간의 거리는 65센티미터(승합자동차에 설치되는 마주보는 좌석등받이의 앞면 간의 거리는 130센티미터) 이상일 것

② 어린이운송용 승합자동차의 좌석 규격 및 좌석간 거리는 다음 각 호의 기준에 적합해야 한다. <개정 2019. 3. 21.>
1. 좌석 규격: 별표 5의32 제2호에 따른 5퍼센트 성인여자 인체모형이 착석할 수 있도록 하되, 좌석 등받이(머리지지대를 포함한다)의 높이는 71센티미터 이상일 것
2. 좌석간 거리: 앞좌석등받이의 뒷면으로부터 뒷좌석등받이의 앞면까지의 거리는 별표 5의32 제2호에 따른 5퍼센트 성인여자 인체모형이 착석할 수 있는 거리 이상일 것

③ 승합자동차(15인승 이하의 승합자동차 및 어린이운송용 승합자동차를 제외한다)의 승객좌석의 높이는 40센티미터 이상 50센티미터 이하이어야 한다. 다만, 자동차의 원동기부분 및 바퀴부분의 좌석등 그 구조상 40센티미터 이상 50센티미터 이하로 좌석을 설치하기가 곤란한 부분의 좌석을 제외한다. <개정 2012. 8. 31., 2019. 3. 21.>

④ 승용자동차의 경우에는 제1열좌석(운전석을 포함한다) 외의 좌석에는 공구를 사용하지 아니하고도 탈부착이 가능한 좌석을 설치할 수 있다. 다만, 탈부착으로 인하여 「자동차관리법」 제3조의 규정에 의한 자동차의 종별 구분이 변경되어서는 아니된다. <신설 2005. 8. 10.>

⑤ 자동차에는 옆면을 향한 좌석을 설치해서는 안 된다. 다만, 다음 각 호의 자동차는 제외한다. <개정 2020. 12. 24.>
1. 승차정원이 16인 이상인 승합자동차
2. 긴급자동차
3. 제27조제1항 단서에 따라 좌석안전띠를 설치하지 않는 자동차

[제목개정 2019. 3. 21.]

제25조의2(접이식좌석) ① 통로에 설치하는 접이식좌석은 30인승 이하의 승합자동차에 한하여 이를 설치할 수 있다. 다만, 안내원용 접이식좌석은 31인승 이상의 승합자동차에도 이를 설치할 수 있다.
② 어린이운송용 승합자동차에 제1항 본문의 규정에 의하여 접이식좌석을 설치함에 있어서는

외부에서 이를 조작할 수 있도록 하여야 한다.

③ 삭제 <2014. 6. 10.>

[본조신설 1999. 2. 19.]

제26조(머리지지대) 다음 각 호의 어느 하나에 해당하는 자동차의 앞좌석(중간좌석을 제외한다)에는 추돌시 승차인의 머리부분의 충격을 감소시킬 수 있는 머리지지대를 설치하여야 한다. <개정 2018. 7. 11.>

1. 승용자동차(초소형승용자동차는 제외한다)
2. 차량총중량 4.5톤 이하의 승합자동차
3. 차량총중량 4.5톤 이하의 화물자동차(초소형화물자동차 및 피견인자동차는 제외한다)
4. 차량총중량 4.5톤 이하의 특수자동차

[전문개정 2010. 3. 29.]

제27조(좌석안전띠장치등) ① 자동차의 좌석에는 안전띠를 설치하여야 한다. 다만, 다음 각 호의 어느 하나에 해당하는 좌석에는 이를 설치하지 아니할 수 있다. <개정 2005. 8. 10., 2008. 3. 14., 2011. 12. 23., 2013. 3. 23.>

1. 환자수송용 좌석 또는 특수구조자동차의 좌석 등 국토교통부장관이 안전띠의 설치가 필요하지 아니하다고 인정하는 좌석
2. 「여객자동차 운수사업법 시행령」 제3조제1호의 규정에 의한 노선여객자동차운송사업에 사용되는 자동차로서 자동차전용도로 또는 고속국도를 운행하지 아니하는 시내버스·농어촌버스 및 마을버스의 승객용 좌석
3. 삭제 <2011. 12. 23.>

② 승용자동차의 모든 좌석과 그 외의 자동차의 운전자좌석 및 운전자좌석 옆으로 나란히 되어있는 좌석에는 3점식 이상의 안전띠를 설치하여야 한다. 다만, 승용자동차 외의 자동차의 중간좌석과 좌석의 구조상 3점식 이상의 안전띠 설치가 곤란한 좌석의 경우에는 2점식 안전띠를 설치할 수 있다. <개정 1995. 7. 21., 2010. 3. 29., 2011. 12. 23.>

③ 제1항에 따른 안전띠는 제112조의3에 따른 기준에 적합하여야 한다. <개정 2011. 12. 23.>

④ 제1항에 따라 좌석안전띠를 설치한 자동차(초소형자동차는 제외한다)에는 다음 각 호에 따른 자동차의 좌석에 착석한 운전자 또는 승객이 좌석안전띠를 착용하지 아니하고 시동하거나 주행할 경우 운전자석에서 그 사실을 알 수 있도록 별표 5의24의 기준에 따른 경고장치를 설치하여야 한다. 다만, 접이식 좌석 등 국토교통부 장관이 정하여 고시하는 좌석은 그러하지 아니하다. <개정 2017. 11. 14., 2018. 7. 11.>

1. 승용자동차와 차량총중량 3.5톤 이하의 화물·특수자동차: 모든 좌석
2. 승합자동차와 차량총중량 3.5톤 초과의 화물·특수자동차: 운전자 및 운전자석과 옆으로 나란한 좌석

⑤ 삭제 <2008. 1. 14.>

⑥ 어린이운송용 승합자동차의 승객석에 설치된 좌석안전띠의 구조는 어린이의 신체구조에 적합하게 조절될 수 있어야 한다. <신설 1997. 8. 25.>

[제목개정 1997. 1. 17.]

[시행일:2022. 9. 1.] 제27조제4항 개정규정 중 탈착식 뒷좌석과 상하 유동식 좌석이 설치된 열의 좌석

제27조의2(어린이보호용 좌석부착장치) 승용자동차(초소형승용자동차는 제외한다)에는 다음 각 호의 기준에 적합하게 어린이보호용 좌석부착장치를 설치해야 한다. 다만, 승객좌석이 1열뿐인 경우에는 그렇지 않다. <개정 2008. 12. 8., 2018. 7. 11., 2021. 8. 27.>

1. 어린이보호용 좌석부착장치는 2곳 이상의 좌석에 설치하되, 최소한 1곳은 제2열 좌석에 설치하여야 한다.
2. 어린이보호용 좌석부착장치는 다른 도구가 없이도 사용이 가능한 구조이어야 한다.
3. 어린이보호용 좌석부착장치의 설치 여부 및 설치위치를 쉽게 알아볼 수 있는 곳에 이를 표시해야 한다. 다만, 설치 여부를 맨눈으로 확인할 수 있는 상부부착구 및 부착구의 중심을 통과하는 자동차길이방향의 수평선으로부터 위로 30도의 방향에서 설치 여부를 확인할 수 있는 하부부착구의 경우에는 그렇지 않다.
4. 부착구를 통하여 차실 안으로 배기가스가 유입되지 아니하도록 하여야 한다.
5. 하부의 부착장치는 착석기준점으로부터 뒤쪽으로 120밀리미터 이상 떨어진 위치에 설치하여야 한다.
6. 좌석부착장치가 제1열에 설치되고 그 전면에 에어백이 장착된 경우에는 에어백 작동을 중지할 수 있는 장치를 설치하여야 한다.
7. 별표 5의4의 설치기준에 적합하게 상부부착구 1개와 하부부착구 2개를 설치하여야 한다. 다만, 컨버터블자동차의 경우에는 상부부착구를 설치하지 아니할 수 있으나, 상부부착구를 설치하는 경우에는 설치기준에 적합하게 설치하여야 한다.

[본조신설 2008. 1. 14.]

제28조(입석) ① 승합자동차의 입석 공간은 별표 5의29에 따른 통로 측정장치가 통과할 수 있어야 한다. <개정 2017. 1. 9.>

② 1인의 입석 면적은 별표 5의27의 기준에 적합하여야 한다. <개정 2017. 1. 9.>

③ 입석을 할 수 있는 자동차에는 별표 5의27의 기준에 적합한 손잡이대 또는 손잡이를 설치하여야 한다. <개정 2017. 1. 9.>

④ 2층대형승합자동차의 위층에는 입석을 할 수 없다. <신설 2014. 6. 10., 2017. 1. 9.>

제29조(승강구) ① 자동차의 차실에는 다음 각 호의 기준에 적합한 승강구를 설치하여야 한다. <개정 1995. 12. 30., 1997. 8. 25., 2008. 12. 8., 2009. 6. 18., 2011. 8. 31., 2014. 6. 10., 2017. 1. 9.>

1. 승차정원 16인 이상의 승합자동차에는 별표 5의30의 기준에 적합한 승강구(승강구를 열고

바로 탑승하도록 좌석이 설치된 구조의 승강구는 제외한다)를 설치할 것
2. 삭제 <2009. 6. 18.>
3. 승차정원 16인 이상의 승합자동차에는 승하차의 편의를 위한 별표 5의27의 기준에 적합한 승하차용손잡이를 설치할 것
4. 어린이운송용 승합자동차의 어린이 승하차를 위한 승강구는 다음 각 목의 기준에 적합하여야 한다.
   가. 제1단의 발판 높이는 30센티미터 이하이고, 발판 윗면은 가로의 경우 승강구 유효너비(여닫이식 승강구에 보조발판을 설치하는 경우 해당 보조발판 바로 위 발판 윗면의 유효너비)의 80퍼센트 이상, 세로의 경우 20센티미터 이상일 것
   나. 제2단 이상 발판의 높이는 20센티미터 이하일 것. 다만, 15인승 이하의 자동차는 25센티미터 이하로 할 수 있으며, 각 단(제1단을 포함한다. 이하 같다)의 발판은 높이를 만족시키기 위하여 견고하게 설치된 구조의 보조발판 등을 사용할 수 있다.
   다. 승하차 시에만 돌출되도록 작동하는 보조발판은 위에서 보아 두 모서리가 만나는 꼭짓점 부분의 곡률반경이 20밀리미터 이상이고, 나머지 각 모서리 부분은 곡률반경이 2.5밀리미터 이상이 되도록 둥글게 처리하고 고무 등의 부드러운 재료로 마감할 것
   라. 보조발판은 자동 돌출 등 작동 시 어린이 등의 신체에 상해를 주지 아니하도록 작동되는 구조일 것
   마. 각 단의 발판은 표면을 거친 면으로 하거나 미끄러지지 아니하도록 마감할 것
② 삭제 <2017. 1. 9.>
③ 삭제 <2017. 1. 9.>
④ 중형승합자동차 및 대형승합자동차를 제외한 자동차의 승강구에는 다음 각 호의 기준에 적합하게 잠금장치를 설치하여야 한다. <신설 2009. 6. 18.>
1. 모든 승강구의 잠금장치는 그 조작장치를 차실 내에 설치할 것
2. 모든 승강구의 잠금장치는 잠김상태에서 바깥쪽 문걸쇠풀림장치에 의하여 승강구가 열리지 아니하도록 할 것
3. 옆면 뒤쪽 승강구의 잠금장치는 다음 각 목의 기준에 적합할 것. 다만, 옆면 뒤쪽 승강구에 승강구의 잠금장치와 연동되지 아니하고 별도로 작동하는 어린이보호 잠금장치를 갖춘 경우에는 그러하지 아니하다.
   가. 잠김상태에서 안쪽 문걸쇠풀림장치에 의하여 승강구가 열리지 아니할 것
   나. 잠금장치의 조작장치와 안쪽 문걸쇠풀림장치는 구별될 것
4. 뒷면 승강구에 안쪽 문걸쇠풀림장치를 설치한 경우 잠금장치의 조작장치는 안쪽 문걸쇠풀림장치와 구별될 것

제30조(비상탈출장치) 승차정원 16인 이상의 승합자동차에는 별표 5의31에 적합한 비상탈출장치를 설치해야 한다. <개정 2020. 12. 24.>

[전문개정 2017. 1. 9.]
제31조(통로) 승차정원 16인승 이상의 승합자동차에는 별표 5의29에 따른 통로 측정장치가 통과할 수 있는 통로를 갖추어야 한다. 다만, 승강구를 열고 바로 탑승하도록 좌석이 설치된 구조의 자동차는 제외한다.

[전문개정 2017. 1. 9.]
제32조(물품적재장치) ① 자동차의 적재함 기타의 물품적재장치는 견고하고 안전하게 물품을 적재·운반할 수 있는 구조로서 다음 각 호의 기준에 적합해야 한다. <개정 1995. 7. 21., 2001. 4. 28., 2003. 2. 25., 2005. 8. 10., 2008. 3. 14., 2008. 12. 8., 2013. 3. 23., 2018. 7. 11., 2018. 12. 31., 2021. 8. 27.>
1. 일반형 및 덤프형 화물자동차의 적재함은 위쪽이 개방된 구조일 것
2. 밴형 화물자동차는 다음 각 목의 기준에 적합할 것
    가. 물품적하구는 뒷쪽 또는 옆쪽으로 하되, 문은 좌우·상하로 열리는 구조이거나 미닫이 식으로 할 것
    나. 승차장치와 물품적재장치 사이는 차체와 동일한 재질의 철판 또는 최대적재량의 50퍼센트의 하중을 가할 때 300밀리미터 이상 변형되지 않는 재질의 칸막이벽으로 폐쇄할 것. 다만, 통기구 등 제작공정상 불가피한 부분 및 화물의 탈락 등을 방지하기 위한 보호봉을 설치한 창유리 부분(칸막이벽면적의 20퍼센트 이내로 한정한다)은 그렇지 않다.
    다. 물품적재장치의 옆면벽과 뒷면벽 또는 뒷문은 차체와 동등한 성능의 재질로 하고 창유리 등을 설치하지 아니할 것. 다만, 화물의 탈락 등을 방지할 수 있도록 유리창을 지탱하는 창문틀 또는 차체에 2개 이상의 보호봉을 용접한 옆면벽과 보호봉을 설치한 뒷면벽 또는 뒷문의 경우에는 창유리를 설치할 수 있다.
    라. 물품적재장치의 바닥면적이 승차장치의 바닥면적보다 넓을 것
3. 덤프형 화물자동차 및 특수목적에 필요한 구조 또는 장치를 한 자동차로서 다른 목적에 사용이 곤란한 탱크로리·살수자동차등의 물품적재장치는 국토교통부장관이 정하는 운송 물품별 비중에 의하여 산출되는 중량에 적합한 구조이어야 하며, 유류·가스등 다른 법령에 의하여 적재용량이 산출되는 경우에는 당해 법령의 기준에 적합한 구조일 것
4. 초소형화물자동차의 물품적재장치는 다음 각 목의 기준에 적합할 것
    가. 최대적재량은 100킬로그램 이상일 것
    나. 바닥면이 지면으로부터 1미터 이하이고, 길이는 윤간거리(「자동차관리법 시행규칙」 별지 제25호 서식에 따른 자동차제원표에 기재된 윤간거리를 말하며, 전륜 또는 후륜 중 큰 값을 적용한다)의 1.4배를 초과하지 아니할 것
    다. 물품적재장치 공간은 적재함의 길이×너비≥차량의 길이×너비×0.3을 충족할 것
    라. 한 변의 길이가 60센티미터인 정육면체를 실을 수 있을 것

② 사체·독극물·고압가스·화약류 기타 위험물을 적재하는 장치는 차실과 완전히 격리되어야 하며, 차체외부에서 적재물품을 적하할 수 있는 구조이어야 한다.

③ 운행 중 적재물이 떨어질 우려가 있는 청소용자동차 등의 물품적재장치에는 다음 각 호의 기준에 따른 덮개를 설치하여야 한다. 다만, 「건설폐기물의 재활용촉진에 관한 법률」 제13조제1항 등 다른 법령에서 덮개의 설치와 관련하여 특별한 규정이 있는 경우에는 그 법령에서 정하는 바에 따른다. <개정 2019. 12. 31.>

1. 덮개는 방수기능을 갖춘 재질로서 쉽게 파손되지 않는 구조일 것
2. 덮개의 형태는 운행 중 적재물이 유출되는 것을 방지할 수 있도록 적재함의 상부 전체를 완전히 덮을 수 있는 구조일 것
3. 덮개는 자동으로 작동되거나 사용자가 지면에서 도구 또는 조작장치 등을 통해 덮을 수 있는 구조일 것. 다만, 특수한 목적 등으로 구조상 곤란한 경우에는 그러하지 아니하다.

제33조(가스운송장치) 가스를 운송하기 위해 자동차에 설치하는 가스운송장치는 다음 각 호의 기준에 적합하여야 한다.

1. 가스용기는 자동차의 움직임에 의하여 이완되지 아니하도록 차체에 견고하게 고정시킬 것
2. 가스용기는 누출된 가스 등이 차실내로 유입되지 아니하도록 차실과 벽 또는 보호판으로 격리되거나 가스가 누출되지 아니하도록 밸브주변이 견고한 재질로 밀폐되어 있고, 충격 등으로부터 용기를 보호할 수 있는 구조이어야 하며, 차체 밖으로부터 공기가 통하는 곳에 설치할 것
3. 가스용기 및 도관에는 필요한 곳에 보호장치를 할 것
4. 가스용기 및 도관에는 배기관 및 소음방지장치의 발열에 의하여 직접 영향을 받지 아니하도록 필요한 방열장치를 할 것
5. 도관은 강관·동관 또는 내유성고무관으로 할 것
6. 양끝이 고정된 도관(내유성고무관을 제외한다)은 완곡된 형태로 최소한 1미터마다 차체에 고정시킬 것
7. 고압부분의 도관은 가스용기 충전압력의 1.5배의 압력에 견딜 수 있을 것
8. 가스충전밸브는 충전구 가까운 곳에 설치하고, 중간차단밸브를 작동하는 조작장치(시동장치로 작동되는 경우를 포함한다)는 운전자가 조작하기 쉬운 곳에 설치할 것
9. 가스용기 및 용기밸브 등은 차체의 최후단으로부터 300밀리미터 이상, 차체의 최외측면으로부터 200밀리미터 이상의 간격을 두고 설치할 것. 다만, 강도가 강재의 표준규격 41(SS41) 이상이고 두께가 3.2밀리미터 이상인 강판 또는 형강으로 가스용기 및 용기밸브 등을 보호한 경우에는 차체의 최후단으로부터 200밀리미터 이상, 차체의 최외측면으로부터 100밀리미터 이상의 간격을 두고 설치할 수 있다.

[전문개정 2014. 6. 10.]

제34조(창유리 등) ① 자동차의 앞면창유리는 접합유리 또는 유리·플라스틱 조합유리로, 그 밖의 창유리는 강화유리, 접합유리, 복층유리, 플라스틱유리 또는 유리·플라스틱 조합유리 중 하나로 하여야 한다. 다만, 컨버터블자동차 및 캠핑용자동차 등 특수한 구조의 자동차의 앞면 외의 창유리와 피견인자동차의 창유리는 그러하지 아니하다. <개정 2010. 3. 29., 2018. 12. 31.>

② 삭제 <2010. 3. 29.>

③ 삭제 <2010. 3. 29.>

④ 승용자동차와 차량총중량이 4.5톤 이하인 승합자동차의 창유리·선루프 또는 격실문(이하 "창유리등"이라 한다)이 전동식장치에 의해 닫혀지는 창유리등의 경우에는 제5항의 기준에 적합하여야 한다. 다만, 다음 각 호의 어느 하나에 해당하는 방식으로 닫히는 창유리등의 경우는 제외한다. <신설 2005. 8. 10., 2008. 12. 8., 2014. 6. 10.>

1. 시동장치의 열쇠가 원동기 작동 위치 또는 라디오 등 편의장치를 작동할 수 있는 위치에 있는 상태(기계식 외의 시동장치로서 위와 동등한 상태인 경우를 포함한다)에서 닫히는 경우
2. 자동차로부터 전원공급이 없이 완력에 의하여 닫히는 경우
3. 자동차 외부에서 창유리등을 자동으로 닫을 수 있는 장치(작동버튼을 계속 누르는 등 연속작동이 있어야 닫힘이 완료되는 것에 한한다)를 작동하여 닫히는 경우
4. 시동장치의 열쇠를 원동기 작동 위치에서 제거한 후 자동차 앞문(조수석 쪽의 앞문을 포함한다)을 열 때까지 닫히는 경우
5. 창유리등이 4밀리미터 이하로 열린 상태에서 닫히는 경우
6. 창문틀이 없는 문의 경우 창유리가 12밀리미터 이하로 열려있는 상태에서 자동차의 문을 닫을 때 자동으로 닫히는 경우
7. 원격조종장치에 의하여 창유리등을 닫을 수 있는 경우에는 자동차와 원격조종장치간의 거리가 11미터(장애물이 있는 경우 6미터) 이하에서 원격조종장치를 연속적으로 작동하여 닫히는 경우
8. 운전석 창유리 및 선루프가 다음 각 목의 경우에 1회의 조작으로 닫히는 경우
   가. 시동장치의 열쇠가 원동기 작동 위치에 있는 경우
   나. 1열 승강구가 승차인이 내릴 수 있을 정도로 충분히 열리지 아니한 상태로서 시동장치의 열쇠가 원동기 작동 위치에서 벗어나거나 제거된 경우(기계식 외의 시동장치로서 위와 동등한 조건의 경우를 포함한다)

⑤ 창유리등이 닫힐 때 창유리등의 윗면에 지름 4밀리미터부터 200밀리미터까지의 반강체 원통(탄성계수가 밀리미터당 1킬로그램인 것을 말한다)이 닿거나 10킬로그램 이상의 하중을 가하였을 때에 다음 각 호의 어느 하나에 해당하는 기능을 갖추어야 한다. <신설 1999. 2. 19.,

2005. 8. 10., 2014. 6. 10.>
1. 창유리등이 닫히기 시작하기 전의 위치로 돌아갈 것
2. 창유리등이 반강체원통에 닿거나 하중을 가한 위치로부터 50밀리미터이상 열릴 것
3. 창유리등이 200밀리미터이상 열릴 것
4. 사선방향의 여닫이 방식으로 열리는 기능만 갖춘 선루프의 경우에는 최대 개방 가능한 상태로 열릴 것

제35조(소음방지장치) 자동차의 소음방지장치는 「소음·진동관리법」 제30조 및 제35조에 따른 자동차의 소음허용기준에 적합하여야 한다. <개정 2003. 2. 25., 2005. 8. 10., 2008. 12. 31., 2010. 6. 30.>

제36조(배기가스발산방지장치) 자동차의 배기가스발산방지장치는 「대기환경보전법」 제46조에 따른 배출허용기준에 적합하여야 한다. <개정 2005. 8. 10., 2010. 3. 29.>

제37조(배기관) ① 자동차 배기관의 열림방향은 자동차의 길이방향에 대해 왼쪽 또는 오른쪽으로 45도를 초과해 열려 있어서는 안 되며, 배기관의 끝은 차체 외측으로 돌출되지 않도록 설치해야 한다. <개정 2018. 12. 31.>

② 삭제 <2018. 12. 31.>

③ 배기관은 자동차 또는 적재물을 발화시키거나 자동차의 다른 기능을 저해할 우려가 없어야 하며, 견고하게 설치하여야 한다.

제38조(전조등) ① 자동차(피견인자동차를 제외한다)의 앞면에는 전방을 비출 수 있는 주행빔 전조등을 다음 각 호의 기준에 적합하게 설치하여야 한다. <개정 2018. 7. 11.>
1. 좌·우에 각각 1개 또는 2개를 설치할 것. 다만, 너비가 130센티미터 이하인 초소형자동차에는 1개를 설치할 수 있다.
2. 등광색은 백색일 것
3. 주행빔 전조등의 설치 및 광도기준은 별표 6의3에 적합할 것. 다만, 초소형자동차는 별표 35의 기준을 적용할 수 있다.

② 자동차(피견인자동차는 제외한다)의 앞면에는 마주오는 자동차 운진자의 눈부심을 감소시킬 수 있는 변환빔 전조등을 다음 각 호의 기준에 적합하게 설치하여야 한다. <개정 2018. 7. 11.>
1. 좌·우에 각각 1개를 설치할 것. 다만, 너비가 130센티미터 이하인 초소형자동차에는 1개를 설치할 수 있다.
2. 등광색은 백색일 것
3. 변환빔 전조등의 설치 및 광도기준은 별표 6의4에 적합할 것. 다만, 초소형자동차는 별표 36의 기준을 적용할 수 있다.

③ 자동차(피견인자동차는 제외한다)의 앞면에 전조등의 주행빔과 변환빔이 다양한 환경조건에

따라 자동으로 변환되는 적응형 전조등을 설치하는 경우에는 다음 각 호의 기준에 적합하게 설치하여야 한다.
1. 좌·우에 각각 1개를 설치할 것
2. 등광색은 백색일 것
3. 적응형 전조등의 설치 및 광도기준은 별표 6의5에 적합할 것
④ 주변환빔 전조등의 광속(光束)이 2천루멘을 초과하는 전조등에는 다음 각 호의 기준에 적합한 전조등 닦이기를 설치하여야 한다. <신설 2018. 7. 11.>
1. 매시 130킬로미터 이하의 속도에서 작동될 것
2. 전조등 닦이기 작동 후 광도는 최초 광도값의 70퍼센트 이상일 것
[전문개정 2014. 6. 10.]

제38조의2(안개등) ① 자동차(피견인자동차는 제외한다)의 앞면에 안개등을 설치할 경우에는 다음 각 호의 기준에 적합하게 설치하여야 한다. <개정 2018. 7. 11.>
1. 좌·우에 각각 1개를 설치할 것. 다만, 너비가 130센티미터 이하인 초소형자동차에는 1개를 설치할 수 있다.
2. 등광색은 백색 또는 황색일 것
3. 앞면안개등의 설치 및 광도기준은 별표 6의6에 적합할 것. 다만, 초소형자동차는 별표 37의 기준을 적용할 수 있다.
② 자동차의 뒷면에 안개등을 설치할 경우에는 다음 각 호의 기준에 적합하게 설치하여야 한다. <개정 2018. 7. 11.>
1. 2개 이하로 설치할 것
2. 등광색은 적색일 것
3. 뒷면안개등의 설치 및 광도기준은 별표 6의7에 적합할 것. 다만, 초소형자동차는 별표 38의 기준을 적용할 수 있다.
[전문개정 2014. 6. 10.]

제38조의3(승하차보조등) 자동차의 외부에 별표 6의30의 기준에 적합한 승하차보조등을 설치할 수 있다.
[전문개정 2018. 7. 11.]

제38조의4(주간주행등) 주간운전 시 자동차를 쉽게 인지할 수 있도록 자동차의 앞면에 다음 각 호의 기준에 적합한 주간주행등을 설치하여야 한다. <개정 2018. 7. 11.>
1. 좌·우에 각각 1개를 설치할 것. 다만, 너비가 130센티미터 이하인 초소형자동차에는 1개를 설치할 수 있다.
2. 등광색은 백색일 것
3. 주간주행등의 설치 및 광도기준은 별표 6의8에 적합할 것. 다만, 초소형자동차는 별표

39의 기준을 적용할 수 있다.

[전문개정 2014. 6. 10.]

제38조의5(코너링조명등) 자동차의 앞면 또는 옆면의 앞쪽에 코너링조명등을 설치하는 경우에는 다음 각 호의 기준에 적합하게 설치하여야 한다.

1. 좌·우에 각각 1개를 설치할 것
2. 등광색은 백색일 것
3. 코너링조명등의 설치 및 광도기준은 별표 6의9에 적합할 것

[본조신설 2014. 6. 10.]

제39조(후퇴등) 자동차(차량총중량 0.75톤 이하인 피견인자동차는 제외한다)의 뒷면에는 다음 각 호의 기준에 적합한 후퇴등을 설치하여야 한다. <개정 2018. 7. 11.>

1. 1개 또는 2개를 설치할 것. 다만, 길이가 600센티미터 이상인 자동차(승용자동차는 제외한다)에는 자동차 측면 좌·우에 각각 1개 또는 2개를 추가로 설치할 수 있다.
2. 등광색은 백색일 것
3. 후퇴등의 설치 및 광도기준은 별표 6의10에 적합할 것. 다만, 초소형자동차는 별표 40의 기준을 적용할 수 있다.

[전문개정 2014. 6. 10.]

제39조의2(옆면보조등) 자동차(피견인자동차는 제외한다)에는 별표 6의31의 기준에 적합한 옆면보조등을 설치할 수 있다.

[본조신설 2018. 7. 11.]

제40조(차폭등) 자동차(너비 160센티미터 이상인 피견인자동차를 포함한다)의 앞면에는 다음 각 호의 기준에 적합한 차폭등을 설치하여야 한다. <개정 2018. 7. 11., 2020. 12. 24.>

1. 좌·우에 각각 1개를 설치할 것. 다만, 너비가 130센티미터 이하인 초소형자동차에는 1개를 설치할 수 있다.
2. 등광색은 백색일 것
3. 차폭등의 설치 및 광도기준은 별표 6의11에 적합할 것. 다만, 초소형자동차는 별표 41을 적용할 수 있다.

[전문개정 2014. 6. 10.]

제40조의2(끝단표시등) 자동차 너비가 210센티미터를 초과하는 자동차의 앞면 및 뒷면(뒷면의 경우 일반형 화물자동차 및 덤프형 화물자동차로서 적재함 위쪽이 개방된 구조는 제외한다)에는 다음 각 호의 기준에 적합한 끝단표시등을 설치해야 하고, 자동차 너비가 180센티미터 이상 210센티미터 이하인 자동차에 끝단표시등을 설치하는 경우에는 다음 각 호의 기준에 적합하게 설치해야 한다. <개정 2020. 12. 24.>

1. 자동차의 앞면 및 뒷면 좌·우에 각각 1개를 설치할 것. 다만, 자동차 안전 운행을 위해

필요하면 자동차의 옆면 좌·우에 각각 1개를 추가로 설치할 수 있다.
  2. 등광색은 다음 각 목의 구분에 따른 등광색일 것
    가. 자동차의 앞면에 설치되거나 발광면이 전방을 향하는 끝단표시등: 백색
    나. 자동차의 뒷면에 설치되거나 발광면이 후방을 향하는 끝단표시등: 적색
  3. 끝단표시등의 설치 및 광도기준은 별표 6의12에 적합할 것
  [본조신설 2014. 6. 10.]
제40조의3(주차등) 자동차 길이가 600센티미터 이하, 너비가 200센티미터 이하인 자동차에 주차등을 설치하는 경우에는 별표 6의32의 기준에 적합하여야 한다.
  [본조신설 2018. 7. 11.]
제41조(번호등) 자동차의 뒷면에는 다음 각 호의 기준에 적합한 번호등(番號燈)을 설치하여야 한다. <개정 2018. 7. 11.>
  1. 등광색은 백색일 것
  2. 번호등의 설치 및 휘도(輝度)기준은 별표 6의13에 적합할 것. 다만, 초소형자동차는 별표 42의 기준을 적용할 수 있다.
  3. 번호등은 등록번호판을 잘 비추는 구조일 것
  [전문개정 2014. 6. 10.]
제42조(후미등) 자동차의 뒷면에는 다음 각 호의 기준에 적합한 후미등을 설치하여야 한다. <개정 2018. 7. 11., 2019. 12. 31.>
  1. 좌·우에 각각 1개를 설치할 것. 다만, 다음 각 목의 자동차에는 다음 각 목의 구분에 따른 기준에 따라 후미등을 설치할 수 있다.
    가. 끝단표시등이 설치되지 않은 다음의 어느 하나에 해당하는 자동차: 좌·우에 각각 1개의 후미등 추가 설치 가능
      1) 승합자동차
      2) 차량 총중량 3.5톤 초과 화물자동차 및 특수자동차(구난형 특수자동차는 제외한다)
    나. 구난형 특수자동차: 좌·우에 각각 1개의 후미등 추가 설치 가능
    다. 너비가 130센티미터 이하인 초소형자동차: 1개의 후미등 설치 가능
  2. 등광색은 적색일 것
  3. 후미등의 설치 및 광도기준은 별표 6의14에 적합할 것. 다만, 초소형자동차는 별표 43의 기준을 적용할 수 있다.
  [전문개정 2014. 6. 10.]
제43조(제동등) ① 자동차의 뒷면에는 다음 각 호의 기준에 적합한 제동등을 설치하여야 한다. <개정 2018. 7. 11., 2019. 12. 31.>
  1. 좌·우에 각각 1개를 설치할 것. 다만, 다음 각 목의 자동차는 다음 각 목의 구분에 따른

기준에 따라 제동등을 설치할 수 있다.
  가. 너비가 130센티미터 이하인 초소형자동차: 1개의 제동등 설치 가능
  나. 구난형 특수자동차: 좌·우에 각각 1개의 제동등 추가 설치 가능
 2. 등광색은 적색일 것
 3. 제동등의 설치 및 광도기준은 별표 6의15에 적합할 것. 다만, 초소형자동차는 별표 44의 기준을 적용할 수 있다.
② 승용자동차와 차량총중량 3.5톤 이하 화물자동차 및 특수자동차의 뒷면에는 다음 각 호의 기준에 적합한 보조제동등을 설치하여야 한다. 다만, 초소형자동차와 차체구조상 설치가 불가능하거나 개방형 적재함이 설치된 화물자동차는 제외한다. <개정 2018. 7. 11.>
 1. 자동차의 뒷면 수직중심선 상에 1개를 설치할 것. 다만, 차체 중심에 설치가 불가능한 경우에는 자동차의 양쪽에 대칭으로 2개를 설치할 수 있다.
 2. 등광색은 적색일 것
 3. 보조제동등의 설치 및 광도기준은 별표 6의16에 적합할 것
[전문개정 2014. 6. 10.]

제44조(방향지시등) 자동차의 앞면·뒷면 및 옆면(피견인자동차의 경우에는 앞면을 제외한다)에는 다음 각 호의 기준에 적합한 방향지시등을 설치하여야 한다. <개정 2018. 7. 11., 2019. 12. 31.>
 1. 자동차 앞면·뒷면 및 옆면 좌·우에 각각 1개를 설치할 것. 다만, 승용자동차와 차량총중량 3.5톤 이하 화물자동차 및 특수자동차(구난형 특수자동차는 제외한다)를 제외한 자동차에는 2개의 뒷면 방향지시등을 추가로 설치할 수 있다.
 2. 등광색은 호박색일 것
 3. 방향지시등의 설치 및 광도기준은 별표 6의17에 적합할 것. 다만, 초소형자동차는 별표 45의 기준을 적용할 수 있다.
[전문개정 2014. 6. 10.]

제44조의2(옆면표시등) 길이 6미터 이상인 자동차에는 다음 각 호의 기준에 적합한 옆면표시등을 설치하여야 한다. <개정 2018. 7. 11.>
 1. 등광색은 호박색(자동차의 가장 뒷부분 옆면에 설치된 경우에는 호박색 또는 적색)일 것
 2. 옆면표시등의 설치 및 광도기준은 별표 6의18에 적합할 것. 다만, 초소형자동차는 별표 46의 기준을 적용할 수 있다.
[전문개정 2014. 6. 10.]

제45조(비상점멸표시등) 자동차에는 다음 각 호의 기준에 적합한 비상점멸표시등을 설치하여야 한다. <개정 2018. 7. 11.>
 1. 모든 비상점멸표시등은 동시에 작동하는 구조일 것

2. 비상점멸표시등의 작동기준은 별표 6의19에 적합할 것. 다만, 초소형자동차는 별표 47의 기준을 적용할 수 있다.

[전문개정 2014. 6. 10.]

제45조의2(후방추돌경고등) 후행하는 자동차의 추돌을 방지하기 위하여 후방추돌경고등을 설치하는 경우에는 다음 각 호의 기준에 적합하게 설치하여야 한다.

1. 후방추돌경고신호의 발생과 동시에 후방추돌경고등이 작동될 것
2. 후방추돌경고등의 작동기준은 별표 6의20에 적합할 것

[본조신설 2014. 6. 10.]

제46조(군용화 장치) ① 최대 적재량 8톤 이상 9톤 이하의 일반형 화물자동차로서 국토교통부장관이 정하여 고시하는 화물자동차에는 핀틀후크(pintle hook: 견인용 고리를 말한다. 이하 같다)를 설치해야 한다. <개정 1999. 6. 28., 2011. 12. 23., 2013. 3. 23., 2021. 8. 27.>

② 제1항의 규정에 의한 핀틀후크의 규격 및 설치등에 관한 사항은 국토교통부장관이 따로 정한다. <개정 1995. 7. 21., 1999. 6. 28., 2008. 3. 14., 2013. 3. 23.>

[제목개정 1995. 7. 21.]

제47조(그 밖의 등화의 제한) ① 자동차의 앞면에는 적색의 등화, 반사기 또는 방향지시등과 혼동하기 쉬운 점멸하는 등화를 설치하여서는 아니된다. 다만, 화약류를 운송하는 경우에 사용하는 적색등화, 버스 및 어린이운송용 승합자동차의 윗부분에 설치하는 표시등 및 긴급자동차에 설치하는 등화의 경우에는 그러하지 아니하다. <개정 1997. 8. 25., 2003. 2. 25.>

② 자동차의 뒷면에는 끝단표시등, 제동등, 방향지시등 및 옆면표시등과 혼동하기 쉬운 등화나 점멸하는 등화를 설치하여서는 아니 된다. 다만, 어린이운송용 승합자동차에 설치하는 등화와 화약류를 운송할 때에 사용하는 적색등화의 경우에는 그러하지 아니하다. <개정 1997. 8. 25., 2014. 6. 10.>

③ 자동차에는 제38조, 제38조의2부터 제38조의5까지, 제39조, 제39조의2, 제40조, 제40조의2, 제40조의3, 제41조부터 제44조까지, 제44조의2, 제45조, 제45조의2, 제48조, 제49조 및 제58조에 규정되지 아니한 등화나 반사기 등을 설치하여서는 아니 된다. 다만, 다음 각 호의 경우는 제외한다. <개정 2014. 6. 10., 2014. 12. 31., 2018. 7. 11., 2019. 12. 31.>

1. 승합자동차에 목적지 표시등을 설치하는 경우
2. 승합자동차, 화물자동차 또는 특수자동차에 뒷바퀴 조명등을 다음 각 목의 기준에 맞게 설치하는 경우

   가. 백색의 등화로서 양쪽에 1개씩 설치할 것
   나. 광원이 직접 보이지 아니하는 구조일 것

3. 삭제 <2018. 7. 11.>
4. 화물자동차 또는 특수자동차에 작업등을 다음 각 목의 기준에 맞게 설치하는 경우

가. 매시 20킬로미터를 초과하여 전진방향으로 주행할 때 소등되는 구조일 것
　　나. 등광색은 백색일 것
[제목개정 2008. 12. 8.]

제48조(등화에 대한 그 밖의 기준) ① 자동차에 설치된 각종 등화는 1개의 등화로 2 이상의 용도로 겸용할 수 있다. 다만, 화약류를 운송할 때에 사용되는 적색등화의 경우에는 그러하지 아니하다.

② 삭제 <2008. 12. 8.>

③ 자동차의 등화장치에 사용하는 광원은 별표 6의21의 기준에 적합하여야 한다. <신설 1997. 8. 25., 2008. 12. 8., 2009. 6. 18., 2014. 6. 10., 2018. 7. 11.>

④ 어린이운송용 승합자동차에는 다음 각호의 기준에 적합한 표시등을 설치하여야 한다. <신설 1997. 8. 25., 1999. 2. 19., 1999. 6. 28., 2008. 12. 8.>

1. 앞면과 뒷면에는 분당 60회이상 120회이하로 점멸되는 각각 2개의 적색표시등과 2개의 황색표시등 또는 호박색표시등을 설치할 것
2. 적색표시등은 바깥쪽에, 황색표시등은 안쪽에 설치하되, 차량중심선으로부터 좌·우대칭이 되도록 설치할 것
3. 앞면표시등은 앞면창유리 위로 앞에서 가능한 한 높게 하고, 뒷면표시등의 렌즈하단부는 뒷면 옆창문 개구부의 상단선보다 높게 하되, 좌·우의 높이가 같게 설치할 것
4. 각 표시등의 발광면적은 120제곱센티미터 이상일 것
5. 도로에 정지하려고 하거나 출발하려고 하는 때에는 다음 각 목의 기준에 적합할 것
　　가. 도로에 정지하려는 때에는 황색표시등 또는 호박색표시등이 점멸되도록 운전자가 조작할 수 있어야 할 것
　　나. 가목의 점멸 이후 어린이의 승하차를 위한 승강구가 열릴 때에는 자동으로 적색표시등이 점멸될 것
　　다. 출발하기 위하여 승강구가 닫혔을 때에는 다시 자동으로 황색표시등 또는 호박색표시등이 점멸될 것
　　라. 다목의 점멸 시 적색표시등과 황색표시등 또는 호박색표시등이 동시에 점멸되지 아니할 것
6. 앞면과 뒷면에 설치하는 표시등은 별표 28의2의 광도기준에 적합할 것

⑤ 자동차 등화장치 및 반사장치의 색도기준은 별표 6의22에 적합하여야 한다 <신설 2014. 6. 10.>

[제목개정 2008. 12. 8.]

제49조(후부반사기 등) ① 자동차의 뒷면에는 다음 각 호의 기준에 적합한 후부반사기를 설치하여야 한다. <개정 2018. 7. 11.>

1. 좌·우에 각각 1개를 설치할 것. 다만, 너비가 130센티미터 이하인 초소형자동차에는 1개를 설치할 있다.
2. 반사광은 적색일 것
3. 후부반사기의 설치기준은 별표 6의23에 적합할 것. 다만, 초소형자동차는 별표 48의 기준을 적용할 수 있다.

② 피견인자동차의 뒷면에는 다음 각 호의 기준에 적합한 피견인자동차용 삼각형 반사기를 설치하여야 한다.
1. 좌·우에 각각 1개를 설치할 것
2. 반사광은 적색일 것
3. 피견인자동차용 삼각형 반사기의 설치기준은 별표 6의24에 적합할 것

③ 피견인자동차의 앞면에는 다음 각 호의 기준에 적합한 앞면반사기를 설치하여야 한다.
1. 좌·우에 각각 1개를 설치할 것
2. 반사광은 백색 또는 무색일 것
3. 앞면반사기의 설치기준은 별표 6의25에 적합할 것

④ 피견인자동차와 자동차 길이 600센티미터 이상인 자동차에는 다음 각 호의 기준에 적합한 옆면반사기를 설치하여야 하고, 그 밖의 자동차에 옆면반사기를 설치하는 경우에는 다음 각 호의 기준에 적합하게 설치하여야 한다. <개정 2018. 7. 11.>
1. 옆면반사기의 색상은 호박색(자동차의 가장 뒷부분 옆면에 설치된 경우에는 호박색 또는 적색)일 것
2. 옆면반사기의 설치기준은 별표 6의26에 적합할 것. 다만, 초소형자동차는 별표 49의 기준을 적용할 수 있다.

⑤ 제1항부터 제4항까지의 규정에 따른 반사기의 반사성능은 별표 6의27의 기준에 적합하여야 한다.

⑥ 차량총중량 7.5톤 이상인 화물자동차와 특수자동차의 뒷면에는 별표 6의28의 기준에 적합한 후부반사판 또는 후부반사지를 설치하여야 한다. <개정 2018. 7. 11.>
1. 삭제 <2018. 7. 11.>
2. 삭제 <2018. 7. 11.>
3. 삭제 <2018. 7. 11.>
4. 삭제 <2018. 7. 11.>

⑦ 최고속도가 시속 40킬로미터 이하인 자동차에는 제112조의13의 기준에 적합한 저속차량용 후부표시판을 설치하여야 한다. <신설 2017. 1. 9.>

⑧ 차량총중량 7.5톤 초과 화물·특수자동차(미완성자동차·견인자동차는 제외한다)와 차량총중량 3.5톤 초과 피견인자동차(미완성자동차는 제외한다)의 옆면(자동차의 길이가 6.0미터를

초과하는 경우에 한한다)과 뒷면(자동차 너비가 2.1미터를 초과하는 경우에 한한다)에는 다음 각 호의 기준에 적합한 반사띠를 설치해야 한다. 다만, 승용자동차 및 차량총중량 0.75톤 이하 피견인자동차를 제외한 자동차에도 반사띠를 설치할 수 있으며, 이 경우에도 다음 각 호의 기준에 적합해야 한다. <신설 2018. 12. 31.>
1. 반사띠의 반사광은 다음 각 목에 적합한 색상일 것
　가. 앞면: 백색
　나. 옆면: 황색 또는 백색
　다. 뒷면: 황색 또는 적색
2. 반사띠의 설치 및 반사성능 기준은 별표 32의2에 적합할 것

⑨ 제6항 및 제8항에도 불구하고 「소방장비관리법 시행령」 별표 1 제1호가목에 따른 소방자동차에는 「소방장비관리법」 제11조에 따른 도장 및 표지 기준에 따라 후부반사판·후부반사지 및 반사띠를 설치할 수 있다. <신설 2019. 12. 31.>

[전문개정 2014. 6. 10.]

제50조(간접시계장치) ① 자동차에는 운전자가 교통상황을 확인할 수 있도록 다음 각 호의 어느 하나에 해당하는 간접시계장치를 설치하여야 한다. <개정 2017. 1. 9., 2018. 7. 11.>
1. 거울을 이용한 간접시계장치는 별표 5의6에 적합하게 설치하여야 하고, 별표 5의7 시계범위에 적합할 것. 다만, 초소형자동차의 경우 간접시계장치의 설치 및 시계범위는 별표 50의 기준에 적합하여야 한다.
2. 카메라모니터 시스템을 이용한 간접시계장치는 별표 5의6과 별표 5의8에 적합하게 설치하여야 하고, 별표 5의7 시계범위에 적합할 것

② 어린이운송용 승합자동차(원동기가 운전석으로부터 앞쪽에 위치해 있는 자동차는 제외한다)에는 차체 바로 앞에 있는 장애물을 확인할 수 있는 간접시계장치를 추가로 설치하여야 한다. <개정 2017. 1. 9.>

③ 어린이운송용 승합자동차의 좌우에 설치하는 간접시계장치는 승강구의 가장 늦게 닫히는 부분의 차체(승강구가 없는 차체 쪽의 경우는 승강구가 있는 차체의 지점과 대칭인 지점을 말한다)로부터 자동차길이방향의 수직으로 300밀리미터 떨어진 지점에 직경 30밀리미터 및 높이 1천 200밀리미터의 관측봉을 설치하고, 운전자의 착석기준점으로부터 위로 635밀리미터의 높이에서 관측봉을 확인하였을 때 관측봉의 전부가 보일 수 있는 구조로 하여야 한다. <신설 2008. 1. 14., 2011. 8. 31., 2014. 2. 21., 2017. 1. 9.>

④ 제1항에 따른 간접시계장치에 추가로 평균곡률반경이 200밀리미터 이상이고 반사면이 1만제곱밀리미터 이상인 광각 실외후사경 또는 영상장치를 설치하여 제3항에 따른 기준에 적합한 경우에는 어린이운송용 승합자동차에 적합한 것으로 본다. <신설 2011. 8. 31., 2017. 1. 9.>

⑤ 자동차에는 제1항에 따른 간접시계장치를 보조하는 후사경 보조용 영상장치를 설치할 수 있다. 이 경우 후사경 보조용 영상장치는 별표 5의26의 기준에 적합하여야 한다. <신설 2015. 11. 24., 2017. 1. 9.>

[제목개정 2008. 1. 14., 2017. 1. 9.]

제51조(창닦이기 장치등) ① 자동차의 앞면창유리(천정개방2층대형승합자동차의 위층 앞면창유리는 제외한다)에는 시야확보를 위한 자동식창닦이기·세정액분사장치·서리제거장치 및 안개제거장치를 설치하여야 하며, 필요한 경우 뒷면 및 기타 창유리의 경우에도 창닦이기·세정액분사장치·서리제거장치 또는 안개제거장치 등을 설치할 수 있다. <개정 1997. 1. 17., 2014. 6. 10.>

② 자동차(초소형자동차는 제외한다)의 앞면창유리에 설치하는 창닦이기는 다음 각호의 기준에 적합하여야 한다. <개정 1997. 1. 17., 2018. 7. 11.>

1. 작동주기의 종류는 2가지 이상일 것
2. 최저작동주기는 매분당 20회 이상이고, 다른 하나의 작동주기는 매분당 45회 이상일 것
3. 최고작동주기와 다른 하나의 작동주기의 차이는 매분당 15회 이상일 것
4. 작동을 정지시킨 경우 자동적으로 최초의 위치로 복귀되는 구조일 것

③ 초소형자동차의 앞면창유리에 설치하는 창닦이기는 다음 각 호의 기준에 적합하여야 한다. <신설 2018. 7. 11.>

1. 분당 40회 이상 작동할 것
2. 작동 정지 시 최초의 위치로 자동으로 돌아오는 구조일 것

제52조 삭제 <2009. 6. 18.>

제53조(경음기) 자동차의 경음기는 다음 각 호의 기준에 적합해야 한다.

1. 일정한 크기의 경적음을 동일한 음색으로 연속하여 낼 것
2. 자동차 전방으로 2미터 떨어진 지점으로서 지상높이가 1.2±0.05미터인 지점에서 측정한 경적음의 최소크기가 최소 90데시벨(C) 이상일 것

[전문개정 2020. 12. 24.]

제53조의2(후방보행자 안전장치) ① 자동차에는 다음 각 호의 어느 하나 이상의 장치를 설치하여야 한다. 다만, 어린이운송용 승합자동차에는 제1호 및 제3호의 장치를 모두 설치하여야 한다.

1. 자동차의 후방 끝 중심으로부터 좌우 1,000밀리미터, 후방 300밀리미터부터 2,000밀리미터까지의 영역에 설치된 직경 30밀리미터·높이 500밀리미터의 관측봉을 전부 볼 수 있는 후방영상장치
2. 후진시 운전자에게 자동차의 후방에 있는 보행자의 접근상황을 알리는 접근경고음 발생장치
3. 보행자에게 자동차가 후진 중임을 알리는 후진경고음 발생장치

② 제1항제3호에 따른 후진경고음 발생장치는 다음 각 호의 기준에 적합하여야 한다.
1. 경고음은 발생과 정지가 반복되도록 하고, 같은 음색의 소리를 일정한 간격으로 발생시킬 것
2. 경고음의 크기는 자동차 후방 끝으로부터 2미터 떨어진 위치에서 측정하였을 때 다음 각 목의 기준에 적합할 것
   가. 승용자동차와 승합자동차 및 경형·소형의 화물·특수자동차는 60데시벨(A) 이상 85데시벨(A) 이하일 것
   나. 가목 외의 자동차는 65데시벨(A) 이상 90데시벨(A) 이하일 것
3. 경고음의 음색은 1/3옥타브 중심주파수대역이 500헤르츠 이상 4,000헤르츠 이하인 구간에서 가장 큰 소리를 낼 것

[전문개정 2018. 7. 11.]

제53조의2(후방보행자 안전장치) ① 자동차에는 다음 각 호의 어느 하나 이상의 장치를 설치하여야 한다. 다만, 어린이운송용 승합자동차에는 제1호 및 제3호의 장치를 모두 설치해야 한다. <개정 2020. 12. 24., 2021. 10. 25.>

1. 변속장치 조종레버(버튼식을 포함한다)가 후진위치인 경우 자동차의 차량중심선으로부터 ±y 방향으로 각각 1,000밀리미터인 지점에서 x축과 평행한 선을 각각 좌·우 한 변으로 하고, 자동차 후방 끝에서 차량중심선을 따라 300밀리미터부터 2,300밀리미터까지인 지점에서 y축과 평행한 선을 각각 다른 한 변으로 하는 수평면 상의 사각형 영역에 설치된 직경이 89밀리미터이고 높이가 500밀리미터인 관측봉을 볼 수 있는 후방영상장치
2. 자동차를 후진하는 경우 운전자에게 자동차의 후방에 있는 보행자의 접근상황을 알리는 접근경고음 발생장치
3. 보행자에게 자동차가 후진 중임을 알리는 후진경고음 발생장치

② 제1항제2호에 따른 접근경고음 발생장치는 다음 각 호의 기준에 적합해야 한다. <신설 2021. 10. 25.>

1. 변속장치 조종레버(버튼식을 포함한다)가 후진위치인 경우 자동차 좌·우 최외측에서 x축과 평행한 선을 각각 좌·우 한 변으로 하고, 자동차 후방 끝에서 차량중심선을 따라 250밀리미터부터 1,000밀리미터까지인 지점에서 y축과 평행한 선을 각각 다른 한 변으로 하는 수평면상의 사각형 영역에 있는 직경이 76밀리미터이고 높이가 1,000밀리미터인 감지봉을 감지하여 운전자에게 경고음을 발생시킬 것
2. 제1호에 따른 경고음은 다음 각 목의 기준에 적합할 것
   가. 경고음의 발생과 정지가 반복되도록 할 것. 다만, 보행자와 가장 근접한 위치에서는 경고음을 연속하여 발생시킬 수 있다.
   나. 차실 안에서 경고음의 크기는 55데시벨(A) 이상으로 하되, 원동기 소음보다 클 것

③ 제1항제3호에 따른 후진경고음 발생장치는 다음 각 호의 기준에 적합해야 한다. <개정 2020. 12. 24., 2021. 10. 25.>

1. 경고음은 발생과 정지가 반복되도록 하고, 같은 음색의 소리를 일정한 간격으로 발생시킬 것
2. 경고음의 크기는 자동차 후방 끝으로부터 2미터 떨어진 위치에서 측정하였을 때 다음 각 목의 기준에 적합할 것
   가. 승용자동차와 승합자동차 및 경형·소형의 화물·특수자동차는 60데시벨(A) 이상 85데시벨(A) 이하일 것
   나. 가목 외의 자동차는 65데시벨(A) 이상 90데시벨(A) 이하일 것
3. 경고음의 음색은 1/3옥타브 중심주파수대역이 500헤르츠 이상 4,000헤르츠 이하인 구간에서 가장 큰 소리를 낼 것
4. 경고음의 발생 횟수는 매분 40회 이상 100회 이하일 것

[전문개정 2018. 7. 11.]

[시행일: 2021. 12. 25.] 제53조의2

제53조의3(저소음자동차 경고음발생장치) 하이브리드자동차, 전기자동차, 연료전지자동차 등 동력발생장치가 전동기인 자동차(이하 "저소음자동차"라 한다)에는 별표 6의33의 기준에 따른 경고음발생장치를 설치하여야 한다.

[본조신설 2018. 7. 11.]

제53조의4(어린이 하차확인장치) 어린이운송용 승합자동차에는 다음 각 호의 기준에 적합한 어린이 하차확인장치를 설치해야 한다.

1. 승합자동차의 원동기를 정지시키거나 시동장치의 열쇠를 작동 위치에서 제거한 후 3분 이내에 차실 가장 뒷열에 있는 좌석 부근에 설치된 확인버튼(근거리 무선통신 접촉을 포함한다)을 누르지 않으면 경고음 발생장치와 표시등(제45조에 따른 비상점멸표시등 또는 제48조제4항에 따른 표시등을 말한다)이 작동하는 구조일 것
2. 제1호에 따른 경고음 발생장치와 표시등이 작동되면 확인버튼(근거리 무선통신 접촉을 포함한다)을 누르거나 승합자동차의 원동기를 다시 시동(제13조제6항에 따른 보조시동장치에 의한 시동은 제외한다)하여 작동을 정지시킬 수 있는 구조일 것
3. 제1호에 따른 경고음 발생장치는 다음 각 목의 기준에 적합한 구조일 것
   가. 경고음은 발생과 정지가 반복되도록 하고, 같은 음색의 경보음 또는 음성 메시지를 일정한 간격으로 발생시킬 것
   나. 경고음은 자동차 전방 또는 후방 끝으로부터 2미터 떨어진 위치에서 측정하였을 때 60데시벨(A) 이상일 것

[본조신설 2019. 3. 21.]

제54조(속도계 및 주행거리계) ① 자동차에는 제110조에 따른 속도계와 통산 운행거리를 표시할 수 있는 구조의 주행거리계를 설치하여야 한다. <개정 2014. 6. 10.>

② 다음 각 호의 자동차(「도로교통법」 제2조제22호에 따른 긴급자동차와 당해 자동차의 최고속도가 제3항의 규정에서 정한 속도를 초과하지 아니하는 구조의 자동차를 제외한다)에는 최고속도제한장치를 설치하여야 한다. <개정 1995. 7. 21., 1995. 12. 30., 1997. 1. 17., 2003. 2. 25., 2005. 8. 10., 2010. 3. 29., 2012. 2. 15., 2017. 11. 14.>

1. 승합자동차(제2조제32호에 따른 어린이운송용 승합자동차를 포함한다)
2. 차량총중량이 3.5톤을 초과하는 화물자동차·특수자동차(피견인자동차를 연결하는 견인자동차를 포함한다)
3. 「고압가스 안전관리법 시행령」 제2조의 규정에 의한 고압가스를 운송하기 위하여 필요한 탱크를 설치한 화물자동차(피견인자동차를 연결한 경우에는 이를 연결한 견인자동차를 포함한다)
4. 저속전기자동차

③ 제2항의 규정에 의한 최고속도제한장치는 자동차의 최고속도가 다음 각호의 기준을 초과하지 아니하는 구조이어야 한다. <신설 1995. 7. 21., 1995. 12. 30., 2003. 2. 25., 2005. 8. 10., 2010. 3. 29.>

1. 제2항제1호의 규정에 의한 자동차 : 매시 110킬로미터
2. 제2항제2호 및 제3호의 규정에 의한 자동차 : 매시 90킬로미터
3. 제2항제4호에 따른 저속전기자동차: 매시 60킬로미터

④ 삭제 <2012. 2. 15.>

제55조 삭제 <2001. 4. 28.>

제56조(운행기록장치) 운행기록장치를 장착하여야 하는 운송사업용 자동차의 범위와 운행기록장치의 장착기준은 「교통안전법」 제55조제1항에 따른다.

[전문개정 2014. 2. 21.]

제56조의2(사고기록장치) ① 법 제2조제10호에서 "자동차의 충돌 등 국토교통부령으로 정하는 사고"란 다음 각 호의 어느 하나에 해당하는 상황이 발생한 경우를 말한다.

1. 0.15초 이내에 진행방향의 속도 변화 누계가 시속 8킬로미터 이상에 도달하는 경우(측면방향의 속도 변화가 기록되는 자동차의 경우에는 측면방향 속도 변화 누계가 0.15초 이내에 시속 8킬로미터 이상에 도달하는 경우를 포함한다)
2. 에어백 또는 좌석안전띠 프리로딩 장치 등 비가역안전장치가 전개되는 경우

② 「자동차관리법」 제29조의3제1항에 따라 승용자동차와 차량 총중량 3.85톤 이하의 승합자동차·화물자동차에 사고기록장치를 장착할 경우에는 별표 5의25에 따른 사고기록장치 장착기준에 적합하게 장착하여야 한다.

5. 자동차 및 자동차부품의 성능과 기준에 관한 규칙

[본조신설 2014. 2. 21.]
제57조(소화설비) ① 자동차에는 에이·비·씨 소화기를 다음 각 호의 기준에 따라 사용하기 쉬운 위치에 설치하여야 한다. 다만, 승차정원 11인 이상의 승합자동차의 경우에는 운전석 또는 운전석과 옆으로 나란한 좌석 주위에 1개 이상의 소화기를 설치하여야 한다. <개정 2005. 8. 10., 2006. 4. 14., 2006. 10. 26., 2008. 1. 14., 2008. 12. 31., 2017. 1. 9.>

1. 승차정원 7인 이상의 승용자동차 및 경형승합자동차 : 「소방시설설치유지 및 안전관리에 관한 법률」 제36조제2항의 규정에 의한 능력단위(이하 "능력단위"라 한다) 1 이상인 소화기 1개 이상
2. 승합자동차(경형승합자동차를 제외한다)
    가. 승차정원 15인 이하의 승합자동차 : 능력단위 2 이상인 소화기 1개 이상 또는 능력단위 1 이상인 소화기 2개 이상
    나. 승차정원 16인 이상 35인 이하의 승합자동차 : 능력단위 2 이상인 소화기 2개 이상
    다. 승차정원 36인 이상의 승합자동차 : 능력단위 3 이상인 소화기 1개 이상 및 능력단위 2 이상인 소화기 1개 이상. 다만, 2층대형승합자동차의 경우에는 위층 차실에 능력단위 3 이상인 소화기 1개 이상을 추가로 설치하여야 한다.
3. 화물자동차(피견인자동차는 제외한다) 및 특수자동차
    가. 중형: 능력단위 1 이상인 소화기 1개 이상
    나. 대형: 능력단위 2 이상인 소화기 1개 이상 또는 능력단위 1 이상인 소화기 2개 이상
4. 「위험물안전관리법 시행령」 제3조의 규정에 의한 지정수량 이상의 위험물과 「고압가스 안전관리법 시행령」 제2조의 규정에 의한 고압가스를 운송하는 자동차(피견인자동차를 연결한 경우에는 이를 연결한 견인자동차를 포함한다) : 「위험물안전관리법 시행규칙」 제41조 및 별표 17 제3호나목중 이동탱크저장소란 및 비고란에 해당하는 능력단위와 수량

② 승차정원 23인을 초과하는 승합자동차로서 너비 2.3미터를 초과하는 경우에는 운전자의 좌석 부근에 소화기를 설치할 수 있도록 가로 600밀리미터, 세로 200밀리미터 이상의 공간을 확보하여야 한다. <신설 2017. 1. 9.>
[전문개정 2003. 2. 25.]
제58조(경광등 및 사이렌) ① 「도로교통법」 제2조제22호에 따른 긴급자동차에는 다음 각 호의 기준에 적합한 경광등 및 싸이렌을 설치할 수 있다. <개정 1997. 1. 17., 2005. 8. 10., 2006. 5. 30., 2012. 8. 31., 2014. 6. 10., 2017. 11. 14.>

1. 경광등은 다음 각목의 기준에 적합할 것
    가. 1등당 광도는 135칸델라이상 2천5백칸델라이하일 것
    나. 등광색은 다음 기준에 적합할 것

구분	등광색
(가) 경찰용 자동차중 범죄수사·교통단속 그밖의 긴급한 경찰임무 수행에 사용되는 자동차 (나) 국군 및 주한국제연합군용 자동차중 군내부의 질서유지 및 부대의 질서있는 이동을 유도하는데 사용되는 자동차 (다) 수사기관의 자동차중 범죄수사를 위하여 사용되는 자동차 (라) 교도소 또는 교도기관의 자동차중 도주자의 체포 또는 피수용자의 호송·경비를 위하여 사용되는 자동차 (마) 소방용자동차	적색 또는 청색
(가) 전신·전화의 수리공사등 응급작업에 사용되는 자동차와 우편물의 운송에 사용되는 자동차중 긴급배달우편물의 운송에 사용되는 자동차 (나) 전기사업·가스사업 그밖의 공익사업 기관에서 위해방지를 위한 응급작업에 사용되는 자동차 (다) 민방위업무를 수행하는 기관에서 긴급예방 또는 복구를 위한 출동에 사용되는 자동차 (라) 도로의 관리를 위하여 사용되는 자동차중 도로상의 위험을 방지하기 위하여 응급작업에 사용되는 자동차 (마) 전파감시업무에 사용되는 자동차 (바) 기타자동차	황색
구급차·혈액 공급차량	녹색

2. 사이렌음의 크기는 자동차의 전방으로부터 20미터 떨어진 위치에서 90데시벨(C) 이상 120데시벨(C) 이하일 것

② 「자동차관리법」에 의한 구난형특수자동차와 도로의 청소를 위한 노면청소용자동차에는 다음 각호의 기준에 적합한 경광등을 설치할 수 있다. <신설 1995. 7. 21., 1997. 1. 17., 2005. 8. 10.>

1. 경광등의 광도는 제1항제1호 가목의 기준에 적합할 것

2. 등광색은 황색일 것

[제목개정 1995. 7. 21., 2017. 11. 14.]

제2절 이륜자동차의 안전기준

제59조(길이·너비·높이) 이륜자동차는 측차를 제외한 공차상태에서 길이 2.5미터(대형의 경우에는 4미터), 너비 2미터, 높이 2미터를 초과하여서는 아니된다. <개정 2003. 2. 25., 2014. 12. 31.>

제60조(차량총중량) 이륜자동차의 차량총중량은 일반형 및 특수형의 경우에는 600킬로그램, 기타형의 경우에는 1천킬로그램을 초과하지 아니하여야 한다. <개정 2008. 12. 8., 2014. 12. 31.>

제61조(중량분포) 이륜자동차의 조향바퀴에 작용하는 하중은 차량중량 및 차량총중량의 각각에 대하여 18퍼센트 이상이어야 한다.

제62조(접지부분 및 접지압력) ① 이륜자동차의 접지부분은 소음발생이 적고 도로를 파손할 위험이 없는 구조이어야 한다.

② 삼륜형 이륜자동차의 뒷차축에 설치하는 공기압타이어의 접지압력은 타이어접지부분의 너비 1센티미터당 150킬로그램(타이어 접지부분의 너비가 25밀리미터 이하인 경우에는 100킬로그램)을 초과하지 아니하여야 한다. <개정 1995. 7. 21., 2017. 1. 9.>

제63조(원동기 및 동력전달장치) ① 이륜자동차의 원동기는 다음 각 호의 기준에 적합하여야 한다. <개정 2008. 12. 8., 2018. 12. 31.>

1. 원동기 각부의 작동에 이상이 없어야 하며, 운전자의 좌석에서 시동 또는 정지시킬 수 있는 장치를 갖출 것
2. 차량총중량 100킬로그램당 출력이 1마력(PS)이상일 것. 다만, 전기를 동력으로 사용하는 이륜자동차의 경우에는 그러하지 아니하다.
3. 사륜형 이륜자동차의 원동기 최고출력은 20마력(PS) 이하일 것

② 사륜형 이륜자동차는 적차상태에서 다음 각 호의 성능을 갖추어야 한다. <개정 2008. 12. 8.>

1. 정지상태에서 최초 100미터 지점까지의 도달시간이 다음 계산식을 만족할 것

   $t \leq 10+4G$

   t : 정지상태에서 최초 100미터 지점까지의 도달시간(초)

   G : 차량총중량(톤)

2. 20퍼센트(길이에 대한 높이의 비율을 말한다) 경사로에서 정지상태에서 위 방향으로 주행 시 소요시간이 다음 계산식을 만족할 것

   $t1 \geq t2 - t1$

   t1 : 원점에서 10m 표시점까지 소요시간(초)

t2 : 원점에서 20m 표시점까지 소요시간(초)

　③ 사륜형 이륜자동차는 구동축의 안쪽바퀴와 바깥쪽바퀴의 회전 차이를 만들어 안전하게 회전할 수 있도록 하는 동력전달장치를 갖추어야 한다. <신설 2008. 12. 8.>

제63조의2(원동기 출력) ① 이륜자동차 원동기의 출력 및 회전수에 대한 제원의 허용차는 다음 각 호의 구분에 따른 범위 이내여야 한다. <개정 2018. 12. 31.>

1. 내연기관
　가. 최고출력 및 최대토크
　　1) 최고출력 11킬로와트 이하인 경우: ±10퍼센트
　　2) 최고출력 11킬로와트를 초과하는 경우: ±5퍼센트
　나. 회전수: 해당 회전수의 ±1.5퍼센트

2. 구동전동기
　가. 최고출력
　　1) 최고출력 11킬로와트 이하인 경우: -10퍼센트
　　2) 최고출력 11킬로와트를 초과하는 경우: -5퍼센트
　나. 그 밖의 부분출력(최고출력 11킬로와트 이하인 구동전동기의 부분 출력 및 다목에 따른 최고 30분 출력은 제외한다): 해당 출력의 -5퍼센트
　다. 최고 30분 출력(30분 동안 일정하게 동력을 전달할 수 있는 구동전동기의 최고 출력): -10퍼센트
　라. 회전수: 해당 회전수의 -5퍼센트

② 삭제 <2019. 12. 31.>

[본조신설 2012. 2. 15.]

[제목개정 2018. 12. 31.]

제64조(주행장치) ① 이륜자동차의 공기압타이어는 별표 1의2의 기준에 적합하여야 한다. <개정 2017. 1. 9., 2020. 12. 24.>

② 이륜자동차 타이어는 타이어의 제작자가 도로주행용으로 적합하게 제작한 구조이어야 한다. <개정 2008. 12. 8.>

③ 사륜형 이륜자동차는 적차상태에서 다음 각 호에 적합한 주행 안정성능을 갖추어야 한다. <신설 2008. 12. 8., 2010. 11. 10.>

1. 최고속도의 70퍼센트에 해당하는 속도에서 가속제어장치 작용력을 제거한 상태로 자동차의 앞면 내측 모서리가 반경 12미터인 원에 접하여 선회할 때 안쪽바퀴가 시험노면에서부터 동시에 50밀리미터 이상 떨어지지 아니할 것
2. 20퍼센트(길이에 대한 높이의 비율을 말한다)의 경사로에서 정지상태에서 위 방향으로 급가속 시 앞바퀴가 동시에 시험노면에서부터 50밀리미터 이상 떨어지지 아니할 것
3. 최고속도에서 가속제어장치 작용력을 제거한 상태로 진입하여 별표 5의10의 경로를 따라

5. 자동차 및 자동차부품의 성능과 기준에 관한 규칙

주행 시 안쪽바퀴가 시험노면에서부터 동시에 50밀리미터 이상 떨어지지 아니하고 경로이탈 없이 안전하게 주행할 수 있을 것

제65조(조종장치) ① 이륜자동차에 설치된 다음 각 호의 장치는 차량중심선에서부터 좌우 각각 60센티미터 이내에 배치하여야 한다.
1. 시동장치, 가속제어장치, 변속장치 및 그 밖에 원동기의 조작장치
2. 제동장치 및 동력전달장치의 조작장치
3. 등화점등장치, 경음기, 방향지시등의 조작장치

② 이륜자동차에 별표 5의11에서 정하고 있는 손조작식 조종장치를 설치하는 경우에는 같은 표에서 정하는 조종장치의 식별단어·약어 또는 식별부호(이하 "식별표시"라 한다)를 표시하여야 하며, 조명 및 색상기준에 적합하여야 한다. <개정 2010. 11. 10.>

③ 이륜자동차에 별표 5의12에서 정하고 있는 표시장치를 설치하는 경우에는 같은 표에서 정하는 식별표시를 표시하여야 하며 조명 및 색상기준에 적합하여야 한다. 다만, 이륜자동차 장치의 자동표시기가 자동표시기 외의 표시장치와 함께 사용되는 경우 해당 자동표시기에 대하여는 그러하지 아니하다. <개정 2010. 11. 10.>

[전문개정 2008. 12. 8.]

제66조(조향장치) 이륜자동차의 조향장치의 각 구성부품은 조작 시에 차대 및 차체 등 이륜자동차의 다른 부분과 접촉되지 아니하여야 하고, 갈라지거나 금이 가고 파손되는 등의 손상이 없어야 하며, 작동에 이상이 없어야 한다. <개정 2014. 6. 10.>

제67조(제동장치) ① 이륜자동차(사륜형 이륜자동차는 제외한다)의 제동장치와 제동능력은 다음 각 호의 기준에 적합하여야 한다. <개정 2010. 11. 10., 2011. 12. 23., 2014. 6. 10., 2018. 12. 31., 2019. 12. 31.>
1. 주제동장치는 운전자가 운전석에 정상적으로 앉아서 조향장치를 양손으로 잡은 채로 조종장치를 작동시킬 수 있는 구조일 것
2. 보조제동장치는 운전자가 운전석에 정상적으로 앉아서 조향장치를 적어도 한손으로 잡은 채로 조종장치를 작동시킬 수 있는 구조일 것
3. 주차제동장치를 갖춘 경우에는 조종장치가 주제동장치의 조종장치와 분리되어야 하고, 운전자가 운전석에 정상적으로 앉아서 조종장치를 작동시킬 수 있어야 하며, 기계적인 장치에 의하여 잠김상태가 유지되는 구조로서 18퍼센트(길이에 대한 높이의 비율을 말한다) 경사로에서 적차상태의 이륜자동차를 정지상태로 유지시킬 수 있는 구조일 것
4. 이륜형 이륜자동차 및 측차를 붙인 삼륜형 이륜자동차는 다음 각 목의 어느 하나에 적합한 제동장치를 갖출 것. 다만, 측차를 붙인 삼륜형 이륜자동차가 별표 5의13의 제동능력 기준에 적합한 경우 측차의 제동장치는 본문에 따른 기준에 적합하지 않아도 된다.
   가. 앞바퀴와 뒷바퀴가 서로 독립적으로 작동하는 주제동장치를 갖출 것
   나. 앞바퀴의 1개 이상 브레이크와 뒷바퀴의 1개 이상 브레이크가 작동하는 분할제동

장치를 갖출 것
5. 삼륜형 이륜자동차의 경우에는 다음 각 목의 구분에 따른 제동장치를 갖춘 구조일 것
   가. 배기량이 50시시 이하이고 최고속도가 매시 50킬로미터 이하인 삼륜형 이륜자동차는 주차제동장치와 다음의 어느 하나에 적합한 주제동장치를 갖출 것
      1) 앞바퀴와 뒷바퀴가 서로 독립적으로 작동하는 주제동장치
      2) 분할제동장치
      3) 연동제동장치와 보조제동장치
   나. 가목 외의 삼륜형 이륜자동차는 주차제동장치와 다음의 어느 하나에 적합한 발조작식 (장애인용의 경우에는 발조작식 외에 다른 형태의 조작방식을 사용할 수 있다) 주제동장치를 갖출 것
      1) 분할제동장치
      2) 연동제동장치와 보조제동장치
6. 제동력을 전달하기 위하여 유압유체를 사용하는 마스터실린더를 갖춘 경우에는 다음 각 목의 기준에 적합한 제동액 저장장치를 갖출 것
   가. 덮개를 갖추고 밀봉하여 제동액을 외부와 격리시키는 구조일 것
   나. 브레이크 라이닝 간극을 최대로 한 상태에서 새 라이닝이 완전히 마모될 때까지의 유체 소요량의 1.5배에 상당하는 저장장치 용량을 갖출 것
   다. 덮개를 열지 아니하여도 유량 수준을 확인할 수 있는 구조일 것
7. 모든 경고장치의 경고등은 운전자가 확인할 수 있는 위치에 있는 구조일 것
8. 분할제동장치를 갖춘 이륜자동차에는 적색경고등이 설치되어야 하며, 시동장치의 열쇠를 작동위치로 조작할 때 켜졌다가 고장이 없으면 꺼지고, 고장이 있으면 켜진 상태가 지속되는 구조일 것
8의2. 배기량 125시시 초과 또는 최고출력 11킬로와트 초과 이륜형 이륜자동차에는 바퀴잠김방지식 주제동장치를 설치할 것
9. 바퀴잠김방지식 주제동장치를 갖춘 이륜자동차에는 황색경고등이 설치되어야 하며, 시동장치의 열쇠를 작동위치로 조작할 때 켜졌다가 고장이 없으면 꺼지고, 고장이 있으면 켜진 상태가 지속되는 구조일 것
10. 브레이크는 자동적이거나 수동적인 장치에 의하여 라이닝 마모를 조정할 수 있는 구조일 것
11. 브레이크를 분해하지 아니하고 눈으로 라이닝의 마모상태를 확인할 수 있거나, 눈으로 확인할 수 없는 경우에는 적절한 장치에 의하여 라이닝의 마모상태를 확인할 수 있는 구조일 것
12. 이륜자동차의 제동능력은 별표 5의13의 제동능력 기준에 적합할 것
② 사륜형 이륜자동차의 제동장치는 다음 각 호의 기준에 적합하여야 한다. <개정 2010.

11. 10.>
1. 제1항제1호부터 제3호까지 및 제5호부터 제11호까지의 기준에 적합할 것
2. 별표 5의13의 제동능력 기준 중 삼륜형 이륜자동차의 제동능력에 해당하는 기준에 적합할 것

[전문개정 2008. 12. 8.]

제68조(완충장치) 이륜자동차의 완충장치에 대하여는 제16조를 준용한다.

[전문개정 2019. 12. 31.]

제69조(연료장치 및 전기장치) ① 이륜자동차의 연료장치는 운행중 진동등에 의하여 연료가 새지 아니하여야 하며, 연료장치 및 그 구성부품은 별표 5의15의 기준에 적합하여야 한다. <개정 2011. 12. 23.>

② 이륜자동차의 전기배선은 모두 절연물질로 덮어씌워야 한다.

제69조의2(전자파 적합성) 이륜자동차의 전자파 적합성에 관하여는 별표 24를 준용한다.

[본조신설 2019. 12. 31.]

[시행일: 2022. 1. 10.] 제69조의2

제69조의3(고전원전기장치) 이륜자동차의 고전원전기장치에 대하여는 제18조의2를 준용한다.

[본조신설 2020. 12. 24.]

[시행일: 2022. 12. 25.] 제69조의3

제69조의4(구동축전지) 이륜자동차의 구동축전지는 다음 각 호의 기준에 적합해야 한다.
1. 차실과 벽 또는 보호판 등으로 격리되는 구조일 것
2. 설계된 범위를 초과하는 과충전을 방지하고 과전류를 차단할 수 있는 기능을 갖출 것
3. 국토교통부장관이 고시하는 물리적·화학적·전기적 및 열적 충격조건에서 발화 또는 폭발하지 않을 것

[본조신설 2020. 12. 24.]

[시행일: 2022. 12. 25.] 제69조의4

제70조(차체) ① 이륜자동차의 차체(타이어를 포함한다) 외형은 예리하게 각이 지거나 차체의 외부로 돌출되어 안전운행에 위험을 줄 우려가 있어서는 아니 된다. 이 경우 해당 금지 외형의 세부적 기준 및 유형 등에 관하여는 국토교통부장관이 정하여 고시한다. <개정 2011. 12. 23., 2013. 3. 23.>

② 이륜자동차에는 사람 또는 화물 등을 운송하기 위한 견인장치를 설치하여서는 아니 된다.

[전문개정 2008. 12. 8.]

제71조(승차장치 및 물품적재장치등) ① 이륜자동차의 승차장치는 다음 각 호의 기준에 적합하여야 한다. <개정 2008. 12. 8., 2011. 12. 23.>
1. 운전자의 좌석과 기타의 좌석에는 승차에 적합한 설비를 갖출 것
2. 운전자 좌석 외의 좌석을 설치하는 경우에는 운행 중 승차인의 이탈방지에 필요한

손잡이, 발걸이 또는 그 밖의 안전장치를 설치할 것. 이 경우 손잡이는 별표 5의16의 설치기준에 적합하여야 한다.
3. 사륜형 이륜자동차의 경우에는 차실을 설치하지 아니할 것

② 이륜자동차의 적재함 또는 그 밖의 물품적재장치는 다음 각 호의 기준에 적합하여야 한다. <개정 2010. 3. 29.>
1. 견고하고 안전하게 물품을 적재·운반할 수 있는 구조일 것
2. 삼륜형 이륜자동차의 경우에는 차체 뒷면에 최대적재량을 표시할 것
3. 사륜형 이륜자동차의 경우에는 물품적재장치를 설치하지 아니할 것

③ 삭제 <2010. 3. 29.>

제72조(방풍장치) 이륜자동차에 방풍장치를 설치할 경우에는 다음 각호의 기준에 적합하여야 한다.
1. 운행중 진동·충격등에 의하여 이탈되지 아니할 것
2. 운전자의 시계를 방해하지 아니할 것

제73조(소음방지장치 및 배기가스발산방지장치의 허용기준) 이륜자동차의 소음방지장치 및 배기가스발산방지장치에 대하여는 제35조 및 제36조를 준용한다. <개정 2019. 12. 31.>

제74조(배기관) 이륜자동차의 배기관은 적재물등을 발화시키거나 이륜자동차의 다른 기능을 저해할 우려가 없어야 하며, 견고하게 설치되어야 한다.

제75조(전조등) 이륜자동차(측차는 제외한다)의 앞면에는 별표 5의17의 기준에 적합한 주행빔 전조등과 별표 5의18의 기준에 적합한 변환빔 전조등을 설치하여야 한다.
[전문개정 2018. 7. 11.]

제75조의2(주간주행등) 이륜자동차에는 별표 5의33의 기준에 적합한 주간주행등을 설치할 수 있다.
[전문개정 2018. 7. 11.]

제75조의3(안개등) ① 이륜자동차에는 별표 5의34의 기준에 적합한 앞면안개등을 설치할 수 있다. <개정 2018. 7. 11.>
② 이륜자동차에는 별표 5의35의 기준에 적합한 뒷면안개등을 설치할 수 있다.
<개정 2018. 7. 11.>
[본조신설 2012. 2. 15.]

제76조(번호등) 이륜자동차의 뒷면에는 별표 5의36의 기준에 적합한 번호등을 설치하여야 한다.
[전문개정 2018. 7. 11.]

제77조(후미등) 이륜자동차의 뒷면에는 별표 5의19의 기준에 적합한 후미등을 설치하여야 한다. 다만, 측차를 붙인 삼륜형 및 사륜형의 경우에는 해당 측차의 뒷부분에도 설치하여야 한다.
<개정 2018. 7. 11.>
1. 삭제 <2018. 7. 11.>

2. 삭제 <2018. 7. 11.>

3. 삭제 <2018. 7. 11.>

4. 삭제 <2018. 7. 11.>

[전문개정 2012. 2. 15.]

제77조의2(차폭등) 이륜자동차의 앞면에는 별표 5의20의 기준에 적합한 차폭등을 설치할 수 있다.

[전문개정 2018. 7. 11.]

제78조(제동등) ① 이륜자동차의 뒷면에는 별표 5의21의 기준에 적합한 제동등을 설치하여야 한다. 다만, 측차를 붙인 삼륜형 및 사륜형의 경우에는 해당 측차의 뒷부분에도 설치하여야 한다. <개정 2018. 7. 11.>

1. 별표 5의21의 광도기준에 적합할 것

2. 다른 등화와 겸용하는 제동등의 경우에는 제동조작을 할 때에 그 광도가 3배 이상으로 증가할 것

3. 등광색은 적색이어야 하며, 별표 5의18의 색도기준에 적합할 것

4. 등화의 발광면은 공차상태에서 지상 250밀리미터 이상 1천500밀리미터 이하일 것

5. 2개 이하일 것

② 배기량이 50시시를 초과하거나 최고속도가 매시 50킬로미터를 초과하는 이륜자동차는 뒷면에 별표 5의21의 기준에 적합한 보조제동등을 설치할 수 있다. <신설 2018. 7. 11.>

[전문개정 2012. 2. 15.]

제79조(방향지시등) 이륜자동차에는 별표 5의22의 기준에 적합한 방향지시등을 설치하여야 한다.

[전문개정 2018. 7. 11.]

제79조의2(비상점멸표시등) ① 사륜형 이륜자동차의 앞면과 뒷면에는 제45조 및 제79조 각 호의 기준에 적합한 비상점멸표시등을 설치하여야 한다. <개정 2014. 6. 10.>

② 이륜형 및 삼륜형 이륜자동차에는 별표 5의37의 기준에 적합한 비상점멸표시등을 설치할 수 있다. <개정 2018. 7. 11.>

[전문개정 2009. 6. 18.]

제80조(후부반사기 및 보조반사기) ① 이륜자동차의 뒷면에는 별표 5의23의 기준에 적합한 후부반사기를 설치하여야 한다. 다만, 측차를 붙인 삼륜형 및 사륜형의 경우에는 해당 측차의 뒷부분에도 설치하여야 한다. <개정 2018. 7. 11.>

1. 삭제 <2018. 7. 11.>

2. 삭제 <2018. 7. 11.>

3. 삭제 <2018. 7. 11.>

② 이륜자동차의 앞면과 옆면 페달에 별표 5의23의 기준에 적합한 반사기를 설치할 수 있다. <개정 2018. 7. 11.>

③ 제1항 및 제2항에 따른 반사기의 반사성능은 별표 6의27의 기준에 적합하여야 한다. <신설 2018. 7. 11.>

[전문개정 2012. 2. 15.]

제80조의2(후퇴등) 사륜형 이륜자동차의 뒷면에는 제39조의 기준에 적합하게 후퇴등을 설치하여야 한다.

[본조신설 2008. 12. 8.]

제81조(기타의 등화) ① 이륜자동차의 앞면에는 적색의 등화, 반사기 또는 방향지시등과 혼동하기 쉬운 점멸하는 등화를 설치하여서는 아니된다.

② 이륜자동차의 뒷면에는 제동등 및 방향지시등과 혼동하기 쉬운 등화나 점멸하는 등화를 설치하여서는 아니된다.

③ 이륜자동차의 각종 표시장치에는 야간 운행시 운전자가 계기내용을 알아볼 수 있도록 조명장치를 설치하여야 한다. 다만, 문자·도형 또는 지시침등에 발광도료등을 사용하여 조명장치를 대신하게 한 경우에는 그러하지 아니하다.

제82조(등화에 대한 그 밖의 기준) ① 이륜자동차에 설치된 각종 등화는 1개의 등화로 2 이상의 용도로 겸용할 수 있다.

② 국토교통부장관은 필요하다고 인정할 때에는 제75조 내지 제80조의 규정에 의한 등화외의 등화를 설치하게 할 수 있다. <개정 1995. 7. 21., 2008. 3. 14., 2013. 3. 23.>

③ 이륜자동차의 등화장치에 사용하는 광원은 별표 6의21의 기준에 적합하여야 한다. <개정 2009. 6. 18., 2010. 11. 10., 2018. 7. 11.>

④ 이륜자동차 등화장치 및 반사장치의 색도는 별표 6의22의 기준에 적합하여야 한다. <신설 2018. 7. 11.>

[제목개정 2009. 6. 18.]

제83조(경음기) 이륜자동차의 경음기에 대하여는 제53조를 준용한다.

[전문개정 2019. 12. 31.]

제84조(간접시계장치) 이륜자동차에는 별표 5의7 시계범위에 적합한 거울을 이용한 간접시계장치를 설치하여야 한다.

[전문개정 2017. 1. 9.]

제85조(속도계) ① 이륜자동차에는 속도계를 설치하여야 하며, 속도계의 속도표시부는 제110조제1항의 기준에 적합하여야 한다.

② 이륜자동차에 설치한 속도계의 지시오차는 평탄한 노면에서의 속도가 시속 25킬로미터 이상에서 다음 계산식에 적합하여야 한다.

$$0 \leq V_1 - V_2 \leq V_2/10 + 8 \text{ (킬로미터/시간)}$$

V_1: 지시속도(킬로미터/시간)

V_2: 실제속도(킬로미터/시간)

③ 사륜형 이륜자동차(해당 자동차의 최고속도가 제4항에서 정한 속도를 초과하지 아니하는 구조의 자동차는 제외한다)에는 최고속도제한장치를 설치하여야 한다.

④ 제3항에 따른 최고속도제한장치는 사륜형 이륜자동차의 최고속도가 시속 60킬로미터를 초과하지 아니하도록 하는 구조이어야 하며 최고속도를 임의로 조정할 수 없도록 봉인되어야 한다.

[전문개정 2008. 12. 8.]

제3장 제작자동차등의 안전기준 <개정 1997. 1. 17.>

제1절 총칙 <신설 2019. 12. 31.>

제85조의2(적용범위) 이 장은 제작·조립 또는 수입하고자 하는 자동차에 한하여 적용한다.
[본조신설 1997. 1. 17.]

제2절 장치 등의 안전기준 <신설 2019. 12. 31.>

제86조 삭제 <2003. 2. 25.>

제87조(가속제어장치) 승용자동차와 차량총중량 4.5톤 이하인 승합자동차·화물자동차·특수자동차의 가속제어장치는 자동차를 섭씨 영하 18도부터 섭씨 영상 52도까지의 주변온도에서 12시간 안정화시킨 상태에서 다음 각 호의 기준에 적합해야 한다. <개정 2021. 8. 27.>

1. 가속페달에서 작용력을 제거하거나 1개의 복귀동력원을 절단하여 작용력을 제거할 경우: 운전자가 작용력을 제거한 시점부터 1초 이내에 가속위치에서 공회전 상태로 복귀할 것
2. 제어계통이 전기식인 가속제어장치로서 제어계통의 어느 한 부분이 절단되거나 단락(短絡)될 경우: 운전자가 작용력을 제거한 시점 또는 절단이나 단락 발생 시점으로부터 1초 이내에 가속위치에서 공회전 상태로 복귀할 것

[전문개정 2014. 6. 10.]

제88조(계기판넬) 승용자동차와 차량총중량 4.5톤이하의 승합자동차·화물자동차 및 특수자동차(경형화물자동차 및 경형특수자동차를 제외한다)의 머리충격부위안의 계기판넬중 다음 각 호의 부분을 제외한 계기판넬은 지름 165밀리미터, 무게 6.8킬로그램의 머리모형을 매시 24.2킬로미터(승객측 계기판넬에 에어백을 장착한 경우에는 매시 19.2킬로미터)의 속도로 계기판넬에 충돌시킬 경우 머리모형이 받는 감속도가 1천분의 3초이상 연속적으로 중력가속도의 80배를 초과하지 아니하는 구조이어야 하며 내부격실문이 설치된 자동차의 경우에는 내부격실문이 열리지 아니하여야 한다. 다만, 초소형자동차는 제외한다. <개정 1995. 7. 21., 1995. 12. 30., 2018. 7. 11.>

1. 라디오·변속레버·재털이등을 설치한 콘솔부분

2. 차체옆면에서 차실안쪽으로 127밀리미터지점까지의 부분
3. 머리모형이 앞면창유리와 계기판넬에 동시에 접할 경우 계기판넬의 접점부분에서 앞면 창유리까지의 부분
4. 머리모형이 조향핸들의 승객측 가장자리에 접하는 수직종단면과 계기판넬에 동시에 접할 경우 계기판넬의 접점부분에서 운전자측 차체옆면까지의 부분
5. 계기판넬 가장뒤끝의 아래부분

제88조의2(타이어) 승용자동차(초소형승용자동차는 제외한다)가 시속 97킬로미터의 속도로 직선주행하는 상태에서 그 자동차의 타이어를 파열시켜 급속하게 공기를 빠지게 하고, 동시에 자동차의 제동장치를 작동하여 바퀴의 잠김없이 일정한 감속도로 정지시킬 경우 정지할 때까지 파열된 타이어가 타이어림에서 이탈되지 아니하여야 한다. <개정 2018. 7. 11.>

[본조신설 2003. 2. 25.]

제88조의3(타이어공기압경고장치) 제12조의2에 따라 설치된 타이어공기압경고장치의 성능·경고표시 및 표기기준 등은 별표 6의 기준에 적합하여야 한다.

[본조신설 2011. 3. 16.]

제89조(조향장치) ① 승용자동차와 차량총중량이 4.5톤 이하인 승합자동차·화물자동차 및 특수자동차의 조향장치의 충격흡수능력은 다음 각호의 기준에 적합하여야 한다. 다만, 승용자동차의 경우 별표 14 및 별표 14의7의 기준에 적합한 경우 본문의 기준을 충족한 것으로 보며, 초소형자동차의 경우 본문에 따른 기준을 적용하지 않는다. <개정 1995. 7. 21., 2003. 2. 25., 2018. 7. 11., 2018. 12. 31.>

1. 조향핸들에 몸체모형을 매시 24.2킬로미터의 속도로 충돌시킬 경우 몸체모형에 의하여 조향장치에 전달되는 충격하중이 1천분의 3초 이상 연속적으로 1천130킬로그램을 초과하지 아니하는 구조일 것. 다만, 조향축의 수평면에 대한 설치각도가 35도를 초과하는 조향장치를 설치한 자동차의 경우에는 그러하지 아니하다.
2. 자동차(전방조종자동차를 제외한다)를 매시 48.3킬로미터의 속도로 고정벽에 정면충돌시킬 경우 조향기둥과 조향핸들축 위끝의 후방변위량이 자동차길이 방향으로 127밀리미터 이하일 것

② 자동차의 조향장치에 대한 구조 및 성능, 고장 시 기준 및 경고장치 기준 등은 별표 6의2의 기준에 적합하여야 한다. <개정 2010. 11. 10.>

제89조의2(차로이탈경고장치) 승합자동차(경형승합자동차는 제외한다)와 차량총중량 3.5톤 초과 화물·특수자동차에 설치되는 차로이탈경고장치는 별표 6의29의 기준에 적합하여야 한다.

[본조신설 2017. 1. 9.]

제90조(제동장치) 자동차의 제동능력은 다음 각 호의 기준에 적합하여야 한다. 다만, 피견인자동차는 공기식(공기배력유압식을 포함한다) 주제동장치를 설치한 경우에 한한다.

<개정 2006. 4. 14., 2018. 7. 11., 2019. 12. 31.>

1. 승용자동차의 제동능력은 별표 7의 기준에 적합할 것. 다만, 초소형승용자동차의 제동능력은 별표 51의 기준에 적합할 것
2. 승합자동차·화물자동차(피견인자동차를 제외한다) 및 특수자동차의 제동능력은 별표 7의2의 기준에 적합할 것. 다만, 초소형화물자동차의 제동능력은 별표 51의 기준에 적합할 것
3. 피견인자동차의 제동능력은 별표 7의3의 기준에 적합할 것
4. 바퀴잠김방지식 주제동장치를 설치한 자동차(피견인자동차를 제외한다)의 제동능력은 별표 7의4의 기준에 적합할 것. 다만, 초소형자동차의 제동능력은 별표 51의 기준에 적합해야 한다.
5. 바퀴잠김방지식 주제동장치를 설치한 피견인자동차의 제동능력은 별표 7의5의 기준에 적합할 것
6. 공기식(공기배력유압식을 포함한다) 주제동장치를 설치한 연결자동차의 선회시 제동능력은 별표 7의6의 기준에 적합할 것. 다만, 최고속도가 시속 60킬로미터 이하인 풀트레일러 형식의 연결자동차와 제2호 또는 제3호의 기준에 적합한 자동차를 제외한다.

[전문개정 2003. 2. 25.]

제90조의2(자동차안정성제어장치) 자동차(초소형자동차는 제외한다)의 자동차안정성제어장치의 구조 및 성능, 기능고장 식별표시 기준 등은 별표 7의7의 기준에 적합하여야 한다.

<개정 2018. 7. 11.>

[본조신설 2010. 11. 10.]

제90조의3(비상자동제동장치) 승합자동차(경형승합자동차는 제외한다)와 차량총중량 3.5톤 초과 화물·특수자동차에 설치되는 비상자동제동장치는 별표 7의8의 기준에 적합하여야 한다.

[본조신설 2017. 1. 9.]

제91조(연료장치) ① 인화성액체를 연료로 사용하는 자동차중 승용자동차와 차량총중량이 4.5톤 이하인 승합자동차의 연료장치는 별표 10의 연료장치의 충돌시험기준에 적합하여야 한다. 다만, 별표 14의7의 기준에 적합한 승용자동차의 경우 별표 10에 따른 고정벽 정면충돌시험의 연료장치 기준을 충족한 것으로 본다. <개정 1995. 12. 30., 1997. 8. 25., 2001. 4. 28., 2018. 12. 31.>

1. 삭제 <2001. 4. 28.>
2. 삭제 <2001. 4. 28.>

② 액화석유가스를 연료로 사용하는 승용자동차와 차량총중량이 4.5톤 이하인 승합자동차는 별표 11의 액화석유가스자동차의 연료장치 충돌시험기준에 적합하여야 한다. <신설 2001. 4. 28.>

③ 천연가스를 연료로 사용하는 자동차중 승용자동차와 차량총중량이 4.5톤이하인 승합자동차는 별표 11의2의 천연가스자동차의 연료장치충돌시험기준에 적합하여야 한다.

<신설 1997. 8. 25.>

④ 승용자동차 및 차량총중량 4.5톤 이하 승합자동차에 해당하는 하이브리드자동차·전기자동차·연료전지자동차는 별표 11의3의 고전원전기장치의 충돌시험기준에 적합하여야 한다. <개정 2014. 6. 10.>

⑤ 수소가스를 연료로 사용하는 승용자동차와 차량총중량이 4.5톤 이하인 승합자동차는 별표 11의5의 수소가스를 연료로 사용하는 자동차의 연료장치 충돌시험기준에 적합하여야 한다. <신설 2014. 6. 10.>

⑥ 내압용기를 사용하는 차량총중량 4.5톤을 초과하는 승합자동차 및 화물자동차의 내압용기 고정장치는 다음 각 호의 구분에 따른 하중을 가할 때 파손되는 현상이 없어야 한다. <신설 2014. 6. 10., 2018. 12. 31.>

1. 차량총중량 4.5톤 초과 5톤 이하의 승합자동차 및 차량총중량 4.5톤 초과 12톤 이하의 화물자동차
   가. 자동차 길이방향으로 중력가속도의 10.0배
   나. 자동차 수평횡방향으로 중력가속도의 5.0배
2. 차량총중량 5톤 초과 승합자동차 및 차량총중량 12톤 초과 화물자동차
   가. 자동차 길이방향으로 중력가속도의 6.6배
   나. 자동차 수평횡방향으로 중력가속도의 5.0배

⑦ 천연가스 또는 수소가스를 연료로 사용하는 차량총중량 4.5톤을 초과하는 승합자동차(「여객자동차 운수사업법」에 따른 마을버스, 자동차관리법 시행규칙」별지 제25호 서식에 따른 자동차제원표에 입석정원이 기재된 자동차 및 2층 대형승합자동차는 제외한다)는 별표 11의6의 기준에 적합하여야 한다. <신설 2018. 7. 11.>

[전문개정 1995. 7. 21.]

제92조(천정구조) 승용자동차(컨버터블자동차는 제외한다)의 천정은 바닥면의 가로 및 세로의 길이가 각각 75센티미터 및 180센티미터 이상인 직사각형 시험장치를 이용하여 120초 이내의 시간에 매초 12.7밀리미터 이하의 속도로 하중값이 차량중량의 1.5배 또는 2천270킬로그램중 작은 값에 도달할 때까지 하중을 가할때에 천정의 변위량이 127밀리미터 이하이어야 한다. <개정 1995. 7. 21., 2018. 12. 31.>

제93조(범퍼) 승용자동차(초소형승용자동차는 제외한다)에는 별표 11의4에 따른 안전기준에 적합한 범퍼를 설치하여야 한다. <개정 2018. 7. 11.>

[전문개정 2011. 10. 6.]

제94조(운전자의 시계범위 등) ① 승용자동차와 경형승합자동차는 별표 12의 운전자의 전방시계범위와 제50조에 따른 운전자의 후방시계범위를 확보하는 구조이어야 한다. 다만, 초소형승용자동차의 경우 별표 12의 기준을 적용하지 아니한다. <개정 2008. 1. 14., 2018. 7. 11.>

② 자동차의 앞면창유리[승용자동차(컨버터블자동차 등 특수한 구조의 승용자동차를 포함

한다)의 경우에는 뒷면창유리 또는 창을 포함함] 및 운전자좌석 좌우의 창유리 또는 창은 가시광선 투과율이 70퍼센트 이상이어야 한다. 다만, 운전자의 시계범위외의 차광을 위한 부분은 그러하지 아니하다. <신설 1999. 2. 19.>

③ 어린이운송용 승합자동차의 모든 창유리 또는 창은 가시광선 투과율이 70퍼센트 이상이어야 한다. <신설 2017. 11. 14.>

[전문개정 1995. 7. 21.]

[제목개정 2017. 11. 14.]

제95조(차실내장재의 내인화성) 자동차의 차실안에 설치되어 있는 다음 각호의 내장재는 매분당 102밀리미터 이상의 속도로 연소가 진행되지 아니하여야 한다. <개정 2003. 2. 25.>

1. 좌석·좌석등받이 및 안전띠
2. 팔걸이·머리지지대 및 햇빛가리개
3. 차실천정·차실바닥 및 깔판
4. 내부판넬

제96조(후부안전판) 제19조제4항의 규정에 의한 후부안전판은 별표 13의 후부안전판의 시험하중 및 설치강도기준에 적합하여야 한다.

[전문개정 2001. 4. 28.]

제97조(운전자 및 승객좌석의 설치) ① 자동차의 좌석(옆면을 향한 좌석, 접이식보조좌석 및 승합자동차의 승객용 좌석을 제외한다)은 조절이 가능한 어느 위치에 있을 경우에도 제1호 또는 제2호의 힘을 가할 때와 좌석을 가장 뒤쪽에 위치시키고 제3호의 힘을 가할 때에 이에 견디는 견고한 구조이어야 하며, 힘을 가하기 이전의 위치에서 이탈하지 아니하여야 한다. <개정 1995. 7. 21.>

1. 안전띠가 좌석에 부착되지 아니한 경우에는 좌석무게의 20배에 해당하는 앞과 뒤로 가하여지는 자동차길이방향의 힘
2. 안전띠가 좌석에 부착된 경우에는 제1호의 규정에 의한 힘과 제103조제3항의 규정에 의하여 안전띠에 가하여지는 힘을 합산한 힘
3. 전방을 향한 좌석의 경우에는 착석기준점에 대한 38킬로그램·미터의 후방모멘트, 후방을 향한 좌석의 경우에는 착석기준점에 대한 38킬로그램·미터의 전방모멘트

② 경첩식좌석과 접이식좌석(화물 및 특수자동차의 좌석과 승합자동차의 승객용 좌석을 제외한다)에는 좌석과 좌석등받이의 움직임을 방지할 수 있는 잠금장치와 잠금상태를 풀 수 있는 장치를 설치하여야 한다.

③ 제2항의 규정에 의한 잠금장치는 다음 각호의 힘을 잠금장치에 가할 때에 풀어지지 아니하여야 한다.

1. 앞쪽을 향한 좌석에 있어서는 좌석이 젖혀지거나 접히는 부분의 중량의 20배에 상당하는 앞으로 가하여지는 자동차길이방향의 힘

2. 뒷쪽을 향한 좌석에 있어서는 좌석이 젖혀지거나 접히는 부분의 중량의 8배에 상당하는 뒤로 가하여지는 자동차길이방향의 힘
3. 좌석이 젖혀지거나 접히는 방향의 반대쪽으로 가하여지는 중력가속도의 20배에 상당하는 자동차길이방향의 관성하중

제98조(좌석등받이) 승용자동차 및 어린이운송용 승합자동차와 차량총중량 4.5톤 이하의 승합자동차·화물자동차 및 특수자동차의 머리충격부위안의 좌석 등받이는 지름 165밀리미터, 무게 6.8킬로그램의 머리모형을 매시 24.2킬로미터의 속도로 좌석등받이(머리지지대가 설치된 좌석의 경우에는 머리지지대)에 충돌시킬 때에 머리모형이 받는 감속도가 1천분의 3초 이상 연속적으로 중력가속도의 80배를 초과하지 아니하는 구조이어야 하며, 내부 격실문이 설치된 자동차의 경우에는 내부 격실문이 열리지 아니하여야 한다. 다만, 다음 각호에서 정한 좌석등받이의 경우에는 그러하지 아니하다. <개정 1995. 7. 21., 2008. 3. 14., 2013. 3. 23., 2018. 7. 11., 2019. 3. 21.>

1. 가장뒷열에 있는 좌석등받이
2. 측면을 향한 좌석등받이
3. 서로 마주붙은 좌석등받이
4. 접이식보조좌석의 좌석등받이
5. 국토교통부장관이 자동차의 구조상 부득이하다고 인정하는 좌석등받이
6. 초소형자동차에 설치된 좌석등받이

제99조(머리지지대) 제26조 각 호에 해당하는 자동차의 앞좌석(중간좌석을 제외한다) 및 그 밖의 좌석(머리지지대를 설치한 좌석만 해당한다)의 머리지지대는 국토교통부장관이 정하는 세부기준에 적합한 구조이어야 한다. 다만, 접이식 보조좌석, 옆보기 좌석 및 뒤보기 좌석의 머리지지대는 제외한다. <개정 2013. 3. 23.>

[전문개정 2010. 3. 29.]

제100조(팔걸이) 승용자동차와 차량총중량 4.5톤이하의 승합·화물 및 특수자동차에 설치하는 팔걸이는 다음 각호의 1에 적합하여야 한다. 다만, 초소형자동차에 설치된 팔걸이와 에너지 흡수재로 제작되는 접이식팔걸이의 경우에는 그러하지 아니하다. <개정 2018. 7. 11.>

1. 에너지흡수재로 제작되고 옆방향으로 하중을 가할 때에 하중을 가하는 물체와 팔걸이 내부의 단단한 부분이 접촉하지 아니하는 상태에서 50밀리미터이상 옆방향으로 비틀리거나 찌그러지는 구조일 것
2. 골반충격부위안에서 수직방향으로 높이가 50밀리미터이상인 부분이 연속하여 50밀리미터이상일 것

제101조(햇빛가리개) 승용자동차와 차량총중량 4.5톤이하의 승합·화물 및 특수자동차의 운전자의 좌석 및 운전자의 좌석과 나란히 되어있는 좌석(중간좌석을 제외한다)에는 다음 각호의 기준에 적합한 햇빛가리개를 설치하여야 한다. 다만, 초소형자동차는 제외한다. <개정 2018. 7. 11.>

1. 에너지흡수재로 제작되거나 감싸여져 있을 것
2. 지름 165밀리미터의 머리모형과 정적으로 접할 수 있는 머리충격부위안의 단단한 재질로 된 모서리의 반경은 3.2밀리미터이상일 것

제102조(충돌 시의 승객보호) ① 승용자동차는 별표 14의 충돌 시 승객보호 기준(차량총중량이 2.5톤을 초과하는 승용자동차는 제외한다) 및 별표 14의2의 측면충돌 시 승객보호 기준에 적합해야 하며, 차량총중량 3.5톤 이하인 화물자동차는 별표 14의2의 기준에 적합해야 한다. 다만, 초소형자동차 및 저속전기자동차의 경우 본문에 따른 기준을 적용하지 않는다. <개정 2018. 12. 31.>

② 차량총중량 4.5톤 이하인 승합자동차(경형승합자동차 및 피견인자동차는 제외한다)는 별표 14의3의 충돌시 차체구조기준에 적합하여야 하며, 차량총중량 4.5톤을 초과하는 승합자동차(2층대형승합자동차는 제외한다)의 경우는 별표 14의4의 승합자동차의 차체강도기준의 시험조건중 하나로 시험하였을 경우 차체강도기준에 적합하여야 한다.
<개정 2003. 2. 25., 2014. 6. 10., 2017. 1. 9., 2018. 12. 31.>

③ 앞좌석 승객석에 에어백을 설치한 자동차는 별표 14의5의 기준에 적합한 자동차에어백 경고문구를 표기해야 한다. <개정 2019. 12. 31.>

[전문개정 2001. 4. 28.]
[제목개정 2018. 12. 31.]

제102조의2(보행자 보호) 승용자동차, 차량총중량 4.5톤 이하의 승합자동차, 화물자동차 및 특수자동차는 다음 각 호에 적합한 구조이어야 한다. 다만, 초소형자동차와 자동차의 앞바퀴 중심축에서 운전자 좌석의 착석기준점까지의 거리가 1천1백밀리미터 이하인 승합자동차, 화물자동차 및 특수자동차는 제외한다. <개정 2011. 10. 6., 2018. 7. 11.>

1. 보행자머리모형을 자동차길이방향의 수평선으로부터 아래방향(성인머리모형의 경우 65도, 어린이머리모형의 경우 50도의 각도를 말한다)으로 시속 35킬로미터의 속도로 보행자머리모형충격부위에 충돌시킬 때 별표 14의6의 보행자머리모형 상해기준에 적합할 것
2. 보행자다리모형을 다음 각 목의 구분에 따라 보행자다리충격부위에 충돌시킬 때 별표 14의6의 보행자다리모형 상해기준에 적합할 것
   가. 범퍼하부기준선높이가 지면에서 425밀리미터 미만인 경우: 보행자하부다리모형을 시속 40킬로미터의 속도로 보행자다리충격부위에 충돌
   나. 범퍼하부기준선높이가 지면에서 425밀리미터 이상 500밀리미터 미만인 경우: 보행자하부다리모형 또는 보행자상부다리모형을 시속 40킬로미터의 속도로 보행자다리충격부위에 충돌
   다. 범퍼하부기준선높이가 지면에서 500밀리미터 이상인 경우: 보행자상부다리모형을 시속 40킬로미터의 속도로 보행자다리충격부위에 충돌

[본조신설 2008. 12. 8.]

제102조의3(고정벽정면충돌 안전성) 차량총중량 3.5톤 이하인 승용자동차(초소형승용자동차는 제외한다)는 별표 14의7의 고정벽정면충돌 기준에 적합해야 한다.
[본조신설 2018. 12. 31.]

제102조의4(기둥측면충돌 안전성) 차량총중량 3.5톤 이하인 승용자동차 및 화물자동차는 별표 14의8의 기둥측면충돌 기준에 적합해야 한다. 다만, 초소형자동차 및 저속전기자동차의 경우 본문에 따른 기준을 적용하지 않는다.
[본조신설 2018. 12. 31.]
[시행일: 2022. 7. 5.] 제102조의4

제103조(좌석안전띠장치 등) ① 자동차에 설치하는 안전띠는 별표 15의 좌석안전띠의 조절기준 및 별표 16의 좌석안전띠의 정적강도기준에 적합하여야 한다. <개정 2014. 6. 10.>

② 삭제 <2014. 6. 10.>

③ 자동차의 안전띠부착장치는 다음 각호의 기준에 적합해야 한다. <개정 1995. 7. 21., 1995. 12. 30., 1997. 8. 25., 2005. 8. 10., 2020. 12. 24.>

1. 2점식 또는 어깨부분과 골반부분이 분리되는 3점식 안전띠의 골반부분부착장치는 2천270킬로그램의 하중에 10초이상 견딜 것. 다만, 경형자동차에 설치된 경우에는 1천820킬로그램, 승합자동차의 제1열좌석(운전자석을 포함한다) 외의 좌석에 설치된 경우에는 300킬로그램(차량총중량 4.5톤 이하의 승합자동차의 경우에는 1천130킬로그램)의 하중에 0.2초이상 견디어야 한다.

2. 3점식 안전띠의 어깨부분 및 골반부분에 동시에 1천360킬로그램의 하중을 가할 때에 10초이상 견딜 것. 다만, 경형자동차에 설치된 경우에는 1천100킬로그램, 승합자동차의 제1열좌석(운전자석을 포함한다) 외의 좌석에 설치된 경우에는 300킬로그램(차량총중량 4.5톤 이하의 승합자동차의 경우에는 690킬로그램)의 하중에 0.2초이상 견디어야 한다.

3. 2점식 또는 3점식 안전띠의 골반부분부착장치는 착석기준점과 골반부분부착장치의 설치지점을 동시에 지나고 차량중심면(차량중심면을 포함하며 지면에 수직인 평면을 말한다. 이하 같다)에 수직인 평면이 지면과 이루는 각도가 30도이상 75도이하이어야 하고, 부착장치의 설치지점을 지나고 차량중심면에 평행한 두 평면사이의 거리가 165밀리미터이상일 것

4. 3점식 안전띠의 어깨부분 부착장치는 별표 17에 표시된 범위 안에 설치할 것. 다만, 어린이운송용 승합자동차 제1열 좌석 외의 좌석에 설치되는 어깨부분부착장치가 다음 각 목의 기준을 모두 만족하는 경우에는 별표 17에 표시된 범위보다 낮은 범위로 높이조절이 가능한 어깨부분부착장치를 설치할 수 있다.

    가. 높이조절장치 등으로 어깨부분 안전띠의 높이를 조절할 수 있을 것
    나. 높이조절장치 등이 탑승자의 의도와 무관하게 위쪽으로 이동하지 않을 것

④ 삭제 <2008. 1. 14.>

[제목개정 1997. 1. 17.]

제103조의2(어린이보호용 좌석부착장치) 승용자동차(초소형승용자동차는 제외한다)에 설치하는 어린이보호용 좌석부착장치는 다음 각 호의 기준에 적합하여야 한다. <개정 2018. 7. 11.>

1. 제27조의2의 기준에 적합할 것
2. 상부부착구는 자동차길이방향으로 816킬로그램의 하중을 0.2초 이상 가할 때 견딜 수 있는 구조이어야 하고, 변위량은 125밀리미터 이내이어야 한다.
3. 하부부착구는 자동차길이방향으로 816킬로그램 및 자동차길이방향의 75도 방향으로 510킬로그램의 하중을 각각 0.2초 이상 가할 때 견딜 수 있는 구조이어야 하고, 변위량은 125밀리미터 이내이어야 한다.

[본조신설 2008. 1. 14.]

제104조(승강구) ① 승용자동차(초소형승용자동차는 제외한다)의 옆문은 지름 305밀리미터의 강철제 원형 또는 반원형기둥의 시험장치를 이용하여 매초 12.7밀리미터이하의 속도로 하중을 가할 때에 다음 각호의 1에 해당하는 기준에 적합한 구조이어야 한다. <개정 1995. 7. 21., 2001. 4. 28., 2018. 7. 11.>

1. 승강구의 옆좌석을 떼어내고 시험할 경우
    가. 155밀리미터의 변위량에 도달할 때까지의 평균저항하중값이 차량중량의 0.83배 또는 1천20킬로그램중 작은 값이상일 것
    나. 310밀리미터의 변위량에 도달할 때까지의 평균저항하중값이 차량중량의 1.3배 또는 1천580킬로그램중 작은 값이상일 것
    다. 460밀리미터의 변위량에 도달할 때까지의 최대저항하중값이 차량중량의 2배 또는 3천160킬로그램중 작은 값이상일 것
2. 승강구의 옆좌석을 떼어내지 아니하고 시험할 경우
    가. 155밀리미터의 변위량에 도달할 때까지의 평균저항하중값이 차량중량의 0.83배 또는 1천20킬로그램중 작은 값이상일 것
    나. 310밀리미터의 변위량에 도달할 때까지의 평균저항하중값이 차량중량의 1.63배 또는 1천980킬로그램중 작은 값이상일 것
    다. 460밀리미터의 변위량에 도달할 때까지의 최대저항하중값이 차량중량의 3.5배 또는 5천645킬로그램중 작은 값이상일 것

② 초소형자동차, 중형 및 대형승합자동차를 제외한 자동차의 옆문 승강구와 탑승자의 승하차가 가능하거나 수화물을 싣고 내릴 수 있는 뒷문 승강구(이하 "뒷문"이라 한다)의 문걸쇠장치 및 문경첩장치는 다음 각 호의 구분에 따른 기준에 적합한 구조이어야 한다. 다만, 휠체어승강기가 설치된 승강구, 접이식승강구, 말려올라가는 구조의 승강구, 탈착식 승강구의 경우에는 그러하지 아니하다. <개정 1995. 7. 21., 1995. 12. 30., 2006. 4. 14., 2018. 7. 11.>

1. 여닫이식 승강구의 경우
   가. 문걸쇠장치는 완전닫힘위치와 중간닫힘위치로 구분되는 구조일 것
   나. 문걸쇠장치는 완전닫힘위치에서 문걸쇠장치면에 수직인 방향으로 1천130킬로그램의 하중과 문걸쇠장치면에 나란하면서 열리는 방향으로 905킬로그램의 하중에 각각 견디는 구조이어야 하고, 뒷문은 문걸쇠장치면에 수직인 방향과 문걸쇠장치면에 나란하면서 열리는 방향에 모두 수직인 방향으로 905킬로그램의 하중에도 견디는 구조이어야 한다. 다만, 경형자동차의 경우에는 문걸쇠장치에 수직인 방향으로 910킬로그램의 하중과 문걸쇠장치면에 나란하면서 열리는 방향으로 730킬로그램의 하중에 각각 견디는 구조이어야 하고, 뒷문은 문걸쇠장치면에 수직인 방향과 문걸쇠장치면에 나란하면서 열리는 방향에 모두 수직인 방향으로 730킬로그램의 하중에도 견디는 구조이어야 한다.
   다. 문걸쇠장치는 완전닫힘위치에서 자동차길이방향과 자동차너비방향으로 중력가속도의 30배에 해당하는 관성하중을 가할 때에 완전닫힘위치를 유지할 수 있는 구조이고, 뒷문은 자동차수직방향으로 중력가속도의 30배에 해당하는 관성하중을 가할 때에도 완전닫힘위치를 유지할 수 있는 구조일 것
   라. 문걸쇠장치는 중간닫힘위치에서 450킬로그램의 자동차길이방향의 하중과 자동차너비방향의 하중에 각각 견디는 구조일 것. 다만, 경형자동차의 경우에는 360킬로그램의 자동차길이방향의 하중과 자동차너비방향의 하중에 각각 견디어야 한다.
   마. 문경첩장치는 1천130킬로그램의 자동차길이방향의 하중과 905킬로그램의 자동차너비방향의 하중에 각각 견디는 구조이고, 뒷문은 905킬로그램의 자동차수직방향의 하중에도 견디는 구조일 것. 다만, 경형자동차의 경우에는 910킬로그램의 자동차길이방향의 하중과 730킬로그램의 자동차너비방향의 하중에 각각 견디는 구조이고, 뒷문은 730킬로그램의 자동차수직방향의 하중에도 견디는 구조이어야 한다.
2. 미닫이식 승강구(경형자동차의 승강구를 제외한다)의 경우
   가. 문걸쇠장치는 완전닫힘위치와 중간닫힘위치로 구분되는 구조일 것
   나. 문걸쇠장치는 완전닫힘위치에서 문걸쇠장치면에 수직인 방향으로 1천130킬로그램의 하중과 문걸쇠장치면에 나란하면서 열리는 방향으로 905킬로그램의 하중에 각각 견디는 구조일 것
   다. 문걸쇠장치는 완전닫힘위치에서 자동차길이방향과 자동차너비방향으로 중력가속도의 30배에 해당하는 관성하중을 가할 때에 완전닫힘위치를 유지할 수 있는 구조일 것
   라. 문걸쇠장치는 중간닫힘위치에서 문걸쇠장치면에 수직인 방향으로, 문걸쇠장치면에 나란하면서 열리는 방향으로 각각 450킬로그램의 하중에 견디는 구조일 것
   마. 문이 닫힌 상태에서 문의 양쪽 끝에 있는 승강구의 지지부분에 자동차너비방향으로 각각 905킬로그램의 하중을 동시에 가할 때 승강구의 지지부분과 문 사이의 간격이

100밀리미터 이하이고, 각각의 하중부과장치의 너비방향 최종변위가 300밀리미터 이하일 것
③ 초소형자동차의 옆문 승강구와 뒷문의 문걸쇠장치 및 문경첩장치는 다음 각 호의 기준에 적합하여야 한다. <신설 2018. 7. 11.>
1. 문걸쇠장치는 완전닫힘위치를 갖출 것
2. 문걸쇠장치는 완전닫힘위치에서 문걸쇠장치면에 수직인 방향으로 910킬로그램의 하중과 문걸쇠장치면에 나란하면서 문이 열리는 방향으로 730킬로그램의 하중을 각각 견딜 것. 이 경우 뒷문의 문걸쇠장치는 문걸쇠장치면에 수직인 방향과 문걸쇠장치면에 나란하면서 문이 열리는 방향에 수직인 방향으로 730킬로그램의 하중에도 견딜 것
3. 문걸쇠장치는 완전닫힘위치에서 자동차길이방향과 자동차너비방향으로 중력가속도의 30배에 해당하는 관성하중을 가할 때에 완전닫힘위치를 유지할 것. 이 경우 뒷문의 문걸쇠장치는 자동차수직방향으로 중력가속도의 30배에 해당하는 관성하중을 가할 때에도 완전닫힘위치를 유지할 것
4. 문경첩장치는 910킬로그램의 자동차길이방향의 하중과 730킬로그램의 자동차너비방향의 하중에 견딜 것. 이 경우 뒷문의 문경첩장치는 730킬로그램의 자동차수직방향의 하중에도 견딜 것
5. 문이 완전닫힘위치에서 문의 중심 또는 착석기준점과 같은 높이 지점이거나 수직으로 500밀리미터 이하의 지점에 2킬로뉴턴의 자동차너비방향 하중에도 견딜 것. 이 경우 자동차 바깥쪽 변형은 허용된다.

제105조(창유리의 안전성 등) ① 제34조제1항의 창유리는 국토교통부장관이 정하는 기계적 강성 등의 성능을 갖추어야 한다. <신설 2010. 3. 29., 2013. 3. 23.>
② 승용자동차의 앞면창유리는 자동차를 매시 48.3킬로미터의 속도로 고정벽에 정면충돌시킬 때에 다음 각호의 기준에 적합하여야 한다. <개정 2010. 3. 29.>
1. 에어백 또는 자동안전띠등과 같은 승객자동보호장치가 설치된 자동차는 창유리가 붙어 있는 창유리지지틀의 길이가 차량중심선을 기준으로 좌우 각각 창유리지지틀 둘레의 50퍼센트이상일 것
2. 승객자동보호장치가 설치되지 아니한 자동차는 창유리가 붙어 있는 창유리지지틀의 길이가 전체 창유리지지틀 둘레의 75퍼센트이상일 것
3. 창유리지지틀 및 창유리와 접하여 설치된 장치를 제외한 차실밖에 있는 부품이 별표 18의 앞면창유리보호구역에 설치된 보호형판의 내부로 6.3밀리미터를 초과하여 들어오지 아니하여야 하고, 보호구역 아래의 창유리부분을 관통하여 차실안으로 들어오지 아니하는 구조일 것
③ 다음 각호의 자동차는 제2항의 규정을 적용하지 아니한다. <개정 1995. 7. 21., 1995. 12. 30., 2010. 3. 29.>

1. 앞면창유리를 뗄 수 있거나 접을 수 있도록 제작된 무개자동차
2. 전방조종자동차
3. 경형자동차
[제목개정 2010. 3. 29.]

제106조(원동기 출력) 자동차의 원동기(내연기관, 구동전동기, 연료전지를 포함한다) 출력은 다음 각 호의 기준에 적합하여야 한다. <개정 2018. 7. 11.>
1. 자동차(초소형자동차는 제외한다)의 내연기관 출력 및 해당 회전수에 대한 제원의 허용차가 다음 각 목의 기준을 초과하지 아니할 것. 다만, 양산자동차의 경우에는 각각 ±5퍼센트를 초과하지 아니하여야 한다.
   가. 최고출력의 경우: ±2퍼센트
   나. 그 밖의 부분출력의 경우: ±4퍼센트
   다. 회전수의 경우: ±1.5퍼센트
2. 자동차의 구동전동기 출력 및 해당 회전수에 대한 제원의 허용차가 다음 각 목의 기준을 초과하지 아니할 것. 다만, 양산자동차의 경우에는 각각 -5퍼센트를 초과하지 아니하여야 한다.
   가. 최고출력의 경우: ±5퍼센트
   나. 그 밖의 부분출력(최고 30분 출력은 제외한다)의 경우: ±5퍼센트
   다. 회전수의 경우: ±2퍼센트
   라. 최고 30분 출력의 경우: ±5퍼센트
3. 자동차용 연료전지의 최고출력에 대한 제원의 허용차는 -5퍼센트를 초과하지 아니할 것
4. 초소형자동차의 내연기관은 제63조의2에 따른 원동기 출력기준을 적용한다.
[전문개정 2014. 6. 10.]
[제목개정 2018. 7. 11.]
[제111조에서 이동 <2019. 12. 31.>]

제107조(전자파 적합성) 자동차는 별표 24의 전자파 적합성기준에 적합하여야 한다. <개정 2019. 12. 31.>
[전문개정 2009. 1. 23.]
[제111조의2에서 이동 <2019. 12. 31.>]

제108조(내부격실문) 승용자동차와 차량총중량이 4.5톤이하인 승합자동차·화물자동차 및 특수자동차(경형화물자동차 및 경형특수자동차를 제외한다)의 계기판넬·좌석등받이 및 설계착석위치와 인접한 측면판넬 등에 설치된 내부격실문은 내부격실문의 잠금장치를 잠그지 아니한 상태에서 다음 각호중 제1호 및 제2호 또는 제1호 및 제3호의 기준에 적합하여야 한다. 다만, 초소형자동차는 제외한다. <개정 2018. 7. 11.>
1. 내부격실문의 걸쇠장치에 자동차의 수직방향과 수평횡방향으로 중력가속도의 10배에

해당하는 관성하중을 가할 때 열리지 아니할 것
2. 매시 48.3킬로미터(승합자동차의 경우에는 40킬로미터)의 속도로 자동차를 고정벽에 정면충돌시킬 때 열리지 아니할 것
3. 내부격실문의 걸쇠장치에 자동차의 길이방향으로 중력가속도의 30배에 해당하는 관성하중을 가할 때 열리지 아니할 것

[본조신설 1997. 1. 17.]
[제111조의3에서 이동 <2019. 12. 31.>]

제108조의2(연료소비율) ① 소비자에게 판매된 자동차의 연료소비율은 제작자등이 제시한 값과 비교하여 다음 각 호의 기준에 적합하여야 한다. <개정 2014. 12. 31.>
1. 시가지주행 연료소비율: -5퍼센트 이내
2. 고속도로주행 연료소비율: -5퍼센트 이내
3. 정속주행 연료소비율: -5퍼센트 이내

② 제1항의 기준에 의한 연료소비율 시험대상자동차는 다음 각 호와 같다. 다만, 국토교통부장관이 시험이 곤란하거나 불필요하다고 특별히 인정하여 고시하는 자동차의 경우에는 시험대상에서 제외할 수 있다. <개정 2006. 4. 14., 2010. 11. 10., 2013. 3. 23., 2014. 12. 31., 2020. 12. 24.>
1. 시가지주행 연료소비율 및 고속도로주행 연료소비율: 승용자동차, 승차정원 15인 이하이며 차량총중량 3.5톤 이하인 승합자동차(특수형은 제외한다), 경형화물자동차 및 소형화물자동차(특수용도형은 제외한다)
2. 정속주행 연료소비율: 제1호에 따른 시험대상자동차 외의 자동차

[본조신설 2003. 2. 25.]
[제111조의4에서 이동 <2019. 12. 31.>]

제109조(창닦이기장치등) ① 승용자동차(초소형승용자동차는 제외한다)와 경형승합자동차에 설치하는 창닦이기·서리제거장치·안개제거장치 및 세정액분사장치는 다음 각 호의 기준에 적합하여야 한다. <개정 2008. 1. 14., 2018. 7. 11., 2019. 12. 31.>
1. 창닦이기는 제51조제2항 및 다음 각목의 기준에 적합할 것
   가. 별표 25의 구분에 따른 "가"부분 면적의 98퍼센트이상을, 동 "나"부분 면적의 80퍼센트이상을 각각 세척할 수 있을 것
   나. 섭씨 영하 18도의 주변온도에서 4시간동안 안정화시킨후 2분이상 정상작동을 할 수 있을 것
   다. 최고속도의 80퍼센트 또는 매시 120킬로미터의 속도에 해당하는 상대공기속도를 가하였을 때 별표 25의 구분에 따른 "가"부분 면적의 98퍼센트이상을 세척할 수 있을 것
2. 서리제거장치는 섭씨 영하 18도의 주변온도에서 10시간동안 안정화시킨후 작동시켰을 때

다음 각목의 기준에 적합할 것
　　가. 작동후 20분이내에 별표 25의 구분에 따른 "가"부분 면적의 80퍼센트이상의 서리를 제거할 수 있을 것
　　나. 작동후 25분이내에 별표 25의 구분에 따른 "가"부분과 자동차길이방향으로 대칭되는 앞면창유리 면적의 80퍼센트이상의 서리를 제거할 수 있을 것
　　다. 작동후 40분이내에 별표 25의 구분에 따른 "나"부분 면적의 95퍼센트이상의 서리를 제거할 수 있을 것
3. 안개제거장치는 섭씨 영하 3도의 주변온도에서 10시간동안 안정화시킨후 작동시켰을 때 10분이내에 별표 25의 구분에 따른 "가"부분 면적의 90퍼센트이상, 동 "나"부분 면적의 80퍼센트이상의 안개를 제거할 수 있을 것
4. 세정액분사장치는 다음 각목의 기준에 적합할 것
　　가. 창닦이기를 최대속도로 10회 작동시키는 동안 별표 25의 구분에 따른 "가"부분의 60퍼센트이상의 면적을 세척하는데 필요한 양의 세정액을 분사할 수 있을 것
　　나. 섭씨 영하 18도의 주변온도에서 4시간동안 안정화시킨후 정상작동을 할 수 있을 것
　　다. 섭씨 영상 60도의 주변온도에서 8시간동안 안정화시킨후 정상작동을 할 수 있을 것
② 초소형자동차에 설치하는 창닦이기 및 세정액분사장치는 다음 각 호의 기준에 적합하여야 한다. <신설 2018. 7. 11., 2019. 12. 31.>
1. 별표 25 제1호의 구분에 따른 "가"부분 면적의 90퍼센트 이상을 세척할 수 있을 것
2. 세정액분사장치는 다음 각 목의 기준에 적합할 것
　　가. 창닦이기를 최대속도 10회 작동시키는 동안 별표 25 제1호의 구분에 따른 "가"부분의 60퍼센트 이상의 면적을 세척하는데 필요한 양의 세정액을 분사할 수 있을 것
　　나. 섭씨 영하 18도의 주변온도에서 4시간 동안 안정화시킨 후에도 정상작동할 것
　　다. 섭씨 영상 60도의 주변온도에서 8시간 동안 안정화시킨 후에도 정상작동할 것
[전문개정 1997. 1. 17.]

제110조(속도계) ① 자동차에 설치한 속도계의 속도표시부는 다음 각 호의 기준에 적합하여야 한다. <개정 2008. 12. 8.>
1. 속도표시부는 운전자의 직접시계의 범위내에 위치하고, 주·야간에 속도값을 명확히 읽을 수 있을 것
2. 속도표시범위는 자동차의 최고속도가 포함되도록 할 것
3. 눈금은 시속 1킬로미터·2킬로미터·5킬로미터 또는 10킬로미터 단위로 구분되고, 다음 각목의 값들이 숫자로 표시될 것. 다만, 속도표시값의 간격은 균등하지 아니하여도 된다.
　　가. 속도표시부의 최고속도값이 시속 200킬로미터 이하인 경우 시속 20킬로미터 이하 간격의 속도값
　　나. 속도표시부의 최고속도값이 시속 200킬로미터를 초과하는 경우 시속 30킬로미터

이하 간격의 속도값

② 자동차에 설치한 속도계의 지시오차는 평탄한 노면에서의 속도가 시속 25킬로미터 이상에서 다음 계산식에 적합하여야 한다. <개정 2008. 12. 8.>

$0 \leq V_1 - V_2 \leq V_2/10 + 6$(킬로미터/시간)

V_1: 지시속도(킬로미터/시간)

V_2: 실제속도(킬로미터/시간)

[전문개정 2003. 2. 25.]

제110조의2(최고속도제한장치) 자동차의 최고속도제한장치는 별표 26의 기준에 적합하여야 한다. <개정 2019. 12. 31.>

[본조신설 2003. 2. 25.]

제3절 자율주행시스템의 안전기준 <신설 2019. 12. 31.>

제111조(자율주행시스템의 종류) 자율주행시스템의 종류는 다음 각 호와 같이 구분한다.
1. 부분 자율주행시스템: 지정된 조건에서 자동차를 운행하되 작동한계상황 등 필요한 경우 운전자의 개입을 요구하는 자율주행시스템
2. 조건부 완전자율주행시스템: 지정된 조건에서 운전자의 개입 없이 자동차를 운행하는 자율주행시스템
3. 완전 자율주행시스템: 모든 영역에서 운전자의 개입 없이 자동차를 운행하는 자율주행시스템

[본조신설 2019. 12. 31.]

[종전 제111조는 제106조로 이동 <2019. 12. 31.>]

제111조의2(자율주행시스템의 운행가능영역 지정) ① 제작자는 자율주행시스템이 주어진 조건에서 정상적이고 안전하게 작동될 수 있는 작동영역(이하 "운행가능영역"이라 한다)을 지정해야 한다.

② 운행가능영역에는 자율주행자동차의 운행과 관련된 다음 각 호의 사항이 포함되어야 한다.
1. 도로·기상 등 주행 환경
2. 자율주행시스템의 작동한계
3. 그 밖에 자동차의 안전한 운행과 관련된 조건

[본조신설 2019. 12. 31.]

[종전 제111조의2는 제107조로 이동 <2019. 12. 31.>]

제111조의3(승용자동차의 부분 자율주행시스템 안전기준) 승용자동차에 설치되는 부분 자율주행시스템의 안전기준은 별표 27과 같다. <개정 2020. 12. 1.>

[본조신설 2019. 12. 31.]

[제목개정 2020. 12. 1.]
[종전 제111조의3은 제108조로 이동 <2019. 12. 31.>]

제4절 부품 등의 성능시험기준 <신설 2019. 12. 31.>

제112조(부품 또는 장치의 성능시험기준) 법 제32조제1항의 규정에 의한 자동차에 사용되는 부품 또는 장치에 대한 안전 및 성능에 관한 시험의 기준에 대하여는 제2장 및 이 장의 해당규정을 준용한다.
[전문개정 2003. 2. 25.]

제3장의2 부품의 안전기준 <신설 2011. 12. 23.>

제112조의2(브레이크호스) 자동차(초소형자동차는 제외한다)에 사용되는 브레이크호스는 별표 30의4의 기준에 적합하여야 하며, 공기압브레이크호스를 제외한 다른 브레이크호스는 분해되지 아니하는 일체형 구조이어야 한다. <개정 2018. 7. 11.>
[본조신설 2011. 12. 23.]
제112조의3(좌석안전띠장치) 자동차에 사용되는 좌석안전띠는 별표 16의 기준에 적합하여야 한다.
[본조신설 2011. 12. 23.]
제112조의4(등화장치) 자동차(초소형자동차는 제외한다)에 사용되는 전조등은 별표 6의3부터 별표 6의5까지의 광도기준 및 별표 6의22의 색도기준에 적합하여야 한다. <개정 2014. 6. 10., 2018. 7. 11.>
[본조신설 2011. 12. 23.]
제112조의5(후부반사기) 자동차(초소형자동차는 제외한다)에 사용되는 후부반사기(보조반사기를 포함한다)는 다음 각 호의 기준에 적합하여야 한다. <개정 2014. 6. 10., 2018. 7. 11.>
 1. 후부반사기의 반사부 모양은 삼각형 모양 외의 것일 것. 다만, 피견인자동차에 사용되는 후부반사기는 그러하지 아니하다.
 2. 후부반사기에 의한 반사광은 적색이어야 할 것. 다만, 보조반사기의 경우에는 황색 또는 호박색으로 할 수 있다.
 3. 후부반사기의 반사성능은 별표 6의27의 기준에 적합할 것
[본조신설 2011. 12. 23.]
제112조의6(후부안전판) 자동차에 사용되는 후부안전판은 별표 13의 기준에 적합하여야 한다.
[본조신설 2011. 12. 23.]
제112조의7(창유리) 자동차(초소형자동차는 제외한다)에 사용되는 창유리는 제105조제1항의 기준에 적합하여야 한다. <개정 2018. 7. 11.>

[본조신설 2017. 1. 9.]

제112조의8(안전삼각대) 자동차(초소형자동차는 제외한다)에 사용되는 안전삼각대는 별표 30의5의 기준에 적합하여야 한다. <개정 2018. 7. 11.>

[본조신설 2017. 1. 9.]

제112조의9(후부반사판 및 후부반사지) 자동차에 사용되는 후부반사판 및 후부반사지는 다음 각 호의 기준에 적합하여야 한다.
  1. 형상·반사성능 및 부착방법은 별표 6의28의 기준에 적합할 것
  2. 반사부의 반사광은 황색 또는 적색, 형광부의 반사광은 적색일 것

[본조신설 2017. 1. 9.]

제112조의10(브레이크라이닝) 자동차(초소형자동차는 제외한다)에 사용되는 브레이크라이닝은 별표 30의6의 기준에 적합하여야 한다. <개정 2018. 7. 11.>

[본조신설 2017. 1. 9.]

제112조의11(휠) 승용자동차와 차량총중량 3.5톤 이하의 승합(피견인자동차로 한정한다)·화물·특수자동차에 사용되는 휠은 별표 30의7의 기준에 적합하여야 한다. 다만, 초소형자동차는 제외한다. <개정 2018. 7. 11.>

[본조신설 2017. 1. 9.]

제112조의12(반사띠) 자동차에 사용되는 반사띠는 별표 32의2의 기준에 적합하여야 한다.

[본조신설 2017. 1. 9.]

제112조의13(저속차량용 후부표시판) 최고속도가 시속 40킬로미터 이하인 자동차에 설치되는 저속차량용 후부표시판의 형상 및 반사성능기준은 별표 30의8의 기준에 적합하여야 한다.

[본조신설 2017. 1. 9.]

제4장 보 칙

제113조(승차정원 및 최대적재량) ① 자동차의 승차정원 또는 최대적재량은 제2장제1절 및 제3장의 규정에 적합한 범위 안에 있어야 한다. <개정 1995. 7. 21., 2008. 3. 14., 2010. 3. 29.>

② 이륜자동차의 승차정원 또는 최대적재량은 제2장제2절의 규정과 다음 각 호의 기준에 적합한 범위 안에 있어야 한다. <개정 2008. 12. 8., 2010. 3. 29.>
  1. 승차정원
    가. 이륜·삼륜형: 2명 이하
    나. 사륜형: 1명
  2. 최대적재량
    가. 이륜형: 60킬로그램 이하
    나. 삼륜형: 100킬로그램 이하

제114조(기준적용의 특례) ① 국토교통부장관은 보도용자동차, 분리하여 운반할 수 없는 규격화된 물품을 운송하는 자동차, 최고속도가 매시 25킬로미터 미만인 자동차, 2층대형승합자동차(「여객자동차 운수사업법 시행규칙」 제17조제1항제1호 가목2)에 따라 한정면허를 하는 경우만을 말한다), 그 밖의 특수용도에 사용하는 자동차 등에 대하여는 길이·너비·최대안전경사각도 및 최소회전반경등에 관하여 별표 31의 기준을 적용할 수 있다. <개정 1997. 8. 25., 2006. 10. 26., 2008. 1. 14., 2008. 3. 14., 2008. 11. 6., 2013. 3. 23., 2020. 12. 24.>

② 최고속도가 매시 25킬로미터 미만인 자동차에 대하여는 제12조의2, 제13조제2항, 제15조, 제15조의2, 제16조제1항, 제27조제4항, 제54조제1항, 제87조 내지 제89조, 제90조, 제90조의2, 제91조, 제96조 내지 제99조, 제101조 내지 제103조, 제104조제2항, 제105조, 제106조부터 제108조까지, 제109조, 제110조 및 제110조의2의 규정을 적용하지 아니하며, 노면청소작업차에 대하여는 제16조 및 제22조제2호의 규정을 적용하지 아니한다. <신설 1997. 8. 25., 2003. 2. 25., 2011. 10. 6., 2011. 12. 23., 2014. 6. 10., 2019. 12. 31.>

③ 국토교통부장관은 국가안보·치안등 공공목적을 위하여 제작하거나 공항 또는 공장시설·광산·건설공사현장등 도로외의 장소에서 사용할 목적으로 제작하는 자동차등에 대하여는 특히 필요하다고 인정하는 경우 당해자동차의 제작목적·용도 및 기능등을 고려하여 특례를 인정할 수 있으며, 이 경우 운행에 필요한 조건을 부칠 수 있다. <개정 1995. 7. 21., 2008. 3. 14., 2013. 3. 23.>

④ 도로외의 장소에서 사용할 목적으로 제작하는 자동차에는 당해자동차의 차체뒷면 오른쪽 아랫부분에 외부에서 쉽게 알아 볼 수 있도록 별표 32에서 정하는 표시를 하여야 한다.

⑤ 제1항, 제2항 및 제9항에 따라 특례를 인정받은 자동차의 경우에도 「도로법」·「도로교통법」 등 자동차의 운행과 관련되는 다른 법령의 적용을 배제하지 아니한다. <개정 1995. 7. 21., 2005. 8. 10., 2008. 1. 14.>

⑥ 삭제 <2019. 3. 21.>

⑦ 국토교통부장관은 외국의 자동차의 안전 및 성능에 관한 기준중 이 규칙에서 정한 안전기준 이상으로 인정되는 국가별 기준을 고시할 수 있으며, 이 경우 고시된 외국의 기준에 의한 시험성적서를 이 규칙의 안전기준에 의한 시험성적서로 갈음할 수 있다.
<신설 2003. 2. 25., 2008. 3. 14., 2011. 10. 6., 2013. 3. 23.>

⑧ 도로의 보수·제설 등 공공목적을 위하여 일시적으로 자동차에 부착하는 충격완화장치 또는 모래살포장치 등에 대하여는 이 규칙에서 정한 기준을 적용하지 아니한다. <신설 2006. 4. 14.>

⑨ 모듈트레일러에 대하여는 제4조제1항제1호 및 제2호, 제6조, 제7조, 제12조, 제15조 및 제90조를 적용하지 아니한다. <개정 2008. 12. 8.>

⑩ 총중량 100톤 이상의 화물을 운송하는 화물자동차로서 국토교통부장관이 정하여 고시하는 자동차에 대해서는 제35조, 제36조, 제38조 및 제40조부터 제44조까지의 규정 외의 규정은 적용하지 아니한다. <신설 2011. 10. 6., 2013. 3. 23.>

⑪ 제1항, 제9항 및 제10항에 따라 길이 및 너비에 대한 기준적용의 특례를 적용받는 자동차(굴절버스, 보도용 자동차, 환경측정용 자동차, 2층대형승합자동차는 제외한다)에는 해당 자동차의 좌우 측면과 뒷면에 외부에서 알아보기 쉽도록 별표 32의2에서 정하는 바에 따라 반사띠를 부착하고, 해당되는 표시를 하여야 한다. <신설 2008. 1. 14., 2008. 12. 8., 2011. 10. 6.>

⑫ 저속전기자동차에 대하여는 제12조의2·제15조의2·제87조·제88조·제88조의2·제88조의3·제89조제1항·제90조의2·제92조·제93조·제94조제2항·제95조부터 제101조까지·제102조의2·제103조의2·제104조·제105조·제108조·제108조의2·제110조의2 및 별표 7 제5호의 규정을 적용하지 아니하며, 제48조제3항·제51조·제109조제1호·제2호·제4호 및 별표 7 제4호·제6호·제8호의 규정에도 불구하고 별표 34의 저속전기자동차의 특례기준에 만족하는 경우 해당 기준에 적합한 것으로 할 수 있다. <신설 2010. 3. 29., 2010. 11. 10., 2011. 3. 16., 2011. 10. 6., 2011. 12. 23., 2014. 6. 10., 2019. 12. 31.>

⑬ 안전기준에 관한 외국과의 자유무역협정이 체결되어 시행되는 경우에는 이 규칙에도 불구하고 해당 자유무역협정에 따라 인정되는 안전기준은 이 규칙에 적합한 것으로 본다. 이 경우 국토교통부장관은 이에 대한 세부 내용을 정하여 고시할 수 있다. <신설 2011. 6. 28., 2011. 10. 6., 2013. 3. 23.>

⑭ 수륙양용자동차에 대해서는 다음 각 호의 구분에 따라 해당 안전기준에 대한 특례를 인정할 수 있다. 이 경우 국토교통부장관은 그 운행에 필요한 조건을 붙일 수 있다. <신설 2012. 7. 9., 2013. 3. 23.>

1. 제23조제4항 본문에 따른 차실(車室)의 유효높이: 168센티미터 이상일 것
2. 제102조제2항에 따른 차체강도기준: 국토교통부장관이 정하여 고시하는 강도계산법에 따른 시험에 적합할 것. 다만, 연간 10대 이하의 수륙양용자동차를 제작·조립 또는 수입하는 경우만 해당한다.

⑮ 초소형 전기자동차 등 친환경·첨단미래형 자동차로서 국토교통부장관이 인정하는 자동차 또는 이륜자동차에 대해서는 외국의 자동차 안전 및 성능에 관한 기준 등을 적용할 수 있다. <신설 2016. 7. 4.>

⑯ 동일한 형식의 자동차를 최종 판매한 날부터 8년 이상이 지난 자동차의 부품으로서 국토교통부장관이 인정하는 자동차부품에 대해서는 제3장의2의 규정에도 불구하고 국토교통부장관이 따로 정하여 고시하는 자동차부품 기준을 적용할 수 있다. <신설 2017. 1. 9.>

⑰ 전기로 구동되는 삼륜형 이륜자동차의 길이와 최대적재량에 대해서는 「자동차관리법 시행규칙」 별표 1 제2호, 이 규칙 제59조(대형의 길이 기준은 제외한다) 및 제113조제2항 제2호나목에도 불구하고 길이 3.5미터, 최대적재량 500킬로그램의 기준을 적용할 수 있다. <신설 2017. 1. 9.>

⑱ 법 제27조제1항 단서에 따른 임시운행허가를 받으려는 자율주행자동차에 대해서는

이 규칙의 제111조, 제111조의2 및 제111조의3를 적용하지 않는다. <신설 2020. 12. 24.>

제114조의2(장치 기준에 관한 특례) 국토교통부장관은 이 규칙에서 정한 장치(제53조의4제1호 및 제2호에 따른 경고음 발생장치와 표시등의 구조는 제외한다)보다 우수한 새로운 장치 또는 안전확보를 위해 필요하다고 인정하는 장치가 있는 경우에는 이 규칙에도 불구하고 해당 장치를 설치하게 할 수 있다.

[본조신설 2019. 3. 21.]

제115조(제원의 허용차) 국토교통부장관은 제작·조립 또는 수입하는 자동차에 대해 제작자등이 제시한 각종 구조 및 장치의 제원이 이 규칙에 의한 기준과 다른 경우 별표 33에서 정하는 범위 안에서 이 규칙에 의한 기준에 적합한 것으로 인정할 수 있다. <개정 1995. 7. 21., 2008. 3. 14., 2013. 3. 23., 2018. 12. 31.>

제116조(시험방법 등의 고시) 국토교통부장관은 이 규칙에서 정하는 기준의 시행에 필요한 세부기준 및 시험방법등을 정하여 고시할 수 있다. <개정 1995. 7. 21., 2008. 3. 14., 2010. 3. 29., 2013. 3. 23.>

[제목개정 2010. 3. 29.]

부　칙 <제882호, 2021. 8. 27.>
(어려운 법령용어 정비를 위한 80개 국토교통부령 일부개정령)

이 규칙은 공포한 날부터 시행한다. 다만, 다음 각 호의 개정규정은 각 호의 구분에 따른 날부터 시행한다.
1. 생략
2. 제55조 중 국토교통부령 제797호 자동차 및 자동차부품의 성능과 기준에 관한 규칙 일부개정령 별표 제14의6 제2호다목 본문·단서 및 같은 표 제3호의 개정규정: 2022년 1월 1일
3. 제55조 중 국토교통부령 제577호 자동차 및 자동차부품의 성능과 기준에 관한 규칙 일부개정령 별표 14의8 제1호가목6)의 개정규정: 2022년 7월 5일

Memo

Memo

Memo

자동차·이륜차 튜닝 업무 매뉴얼

초판인쇄 | 2022년 4월 12일
초판발행 | 2022년 4월 20일

저　　자 | TS한국교통안전공단
발 행 처 | 진한엠앤비 (김갑용)
공 급 처 | (주) 골든벨
등　　록 | 제 1987-000018호
I S B N | 979-11-290-2870-9
가　　격 | 29,000원

〈발행처〉
(우)03745 서울시 서대문구 독립문로 14길 66 205호 (냉천동 260, 동부센트레빌아파트상가)
• TEL: 02-364-8491　　　• FAX : 02-319-3537
• http : //www.jinhanbook.co.kr　　• E-mail : jinhanbook@naver.com

〈공급처〉
(우)04316 서울특별시 용산구 원효로 245(원효로 1가 53-1) 골든벨 빌딩 5~6F
• TEL: 02-713-4135　　　• FAX : 02-718-5510
• http : //www.gbbook.co.kr　　• E-mail : 7134135@naver.com

※ 이 책 내용의 무단전재 및 복제 행위를 금합니다.
※ 파본은 구입처에서 교환합니다.
※ 본 도서는 「공공데이터 제공 및 이용활성화에 관한 법률」을 근거로 출판되었습니다.